Thomas H. O'Dell

Die Kunst des Entwurfs elektronischer Schaltungen

Deutsche Bearbeitung von
J. Krehnke und W. Mathis

Mit 106 Abbildungen

Springer-Verlag Berlin Heidelberg NewYork
London Paris Tokyo Hong Kong 1990

Dr. T. H. O'Dell
Imperial College
University of London

J. Krehnke
Dr.-Ing. W. Mathis
Institut für Netzwerktheorie und Schaltungstechnik
TU Braunschweig
Langer Kamp 19c
3300 Braunschweig

Original English Language edition, entitled
»Electronic circuit design-art and practice«
published by the Press Syndicate of the University of Cambridge,
Cambridge CB2 1RP Great Britain
© 1988 by Cambridge University Press

ISBN-13:978-3-540-51671-2   e-ISBN-13:978-3-642-83933-7
DOI: 10.1007/978-3-642-83933-7

CIP-Titelaufnahme der Deutschen Bibliothek
O'Dell, Thomas H.: Die Kunst des Entwurfs elektronischer Schaltungen /
Thomas H. O'Dell. Dt. Bearb. von J. Krehnke u. W. Mathis. –
Berlin ; Heidelberg ; New York ; London ; Paris ; Tokyo ; Hong Kong : Springer, 1990
Einheitssacht.: Electronic circuit design <dt.>
ISBN-13:978-3-540-51671-2

2068/3020-543210 Gedruckt auf säurefreiem Papier

Vorwort zur deutschen Bearbeitung

Zu Beginn dieses Jahres 1989 befaßten wir uns mit der konzeptionellen Gestaltung einer neuen Vorlesung für Studenten der Elektrotechnik an der Technischen Universität Braunschweig, die sich mit dem Entwurf analoger Schaltungen beschäftigen sollte. Ein umfassendes Studium von Lehrbüchern, Monographien und Originalliteratur zeigte jedoch, daß die methodischen Aspekte des Entwurfsprozesses elektronischer Schaltungen nur sehr selten Gegenstand von Arbeiten sind. Stattdessen findet man eine Fülle spezieller Schaltungen, zusammen mit mehr oder weniger heuristischen Erklärungen ihrer Funktionsweise und Ableitungen der zugehörigen Dimensionierungsgleichungen. So wertvoll diese Bücher für die konkrete Arbeit auch sein mögen, benötigt jemand, der sich neu in das Thema einarbeiten will, weitergehende Erklärungen, so ist es am besten, die Entwicklungsgeschichte einzelner Schaltungsklassen zu betrachten, um die Methodik der Entwicklung neuer Schaltungen in intuitiver Weise zu erlernen. Wenn man sich in dieser Weise mit dem Entwurf elektronischer Schaltungen befaßt, dann ist es nützlich, daran zu denken, daß ein Beispiel für einen systematischen Entwurfsprozeß bekannt ist : Cauer's Syntheseprozeß für elektrische RLC-Filter. Bei der von Cauer im Jahre 1926 formulierten Vorgehensweise geht man von den Spezifikationen für die Schaltung aus und erhält schließlich die Topologie einer vollständigen Filterschaltung (oder besser eines elektrischen Netzwerks) zusammen mit den Werten der Bauelemente.

Welche Schwierigkeiten einer Verallgemeinerung von Cauers Entwurfsprozeß auf allgemeine Schaltungsklassen entgegenstehen, ist der schaltungstechnischen Entwicklung einiger Schaltungsklassen zu entnehmen, wie sie im Buch von T.H.O'Dell *Electronic Circuit Design - Art and Practice* dargestellt wird. Sein Interesse gilt vor allem den unterschiedlichen Grundformen zur Lösung einer schaltungstechnischen Aufgabe, wobei insbesondere der technologische Wandel hin zu den integrierten Schaltkreisen eine wesentliche Rolle spielt.

Als wichtigste Referenzquelle benutzt O'Dell *The Art of Electronics* von Horowitz und Hill, bei dem es sich um eine sehr lesenswerte Monographie über moderne Elektronik handelt. Auch dort wird immer wieder deutlich, daß der Entwurf elektronischer Schaltungen eindeutige 'künstlerische' Züge trägt. Für die vorliegende deutsche Bearbeitung des Buches von O'Dell haben wir das Werk von Tietze und Schenk *'Halbleiter-Schaltungstechnik'* als Hauptreferenz ausgewählt, das sich zwar in seiner Intention von Horowitz und Hill's Werk wesentlich unterscheidet, andererseits aber eine sehr große Menge an Material enthält und in der Bundesrepublik Deutschland weit verbreitet ist. Dem Originaltext wurden an mehreren Stellen weitere Bemerkungen hinzugefügt, die im Vergleich zu den durchnumerierten Bemerkungen des Originaltextes mit Großbuchstaben versehen wurden. Sie befinden sich ebenfalls am Ende eines jeden Kapitels.

Unser Dank gilt Herrn R.Otterbach vom Institut für Netzwerktheorie und Schaltungstechnik der TU Braunschweig, der sämtliche Zeichnungen erstellte und Herrn cand.el. B.Prigge, dem wir verschiedene Hinweise während der Abfassung des Manuskripts verdanken. Schließlich bedanken wir uns beim Springer-Verlag, der uns bei unserem Vorhaben in hervorragender Weise unterstützt hat.

Jürgen Krehnke, Braunschweig
Wolfgang Mathis, Wolfenbüttel
29. September 1989

Ich danke meinem Vater, Max Mathis,
der mir die Tür zur Welt der Elektrizität
und zu den Funkwellen öffnete.

W.Mathis

Vorwort

Dieses Buch entstand aus den Erfahrungen, die ich während eines Labors für den Entwurf elektronischer Schaltungen im letzten Jahr vor dem Vordiplom (*final year undergraduates*) an der University of London, Imperial College, Department of Electrical Engineering, machte. Das Buch soll Anregungen für einen derartigen Kursus liefern und enthält daher mehr Material als in einem solchen Kursus untergebracht werden könnte. Es ist aber gleichermaßen für die ersten Hauptdiplomsemester (*degree course*) geeignet.

Das Buch ist für all jene Leser gedacht, die zu einem einfachen Elektroniklabor Zugang haben : Also Vordiplomanden, Diplomanden, wissenschaftliche Assistenten und Techniker, die sich in den Bereichen Elektrotechnik, Informatik, Physik und Maschinenbau mit elektronischen Schaltungen beschäftigen und die sich, wie es bei Horowitz und Hill im Vorwort von *'Art of Electronics'* heißt, 'plötzlich mit ihrer Unfähigkeit konfrontiert sehen, Schaltungen zu entwerfen'. Es muß betont werden, daß der Entwurf elektronischer Schaltungen nur mit Hilfe praktischer Übungen erlernt werden kann. Theoretisches Wissen ist dabei unabdingbar und dieses Buch sollte zusammen mit einem Werk über die fundamentalen Prinzipien der Elektronik benutzt werden. Sehr geeignet erscheint hier das Buch von Horowitz und Hill. Das Werk von Gray und Meyer kann darüber hinaus die weiterreichende Theorie liefern, die benötigt wird. Einzelheiten zu diesen beiden Büchern sind in Bemerkung 2 in Kapitel 3 zu finden.

Der Entwurf elektronischer Schaltungen beinhaltet mehr als gutes theoretisches Wissen gepaart mit einem beträchtlichen Stück praktischer Erfahrung im Labor. Wichtig ist besonders die Frage des Entwurfs selbst : Wo kommen die Ideen für neue Schaltungen her? Dieses Problem wird im ersten Kapitel im Abschnitt 'Was ist Schaltungsentwurf? ' behandelt und in den darauf folgenden acht Kapiteln im Gespräch bleiben, in denen es sich um Hoch- und Niederfrequenz-Kleinsignalschaltungen, optoelektronische Schaltungen, digitale Schaltkreise, Oszillatoren, translineare Schaltungen und Leistungsverstärker drehen wird. In jedem Kapitel sind ein oder mehrere Versuchsschaltungen angegeben, die vom Leser aufgebaut und gemessen werden können. Insgesamt handelt es sich um dreizehn Versuche. Die praktische Tätigkeit des Aufbaus und die folgende Beobachtung von Wellenformen, Spannungen und Strömen, Nichtlinearitäten, thermischen Einflüssen usw., ist der beste Weg, um zu verstehen, wie Ideen für neue Schaltungen entstehen und warum elektronische Schaltungen gerade eine bestimmte Struktur aufweisen. Der Leser wird schließlich in der Lage sein, selbst neue Schaltkreise zu erdenken. 'Neu' sind diese Schaltkreise wahrscheinlich nur für ihn, aber das wesentliche Ziel des Erlernens ist damit erreicht. Selbst neue Techniken zu entdecken, ist der einzig erfolgversprechende Weg den Entwurf elektronischer Schaltungen zu beherrschen.

Das letzte Kapitel 'Theorie und Praxis' zieht schließlich mit Rücksicht auf die angegebene Literatur und die Schaltungen, die im Rahmen dieses Buches behandelt werden, einige Schlußfolgerungen.

Beim Verfassen dieses Buches habe ich viele Ideen verwendet, die der Diskussion mit Kollegen und der Projekt- und Laborarbeit mit Studenten entsprangen. Ich möchte ihnen allen hiermit danken. Mein Dank geht ebenfalls an Dr. B.A. Unvala vom Imperial College und an Francis Saba, die den Text lasen und viele Verbesserungen anbrachten.

T.H. O'Dell
London, January 1987

Inhaltsverzeichnis

7 Fast-sinusförmig schwingende Oszillatoren

8 Translineare Schaltungen

1 Was ist Schaltungsentwurf?

1.1 Design und Dimensionierung

Da der Begriff 'Entwurf' im Elektronikbereich sehr frei benutzt wird, ist es
notwendig, sich zu Beginn unserer Diskussion darüber klar zu werden, was
hiermit im folgenden genau gemeint sein soll. Die Herstellung einer elektronischen Schaltung beginnt mit einer klaren Vorstellung dessen, was diese
Schaltung leisten soll. Bevor wir jedoch mit der eigentlichen Konstruktion
und Fertigung beginnen können, sind zwei grundlegende Schritte erforderlich. Zunächst müssen wir umreißen, auf welche Weise wir das Problem
zu lösen gedenken. Wir benötigen eine vorläufige Skizze der Schaltung.
Zweitens haben wir die exakten Werte der Bauteile bzw. die Werte der
Komponenten, die uns die Herstellung ermöglichen, zu berechnen. Wir
werden diese beiden Schritte *Design* und *Dimensionierung* nennen [A].
Tatsächlich ist es jedoch nicht möglich diese beiden Schritte zu trennen.
Sie beeinflussen sich gegenseitig und der Entwurfsprozeß bedarf eines steti-
gen Wechsels zwischen Design und Dimensionierung. Dieser Vorgang liegt
sowohl dem klassischen Entwurf per Hand, als auch dem rechnergestützten
Schaltungsentwurf (Computer Aided Design) zugrunde.

Für elektronische Schaltungen stellt der Schritt des Designs in erster Linie
eine Wahl der Schaltungsgrundstruktur [B] dar. Hierunter versteht man
ein organisiertes Ganzes, in dem 'jeder einzelne Teil jeden anderen beeinflußt, und wobei das Ganze mehr ist, als die Summe seiner Einzelteile'.
Diese Eigenschaft ist gemeint, wenn wir von Schaltungsgrundstrukturen
sprechen. Dies wird noch klarer werden, wenn wir einige Beispiele betrachten. Aber es bedarf noch mehr, denn es sind nicht nur die einzelnen
Teile des Schaltkreises und die Art und Weise, wie sie verbunden sind, auf
die es ankommt. Wie Baxandall [2] bemerkt, hat die Art und Weise, wie
ein Schaltkreis gezeichnet wird, sehr starken Einfluß darauf, wie man sich
die Funktionsweise der Schaltung vorstellt.

1.2 Auswahl einer Schaltungsgrundstruktur

Bild 1.1 zeigt einen Relaxations-Oszillator, eine Schaltung, mit der Studenten der Elektrotechnik seit 60 Jahren vertraut gemacht werden. Diese

Schaltungsgrundstruktur ist historisch sehr interessant, denn sie erschien wahrscheinlich zuerst als Bild 62 auf Seite 158 eines 'Geheimdokumentes' vom April 1918, komplett mit allen Differentialgleichungen, die die Funktion beschreiben. Damals benutzte man in der Schaltung zwei Trioden und sie funktionierte für damalige Verhältnisse hervorragend, da in der Schaltung von Bild 1.1 fast die gesamte Versorgungsspannung U_+ zur Verfügung steht, um das Gitter der abschaltenden Triode gegenüber der Kathode negativ vorzuspannen.

Verwendet man Transistoren, ist die Schaltungsgrundstruktur von Bild 1.1 keine sehr gute Wahl. Der Grund hierfür liegt darin, daß ein Bipolar-Transistor im Gegensatz zu einer Triode keine negative Vorspannung am Emitterübergang haben kann, solange er nicht völlig gesperrt ist. Hinzu kommt noch, daß die positive Versorgungsspannung U_+ von vielleicht nur 15 Volt immer noch groß genug ist, den gesperrten Emitterübergang eines planaren Silizium-Transistors durchbrechen zu lassen. Die Schaltung von Bild 1.1 mag auch gut funktioniert haben, als sie mit Germanium-Transistoren ausgetestet wurde, aber es ist durchaus bemerkenswert, daß diese Schaltungsgrundstruktur auch heute noch von Bedeutung ist [4], [C].

Betrachten wir eine andere Schaltungsgrundstruktur eines Multivibrators : Die Schaltung in Bild 1.2. Wie in Bild 1.1 handelt es sich um einen zwei-stufigen Verstärker, dessen Ausgang auf den Eingang zurückgekoppelt ist.

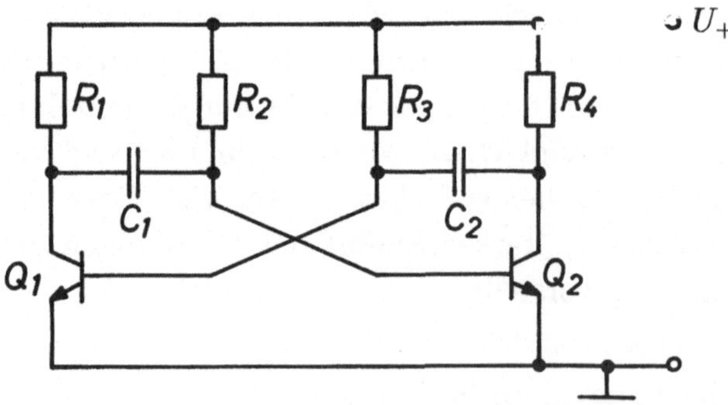

Bild 1.1

Wenn wir die Rückkopplungsschleife betrachten, finden wir den Transistor Q_1 in der ersten Stufe in Basisgrundschaltung, während der Transistor Q_2 in der zweiten Stufe in Kollektorgrundschaltung geschaltet ist. Q_2 wird darüber hinaus als Buffer-Verstärker am Ausgang benutzt. Im Vergleich dazu, den Widerstand R_4 wegzulassen und das Ausgangssignal am Kollektor von Q_1 abzugreifen, ist dies eine sehr gute Idee.

Der technische Fortschritt, der den effektiveren Einsatz von Bipolar-Transistoren im Schritt von Bild 1.1 zu 1.2 bewirkte, kann nicht hoch genug eingeschätzt werden. In der Schaltung von Bild 1.2 wird Gebrauch davon gemacht, daß die Basis-Emitter-Spannungen der Transistoren Q_1 und Q_2 im leitenden Zustand einen festgelegten Wert haben [D]. Damit lassen sich durch geeignete Wahl der Widerstandswerte die Ruheströme in Q_1 und Q_2 festlegen. Die Transistoren in dieser Schaltung sind nicht gesättigt; in der Schaltung von Bild 1.1 können Q_1 und Q_2 gesättigt sein, so daß die Ruheströme der Transistoren auf diese Weise festgelegt sind. Vollständige Einzelheiten dieser Schaltung finden sich im Anhang, da sie für Experimente sehr geeignet ist.

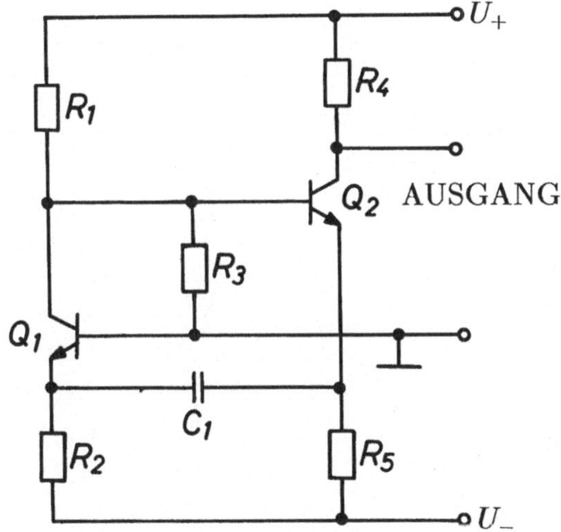

Bild 1.2

Betrachten wir noch eine dritte mögliche Schaltungsgrundstruktur für einen Multivibrator. Bei dieser in Bild 1.3 dargestellten Schaltung handelt es sich um die Art von Schaltung, die auch in integrierter Siliziumtechnologie Verwendung findet [6], [E].

Die häufig als Multivibrator mit gekoppeltem Emitter bezeichnete Schaltung von Bild 1.3 ist komplizierter als die von Bild 1.2, denn sie beinhaltet einige Ideen der Schaltung von Bild 1.1. Wir wollen an dieser Stelle nicht die Art und Weise diskutieren, wie diese Schaltungen funktionieren, sie dürften alle hinreichend bekannt sein. Statt dessen sollen die verschiedenen Schaltungsgrundstrukturen vorgestellt werden, die mit unterschiedlichen Vor- und Nachteilen eine Lösung für den Entwurf eines Relaxations-Oszillators oder zumindest die Grundlage für ein gutes Design liefern können.

1.3 Methodik beim Design

Gibt es eine Methodik, auf die man bei der Entwicklung neuer Schaltungsideen zurückgreifen kann? Als die hier in Bild 1.1, 1.2 und 1.3 vorgestellten Schaltungen das erste Mal benutzt wurden, handelte es sich ohne Zweifel

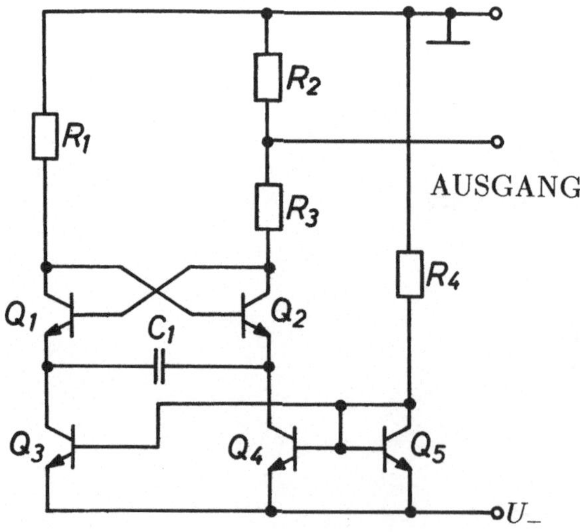

Bild 1.3

um neue Konzepte. Wie entstanden die Konzepte? Wie können wir diese Gedanken fortführen, um neue Schaltungsideen zu entwickeln? In der Vergangenheit wurden Versuche gemacht, eine Methodik im Design elektronischer Schaltungen zu finden, und mit Design meinen wir die Erfindung neuer Schaltungsgrundstrukturen, also die Stufe, die vor der Lösung aller Dimensionierungsproblematiken genommen werden muß. Die Verwendung von Signalflußgraphen und Netzwerktopologien wurde einige Zeit für einen Schritt in die richtige Richtung gehalten und beide Techniken brachten wesentliche Fortschritte in Analyse und Synthese [7], tragen jedoch nichts zu unserem Verständnis des Designprozesses bei. Es ist allerdings sehr interessant, sich Aussagen zu vergegenwärtigen, die man in einführenden Darstellungen von Signalflußgraphen und Netzwerktopologie für Elektronikingenieure finden kann; wir wählen eine Passage des Vorwortes der ersten Auflage von Mason und Zimmermanns *'Electronic Circuits, Systems and Signals'* aus dem Jahre 1960 :

Die Gesetze der Physik liefern Grundlagenmodelle von Ladungsbewegungen, durch die wir das äußere Verhalten von elementaren Komponenten und Bauteilen erklären... Von physikalischen Modellen und beobachtetem äußeren Verhalten leiten wir Schaltungsmodelle ab, die zu einfachen Schaltungen führen, die in der Lage sind, grundlegende Operationen durchzuführen... Diese Operationen ... dienen als elementare Bausteine oder Modelle, mit deren Hilfe wir Modelle allgemeinerer Systeme konstruieren können [8].

Dies ist ein sehr gutes Beispiel der Meinung, daß Technologie nur eine Sache von angewandter Wissenschaft ist, einer Ansicht, die in den 50er Jahren sehr weit verbreitet war. Heute wissen wir leider nur wenig mehr über das Problem des Designs, außer, daß es mit Sicherheit weit komplizierter ist, denn Technologie ist auf keinen Fall nur angewandte Wissenschaft. Bei Mayr [9] heißt es hierzu : 'Das Problem der Beziehung zwischen Wissenschaft und Technologie hat sich geschickt allen entzogen, die es zu greifen versuchten'. Er fährt damit fort, die große Schar von Wissenschaftlern aufzuzählen, die es dennoch versuchten. In ihrem sehr interessanten Buch *'The Sources of Invention'* ziehen Jewkes, Sawers und Stillerman sogar einen noch weiteren Bereich in Betracht, wenn sie schreiben 'Die Wechselwirkungen zwischen Wissenschaft, Technologie und wirtschaftlichem Wachstum sind weit komplizierter, als es sich all jene vorgestellt haben, die auf diesem Gebiet in den letzten Jahren die Ansichten geprägt und die öffentliche Meinung beeinflußt haben' [10].

So sitzen wir wieder mit unserem ursprünglichen Problem da, wenn wir erneut fragen, wo neue Schaltungsgrundstrukturen und -ideen herkommen. Letztlich läßt sich diese Frage nur mit *'Heureka'* (Ich hab's gefunden!) beantworten, wenn man eine erfolgreiche Idee für eine neue Schaltung hatte. Wir sollten allerdings auf keinen Fall annehmen, daß jeweils nur eine spezielle Person für neue Schaltungsideen verantwortlich war. Tatsache ist vielmehr, daß ein neues Schaltungsprinzip meist an einer Anzahl verschiedener Orte zu nahezu gleicher Zeit auftauchte, ganz einfach, weil viele Entwicklungsingenieure die gleichen Gedankengänge beim Design verfolgten. T.S.Kuhn beschrieb das Auftreten desselben Phänomens im Bereich wissenschaftlicher Innovation [11], das uns hier bei der technologischen Innovation begegnet.

In den folgenden Kapiteln werden wir uns einige interessante Schaltungsgrundstrukturen ansehen, mit denen viele Ingenieure groß wurden. Wir werden versuchen, den Ursprung dieser Schaltungsgrundstrukturen zu finden, indem wir uns mit früher verwendeten Schaltungsprinzipien befassen. Soweit möglich, wurden die Schaltungen so ausgewählt, daß der Leser sie selbst in einem Labor mit einfachen Mitteln aufbauen kann. Diese Vorgehensweise wurde gewählt, da experimentelle Erfahrungen ein wichtiger Faktor sind, um Fortschritte beim Entwurf elektronischer Schaltungen zu erzielen, beispielsweise um neue Schaltungsgrundstrukturen zu entwickeln, auch wenn diese nicht grundsätzlich, sondern nur für den Experimentierenden selbst neu sind. Gemäß dem in diesem Buch bezogenen Standpunkt, kommt ein Schaltungsdesigner nicht aus dem Vorlesungssaal, sondern aus dem Labor.

1.4 Arbeiten mit Schaltungsgrundstrukturen

Obwohl keine klare Systematik bei der Entwicklung neuer Schaltungen ersichtlich ist, scheint es in einigen Fällen möglich zu sein, gewisse Methoden bei der Ausarbeitung neuer Ideen zu finden.

Eine solche Methode könnte beispielsweise darin bestehen, einfachere Schaltungsgrundstrukturen zu kombinieren. Wir haben in den Schaltungen der Bilder 1.1, 1.2 und 1.3 bereits ein Beispiel kennengelernt : Die Idee eines zweistufigen Verstärkers mit zwei Transistoren in Emitter-Grundschaltung aus Bild 1.1 und der Gedanke, die Emitter mittels einer Kapazität zu koppeln, aus Bild 1.2 finden sich beide in Bild 1.3 wieder. Man könnte sagen, daß die Schaltungsgrundstruktur von Bild 1.3 durch die Einbettung von Bild 1.2 in Bild 1.1 entstanden ist. Diese Idee der Einbettung einer Schaltung in eine andere wird in Kapitel 3 noch fortgeführt werden. Zunächst soll jedoch im Laufe der Kapitel 2 und nochmals in Kapitel 4 das Prinzip der einfachen Hintereinanderschaltung von Schaltungsgrundstrukturen verfolgt werden. Dabei werden wir in Kapitel 4 die Arten von neuen Schaltungen betrachten, die sich durch das einfache Hintereinanderschalten von Schaltungen mit Operationsverstärkern ergeben.

Die Arbeitsweise mit Schaltungsgrundstrukturen kann noch weiter fortgeführt werden, wenn integrierte Schaltungen betrachtet werden. Dies liegt daran, daß die Idee, Schaltungsgrundstrukturen zusammenzufügen oder sie ineinander einzubetten, an Bedeutung gewinnt, wenn wir mit Silizium, n^+,n,i,p und p^+, und nicht mit einfachen Knoten oder Ein- und Ausgangstoren von Schaltungen zu tun haben. Derartige Schaltungen sind nicht aus diskreten Elementen aufgebaut, werden aber beim Entwurf mit diskreten Modellen beschrieben. Einige sehr interessante Beispiele dieser Vorgehensweise werden uns in Kapitel 6 begegnen, wenn wir uns mit I^2L-Schaltungen und substratgesteuerter Logik befassen.

1.5 Schaltungsaufbau und -herstellung

Die Art und Weise, wie eine Schaltung schließlich hergestellt werden kann, hat einen großen Einfluß auf die Art der Schaltungsgrundstruktur, für die wir uns schließlich entscheiden. Von unseren bisherigen Beispielen sind Bild 1.1 und 1.2 klassische Schaltungen mit diskreten Bauteilen, während Bild 1.3 wesentlich besser als integrierte Schaltung, oder wenigstens unter Verwendung von Transistor-Arrays [12] herzustellen wäre, da sich die Transistoren Q_3, Q_4 und Q_5 in engem thermischen Kontakt befinden müssen, um eine zufriedenstellende Funktion der Schaltung zu gewährleisten.

Aus dem Blickwinkel der Konstruktions- und Herstellungstechnik werden somit die Entwicklung und die technischen Veränderungen in der Elektronik offensichtlich. Während der Bezug zu bestimmten Bauteilen, oder auch nur zu einer bestimmten Gruppe von Bauteilen, sehr schnell überholt sein kann, blieb das zentrale Problem des Entwurfs elektronischer Schaltungen über lange Zeit ausgesprochen gleichartig. Wenn wir nicht gerade in eine 'posthistorische Ära' [13] eintreten, wird die elektronische Hardware dem Elektronik-Ingenieur in fünfzig Jahren so altmodisch vorkommen, wie wir auf die Elektronik der Zeit des zweiten Weltkrieges zurückblicken, wenn wir sie im Museum betrachten. Welche Bauelemente und Konstruktionstechniken wir in der Zukunft auch verwenden werden, wir sollten in jedem Fall an der Theorie weiterbauen, die ihre Wurzeln in der Vergangenheit hat, und wir sollten vielleicht auch weiterhin versuchen, verstehen zu lernen, wie die Ingenieure zu ihren eleganten und einfachen Methoden kommen. Diese Methoden können uns im Stillen das Gefühl geben, daß das ganze Problem des Entwurfs elektronischer Schaltungen prinzipiell einfach und offensichtlich ist.

Bemerkungen

1 Oxford Concise Dictionary, Oxford, 1970, S.513.

2 P.J.Baxandall, *'Radio and Electronic Eng.'*, **29**, 229-46, 1965.

3 Dieses Dokument ist das bemerkenswerte 'Notice sur les lampes - valves à 3 électrodes et leurs applications', Ministère de la Guerre, Establissement Central du Matérial de la Radiotélégraphie Militaire, April 1918. Kopien hiervon sind im Centre de Documentation d'Histoire des Techniques in Paris, Az. DOC 1359 und in den IEE Archiven in London, Az. NAEST 46/9 einzusehen.

4 In einer Ausgabe des IEEE Spectrum, Nr. 11, 1984, die der zeitgenössischen Lehre gewidmet ist, erscheint die Schaltung von Bild 1.1 auf S. 48 als eine Fotografie eines VDU-Displays eines Schaltungsanalyseprogrammes, das für Studenten erstellt wurde.

5 Der in Bild 1.2 gezeigte Schaltkreis wurde wahrscheinlich zuerst von R.C.Bowes, Proc. IEE, **106B**, Suppl. 15-18, 793-800, Mai 1959 beschrieben. Bowes gibt einige Hinweise auf den möglichen Ursprung dieser Schaltung.

6 Der Schaltkreis von Bild 1.3 ist eine stark vereinfachte Version desjenigen, der in der 560-Serie von PLL-Schaltungen (*phase locked loops*) benutzt wurde, die 1970 von Signetics vorgestellt wurden : *'Linear Integrated Circuits'*, Signetics Int.Corp., London,1972, S.260.

7 F.D.Waldhauer, *Bell Syst. Tech. J.*, **56**, 1337-86, 1977.

8 S.J.Mason und H.Zimmermann, *'Electronic Circuits, Systems and Signals'*, John Wiley, New York, 1960. Dieses Buch deckt die Netzwerktopologie in Kap. 3 und die Signalflußgraphen in den Kapiteln 4 und 6 ab.

9 O.Mayr, *'Tech. and Culture'*, **17**, 663-73, 1976.

10 J.Jewkes, D.Sawers und R.Stillerman, *The Sources of Invention*, Macmillan, London, 1969, 2.Ausgabe, S. 226.

11 T.S.Kuhn, *'Hist. Studies Phy. Sciences'*, **14**, 231-52, 1984, teilweise S. 250/51.

12 Eine Auswahl hiervon ist erhältlich mit bis zu sieben Bauteilen (CA3081), die Bipolar-Bauelemente der einen oder der anderen Polarität verwenden, teilweise sogar gemischt (CA3096), außerdem Felder von MOS-Transistoren (CA3600).

13 In seiner sehr interessanten Arbeit, 'Historiker und moderne Technologie', *'Tech. and Culture'*, **15**, 161-93, 1974, warnt Reinhard Rürup vor einer 'technologischen Denkensweise - ein Weg des Denkens, bei dem Hoffnung und Zukunft der Menschheit im Ende der Geschichte liegen'. Genau diese Denkensweise ist in Dennis Gabor's *'Inventing the future'*, Secker und Wartburg, 1963, zu finden. Kapitel 10 ist untertitelt 'Geschichte muß ein Ende haben'.

A In der englischen Originalfassung wird statt *Dimensionierung* der Begriff *Synthese* gebraucht. Wir benutzen ihn nicht, da er bereits anderweitig besetzt ist : Cauer's Syntheseprozeß für klassische Filter (erstmals formuliert in seiner Dissertation *'Die Verwirklichung von Wechselstromwiderständen vorgeschriebener Frequenzabhängigkeit'*, Archiv f. Elektrotechnik, **17**, 355-388, 1926. Daher haben wir den Ausdruck *Synthese* durch einen sachgerechteren ersetzt.

B O'Dell verwendet den Ausdruck *circuit shape* und weist dabei auf das deutsche Wort *die Gestalt* hin, das er mit *shape* übersetzt. Siehe dazu Bemerkung 1.

C Zum Beispiel U.Tietze u. Ch.Schenk, ' *Halbleiter-Schaltungstechnik'*, 9.Aufl., Springer-Verlag, 1989, S. 173 f. Man beachte übrigens, daß eine solche Schaltung mit
Hilfe einer van-der-Pol-Gleichung $\ddot{x} + \varepsilon(x^2 - 1)\dot{x} + x = 0$ (mit großem ε) beschrieben werden kann (E.Philippow, *'Nichtlineare Elektrotechnik'*, Akademische Verlags-
gesellschaft (DDR), 1971, Abschnitt 5.5.3), die analytisch nicht gelöst werden kann
(D.W.Jordan u. P.Smith, *'Nonlinear Ordinary Differential Equations'*, 2. Aufl., Cla-
rendon Press, 1987, S. Abschnitt 11.4), obwohl die bei Tietze u. Schenk notierten
Dimensionierungsgleichungen extrem einfach sind. Sie können nur dann abgeleitet
werden, wenn man die Funktionsweise der Schaltung kennt und außerdem die Form
der Spannungsverläufe als bekannt voraussetzt. Eine ausgezeichnete Analyse von
Multivibratoren mit gekoppelten Emittern der in Bild 1.3 gezeigten Art findet man
bei E.M.Filanovsky, *'Remarks on Design of Emitter-Coupled Multivibrators'*, IEEE
Transactions CAS, Vol. 35, 1988, 751-755; Dort findet man auch experimentelle Re-
sultate.
D Bei Silizium etwa 700 mV.
E Siehe U.Tietze u. Ch.Schenk, *'Halbleiter-Schaltungstechnik'*, 9.Aufl., Springer-Verlag,
1989, S. 175-176.

2 Hochfrequenz-Bandpaß-Verstärker

2.1 Selektive Verstärker

Wir beginnen unseren Kursus für den Entwurf elektronischer Schaltungen
mit der einfachsten und klassischsten aller elektronischen Schaltungen :
dem selektiven Verstärker. Diese Art von Schaltung findet sich meist am
Eingang eines guten Funkempfängers [1], denn sie liefert zum einen eine definierte Leistungsverstärkung über einen bestimmten Frequenzbereich und
hat zum anderen das bestmögliche Rauschverhalten. Verstärker dieser Art
befinden sich auch in modernen wissenschaftlichen Geräten, wie beispielsweise Magnetometern mit supraleitenden Meßspitzen oder magnetischen
Kernresonanzsystemen, die in der analytischen Chemie und in der medizi-
nischen Diagnostik verwendet werden.

In der Vergangenheit wurden selektive Verstärker, wie wir sie hier be-
handeln, auch als Zwischenfrequenzverstärker in Radios, Radar und Fernsehempfängern verwendet. Heutzutage sehen moderne Entwürfe dieses
Schaltungstyps jedoch viel einfacher aus, da es mittlererweile billige und
effektive Filter gibt [2]. Sie ermöglichen es, Verstärker mit eher mittelmäßi-
gem Bandpaßverhalten zu benutzen und das Verhalten mit einem guten
Filter zu korrigieren. Diese Vorgehensweise ist allerdings nur anwendbar,
wenn ein schlechteres Rauschverhalten und ein niedrigerer Wirkungsgrad
in Kauf genommen werden können.

2.2 Das Rückkopplungsproblem

Das Hauptproblem, das sich immer wieder beim Entwurf von Hochfre-
quenz-Bandpaß-, bzw. selektiven Verstärkern stellt, ist, daß ungewollte
Rückkopplungen vom Ausgang zurück auf den Eingang eine beachtliche
Abweichung des tatsächlichen vom erwarteten Verhalten hervorrufen. Dies
kann bis zu vollständiger Instabilität führen, so daß der Verstärker im Frequenzbereich, den er eigentlich verstärken soll, oszilliert. Sehen wir also
einmal, in welcher Weise dieses Problem mit der Frage der Schaltungsgrundstrukturen, wie wir sie in Kapitel 1 gestellt haben, zusammenhängt.

In Bild 2.1(a) ist eine Konfiguration eines Bipolartransistors in Emitter-Grundschaltung zu sehen. Der Transistor ist als Verstärker mit einer Last Z_L beschaltet, die in einem selektiven Verstärker eine Art von Resonanzkreis ist, wobei U_{in} die Eingangsspannung und U_{out} die Ausgangsspannung des Verstärkers beschreiben. Unerwünschte Rückkopplung vom Ausgang zurück auf den Eingang kann in der Schaltung von Bild 2.1(a) offensichtlich auf wenigstens zwei verschiedenen Wegen entstehen : zum einen über die Kapazität zwischen Basis und Kollektor des Transistors, zum anderen über die unvermeidliche Impedanz des Emitters und seiner Verbindung zur Masse. Letzterem ist leicht abzuhelfen, die Kapazität zwischen Kollektor und Basis aber, die Kapazität des Kollektorübergangs, ist ein wesentlicher Bestandteil des Transistors. Warum genau diese Kapazität zu Problemen führt, werden wir uns später in diesem Kapitel in der Theorie ansehen. Im Moment jedoch ist nicht die Dimensionierung unser Problem, sondern das Design. Beginnen wir also die Suche nach einer neuen Schaltungsgrundstruktur, die das Problem der Kollektorübergangskapazität und der unerwünschten Rückkopplung zu lösen vermag [A]. Aus traditionellen Gründen ist die Ansicht weit verbreitet, die in Bild 2.1(a) gezeigte Emitter-Grundschaltung wäre die ursprüngliche Weise, einen Bipolar-Transistor als Verstärker zu nutzen. Dies rührt sicherlich von den Erfahrungen mit den früheren aktiven Bauelementen her, die mit

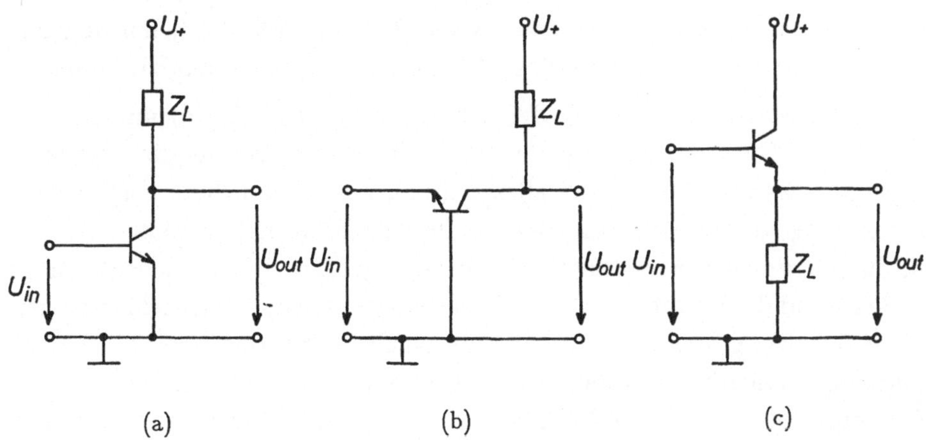

Bild 2.1

'heißen' Emittern arbeiteten : Das Vernünftigste, was man mit der Glühka-
thode machen konnte, war, sie zu erden! Umso amüsanter ist es, sich zu
erinnern, daß die ersten Transistoren eine gleichermaßen problematische
Basis hatten, die aus eben diesem Grund geerdet wurde und daher erst
den Namen 'Basis' erhielt. Die natürlichste Art der Transistorbeschaltung
ist somit eigentlich die in Bild 2.1(b) gezeigte Basis-Grundschaltung [4].

Bild 2.1(b) zeigt gegenüber Bild 2.1(a) eine sehr einfache Änderung in der
Schaltungsgrundstruktur. Wir haben eine Basis-Grundschaltung, während
das zu verstärkende Signal auf den Emitter gelegt wird. Das Ausgangssignal erscheint wie in Bild 2.1(a) über der Lastimpedanz Z_L, die mit dem
Kollektor verbunden ist. Die geerdete Basis liegt nun zwischen Ausgang
und Eingang, so daß es möglich sein sollte, die unerwünschte Rückkopplungskapazität sehr klein zu machen [B].

Bild 2.1(c) zeigt die dritte mögliche Schaltungsgrundstruktur, die nur
durch das Vertauschen des Transistors und der Lastimpedanz zustande
kommt. Diese Schaltung hat eine Verstärkung, die etwas kleiner als eins
ist, und dreht die Phase nicht. Eingangs- und Ausgangstor sind somit
immer auf nahezu identischem Potential und die ungewollte kapazitive
Rückkopplung ist gewöhnlich kein Problem mehr.

2.3 Kombinationen von Schaltungsgrundstrukturen

Fahren wir nun damit fort, eine Schaltungsgrundstruktur für unseren selektiven Verstärker zu suchen. Wir zeichnen eine weitere Schaltung, verwenden jetzt aber die drei Schaltungsgrundformen aus Bild 2.1 und fügen
diese auf verschiedene Weise zusammen. Das Ziel ist, die Schaltung mit
der minimalen Rückkopplung vom Ausgang auf den Eingang zu finden.

Bild 2.2 zeigt die Verbindung der Schaltung von Bild 2.1(c) mit der von
Bild 2.1(b). Die Lastimpedanz des ersten Transistors ist nun die Eingangsimpedanz des zweiten, so daß alles weitere, was wir an diese gemeinsame
Verbindung anschließen, eine sehr hohe Impedanz haben muß. Weiterhin haben wir eine Konstantstromquelle eingeführt, die einen Ruhestrom
I_B liefert und an eine negative Versorgungsspannung angeschlossen ist.
Diese Schaltung stellt eine recht gute Realisierung dar [C]. Die Rückkopplungskapazität zwischen Ausgang und Eingang, d.h. zwischen dem
Kollektor von Q_2 und der Basis von Q_1, kann sehr klein gemacht werden,
wenn die Schaltung als integrierter Schaltkreis in Silizium realisiert wird.
Dies wurde lange Jahre in Form des RCA CA3028A/B industriell durchgeführt. Wir werden einen detaillierten Entwurf am Ende dieses Kapitels

angeben. Diese Schaltungsgrundstruktur hat eine lange Tradition [5] und wird, wenn sie zwei gleiche Lasten hat, oft als 'long tailed pair' bezeichnet. Sie wird in Kapitel 3 eine zentrale Rolle spielen. Bild 2.3 zeigt das Ergebnis, wenn Schaltung 2.1(b) von Schaltung 2.1(a) angesteuert wird. Wir müssen die Basis von Q_2 über eine Kapazität C erden, denn sie muß auf einem definierten Gleichspannungspotential zwischen U_+ und Masse liegen. Diese Schaltung ist als 'Kaskode' [5] bekannt und ebenfalls eine sehr gute Schaltungsgrundstruktur [D], insbesondere, wenn sie unter

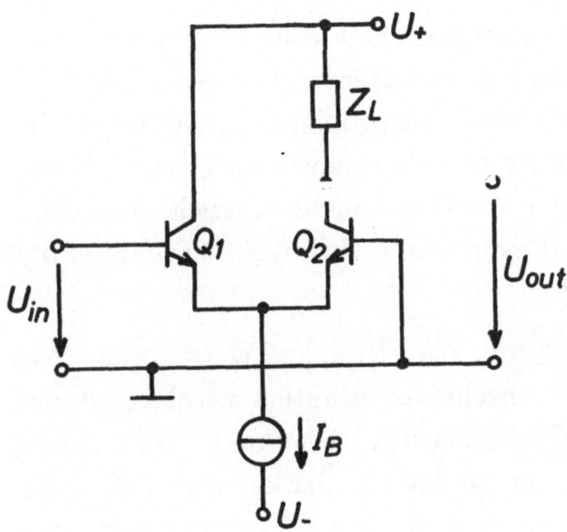

Bild 2.2

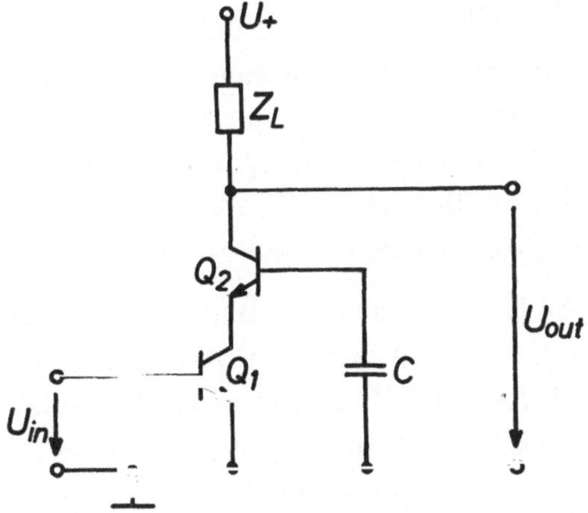

Bild 2.3

Verwendung von MOS-Technologie (**M**etal **O**xide **S**emiconductor) in Silizium integriert wird. Es handelt sich dann um einen 'Dual-Gate-MOS-Transistor', da Source von Q_2 und Drain von Q_1 zusammenfallen und mit keinen Kontakten nach außen hin verbunden werden zu brauchen. Dual-Gate-MOS-Transistoren sind als Hochfrequenzverstärker im Bereich bis 500 MHz sehr weit verbreitet.

2.4   Eine Versuchsschaltung

Wir wollen nun die Schaltungsgrundstruktur von Bild 2.3 für eine Versuchsschaltung verwenden. Bevor wir eine detaillierte Analyse des Verhaltens durchführen, wollen wir zuerst einfach ausprobieren, denn das ist der beste Weg, etwas zu lernen. Zwar ist es später notwendig, zur Theorie zurückzukehren, aber in vielen Fällen ist es gar nicht möglich, die richtigen theoretischen Fragen zu stellen, bevor man nicht im Experiment einige praktische Ergebnisse ermittelt hat.

Die Schaltung von Bild 2.3 arbeitet mit zwei Bipolar-Transistoren. Aus Gründen, die am Ende des letzten Abschnitts erläutert wurden, werden wir allerdings einen Dual-Gate-MOS-Transistor verwenden. Wir wollen außerdem versuchen, einen Verstärker zu bauen, der an eine 50 Ω- oder 75 Ω-Übertragungsstrecke angepaßt ist, und bei einer Mittenfrequenz von 10 MHz arbeitet, so daß die experimentellen Tätigkeiten in jedem normalen Labor mit einem Signalgenerator als Quelle und einem Oszilloskop oder entsprechendem Hochfrequenz-Voltmeter mit geeigneter Anpassung als Meßgerät durchgeführt werden können.

Der MOS-Transistor RCA 40841 erfüllt unsere Anforderungen. Das Datenblatt empfiehlt für dieses Bauteil eine Drain-Source-Spannung von +15 V, eine Gate 1-Source-Spannung von -0,5 V und eine Gate 2-Source-Spannung von +4 V. Der Drainstrom sollte dann im Bereich von 5 mA und der Übertragungsleitwert in Vorwärtsrichtung g_m oberhalb 10 mS liegen.

Die vollständige Schaltung für unser Experiment ist in Bild 2.4 zu sehen. Die oben beschriebenen Bedingungen für den Arbeitspunkt mit $U_+ = 15V$ werden erfüllt, wenn wir $R_1 = 10$ kΩ, $R_2 = 4{,}7$ kΩ und $R_3 = 100\ \Omega$ wählen. Die Kapazitäten C_3, C_4 und C_5 sind einfache Entkopplungskondensatoren. Um im Bereich von 10 MHz zu arbeiten, wählen wir zunächst $C_1 = C_2 = 50$ pF. Es ergibt sich, daß die Induktivitäten L_1 und L_2 mittels 40 Windungen, einlagig eng gewickelt mit einem Innenradius von 6 mm und einer Länge von ebenfalls 6 mm realisiert werden können. Dies bedeutet einen Drahtquerschnitt von 150 μm. Die Spulen, die das Eingangs- und Ausgangssignal ein- bzw. auskoppeln, müssen 5 Windungen aufweisen und nahe den geerdeten Enden der Spulen L_1 und L_2 gewickelt sein. L_1 und L_2 haben justierbare Spulenkerne, damit die Induktivitäten im Versuch in gewissen Bereichen variiert werden können. Weitere Einzelheiten und der genaue Schaltungsaufbau sind im Anhang zu finden. Jede Versuchsschaltung dieser Art mit leicht geändertem Layout oder anderer Konstruktionstechnik hat seine besonderen Eigenarten, und genau das macht die Elektronik so interessant.

2.5 Das Verhalten der Versuchsschaltung

Nehmen wir an, daß beide Resonanzkreise in der Schaltung von Bild 2.4 eine Güte von $Q = 100$ besitzen. Dies ist im wesentlichen durch die Quellen- und die Lastimpedanz festgelegt, die durch das Eingangs- und Ausgangskabel bedingt sind. Nehmen wir weiterhin an, es wäre uns durch ein Wunder der Eingebung gelungen, die beiden Resonanzkreise auf exakt

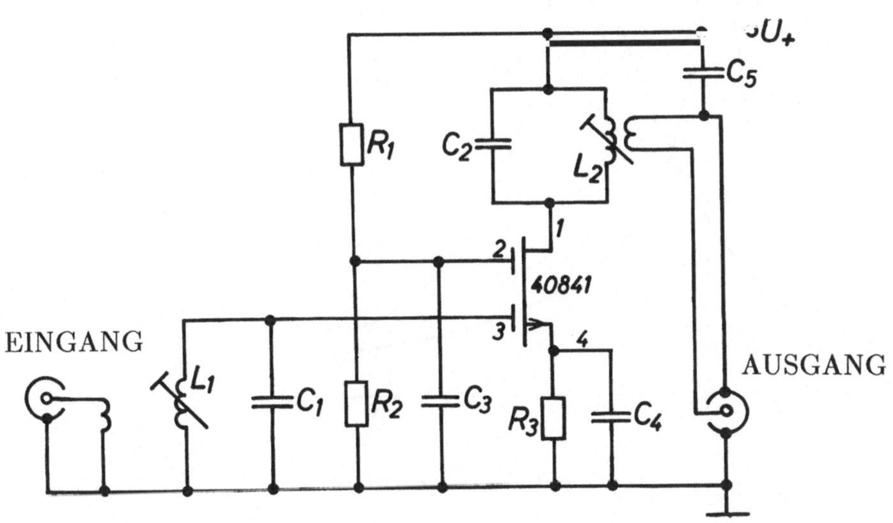

Bild 2.4

die gleiche Frequenz, 10 MHz nämlich, abzustimmen. Was würden wir jetzt erwarten, wenn wir den Schaltkreis an eine +15 V-Versorgungsspannung anschließen und sein Verhalten untersuchen? Kurve (1) in Bild 2.5 zeigt, die zu erwartende Übertragungsfunktion in Abhängigkeit der Frequenz unter der Annahme, daß der Dual-Gate-MOS-Transistor eine vernachlässigbare Drain-Gate 1-Kapazität hat. Der Graph zeigt ein einwandfrei symmetrisches Bandpaßverhalten mit einer Mittenfrequenz von 10 MHz und einer 3dB-Bandbreite von 50 kHz, wie es von zwei in Kaskade geschalteten Resonanzkreisen der Güte $Q = 100$ auch zu erwarten ist. Die maximale Verstärkung wurde in Bild 2.5 zum besseren Vergleich auf 1 normiert.

Während wir jetzt weiterhin behaupten, wir wären in der Lage gewesen, die beiden Resonanzkreise auf 10 MHz abzustimmen, wollen wir uns einen Schritt weiter an die Realität herantasten, indem wir zugeben, daß wir von wenigstens 0,02 pF Rückkopplungskapazität beim 40841 MOS-Transistor

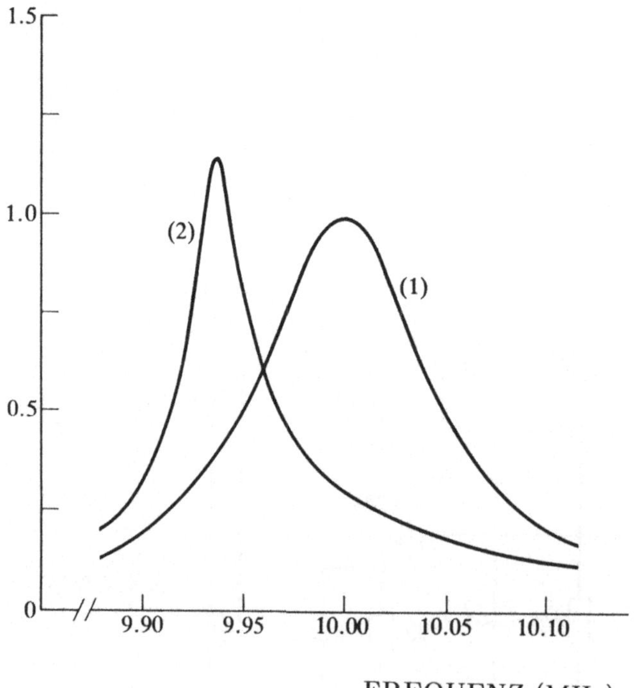

Bild 2.5

ausgehen müssen, denn dies ist der im Datenblatt des Bauteils angegebene Wert. Kurve (2) in Bild 2.5 zeigt, was wir in diesem Fall beobachten würden : Das Maximum ist leicht angestiegen, die Bandbreite ist um ein gutes Stück kleiner geworden und die Mittenfrequenz liegt um einiges unterhalb von 10 MHz. Was ist passiert?

Die einleuchtende Antwort auf diese Frage finden wir, wenn wir zu unserer Anfangsbedingung zurückkehren, daß beide Resonanzkreise wirklich genau auf 10 MHz abgestimmt sind. Es wäre in der Tat unmöglich, dies ohne vorherige Messungen zu bewerkstelligen. Bis zu einem gewissen Grade könnten wir die beiden Resonanzkreise so gleich wie möglich machen, um dann zu versuchen, die leicht unterschiedlichen zusätzlichen Kapazitäten, die durch den Transistor und das Schaltungslayout bedingt sind, zu kompensieren.

Die erste Schlußfolgerung auf unser Versuchsergebnis aus Kurve (2) in Bild 2.5 lautet also, daß einer oder sogar beide Resonanzkreise in Wirklichkeit

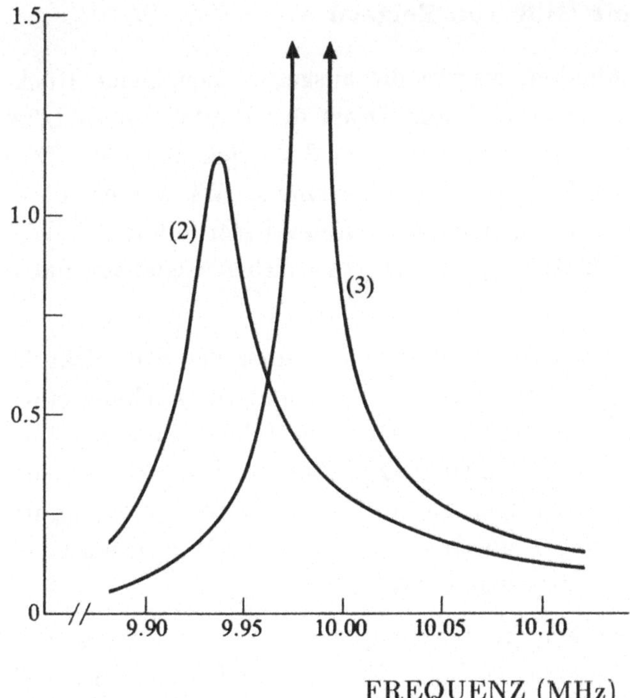

Bild 2.6

auf eine Frequenz leicht unterhalb von 10 MHz abgestimmt sind. Alles, was wir nun zu tun haben, ist, die Induktivitäten L_1 und L_2 mit Hilfe der justierbaren Kerne etwas zu verringern und alles müßte stimmen.

Wenn wir dies an unserem Schaltkreis durchführen, wird uns das Ergebnis wahrscheinlich erstaunen, denn das Maximum bewegt sich in Richtung auf 10 MHz, aber es beginnt gleichzeitig schnell anzuwachsen. Zusätzlich verschmälert sich die Bandbreite erheblich. Bild 2.6 stellt dieses Verhalten dar.

Kurve (2) in Bild 2.6 stellt dieselbe Situation wie Kurve (2) in Bild 2.5 dar : beide Resonanzkreise sind exakt auf 10 MHz abgestimmt. Kurve (3) zeigt das Ergebnis einer Nachjustierung von L_1, so daß der Eingangsresonanzkreis jetzt bei 10,13 MHz schwingt. Das Maximum befindet sich nun oberhalb von 9 außerhalb der Skala unseres Diagramms und die Bandbreite ist sehr klein geworden. Eine weitere Veränderung von L_1 in dieselbe Richtung würde dazu führen, daß unsere Schaltung schließlich schwingt, d.h. die Verstärkung wäre unendlich.

2.6 Überlegungen mit Hilfe von Zeigern

Wir haben nun herauszufinden, warum die ausgesprochen kleine Rückkopplungskapazität zwischen Gate 1 und Drain des Bauteils in Bild 2.4 einen derart großen Einfluß auf das Verhalten der Schaltung hat. Dies geht relativ einfach mit Hilfe eines Zeigerdiagramms. Wir wollen dieses Diagramm hier nicht einfach angeben, sondern den Leser auffordern, sich das Diagramm selbst zu skizzieren, um die wesentlichen Gedanken nachzuvollziehen.

Als Referenzzeiger wollen wir die Spannung U_{C_1} über der Kapazität C_1 annehmen. Da C_4 sehr groß ist, ist $U_{C_1} \approx U_{g_1-s}$ und wir zeichnen einen kurzen horizontalen Zeiger $(\rightarrow)$ U_{g_1-s}. Wenn der Schwingkreis $C_2 \parallel L_2$ genau bei der Eingangsfrequenz schwingt $[E]$, können wir annehmen, daß die Drain-Lastimpedanz Z_L rein reell und die Drain-Source-Spannung, die wir mit U_{d-s} bezeichnen wollen, gleich $-g_m Z_L U_{g_1-s}$ ist. Wir ziehen einen langen horizontalen Zeiger entgegengesetzt zu U_{g_1-s} .

Nun ist U_{d-s} die bei weitem größte Komponente der Spannung über der kleinen Rückkopplungskapazität C_{rs}. Es folgt somit, daß ein Strom $-j\omega C_{rs} g_m Z_L U_{g_1-s}$ auf das Gate 1 zurückgekoppelt wird, den wir als kleinen Zeiger vertikal nach unten in unser Diagramm eintragen $(\downarrow)$. Wenn beide Resonanzkreise perfekt auf das Eingangssignal abgestimmt sind kann dieser kleine Strom nur eine Spannung am Drain erzeugen, die ein $+j$-Vorzeichen hat und somit einen Zeiger bedingt, der vertikal nach oben weist ($\uparrow$). Durch Wiederholung der genannten Überlegungen, erhalten wir einen Rückkopplungseffekt zweiter Ordnung, der den effektiven Wert von U_{g1-s} vermindert. Somit haben wir die Erklärung für den kleineren Wert der Verstärkung bei 10 MHz gefunden, wenn wir von Kurve (1) zu Kurve (2) in Bild 2.5 übergehen.

Warum aber sollte die Verstärkung, wie in Kurve (2) in Bild 2.5 zu sehen, größer werden, wenn wir die Eingangsfrequenz herabsetzen? Die Lösung wird schnell ersichtlich, wenn wir uns erinnern, daß die Impedanz Z_L einen Realteil R hat, der parallel zu einem Imaginärteil $j\omega L / \left[1 - (\omega/\omega_0)^2\right]$ ist, wobei $\omega_0 = 1/\sqrt{LC}$ die Resonanzfrequenz ist. Bei einer Frequenz unterhalb der Resonanz, $\omega < \omega_0$, zeigen beide Resonanzkreise ein induktives Verhalten, und die Spannung, die über ihnen abfällt, wird dem Strom um einen kleinen Winkel vorauseilen. Kehren wir also zurück und ändern unser Zeigerdiagramm so, daß die Spannung am Drain $-g_m Z_L U_{g1-s}$ nicht mehr völlig horizontal verläuft, sondern eine kleine Komponente in Abwärtsrichtung besitzt. Der Rückkopplungsstrom wird weiterhin einen Winkel von 90° zur Spannung haben, da es sich bei C_{rs} um eine reine Kapazität handelt. Der Strom hat somit eine Komponente in Phase mit U_{g1-s}, d.h. es liegt eine positive Rückkopplung vor. Die über $L_1 \parallel C_1$ durch diesen Strom hervorgerufene Spannung wird sogar eine noch größere Komponente in Phase mit U_{g1-s} haben, denn der Eingangsresonanzkreis verhält sich ebenfalls induktiv, so daß auch hier die Spannung dem Strom vorauseilt.

Diese qualitative Argumentation mit Hilfe eines Zeigerdiagramms zeigt uns, warum wir mit dem einfachen Schaltkreis von Bild 2.4 Probleme haben. Es erklärt auch, warum alles, wie in Bild 2.6 gezeigt, sogar noch schlimmer wird, wenn wir den Eingangsresonanzkreis induktiver machen, indem wir die Resonanzfrequenz anheben. All diese Argumente helfen uns jedoch kein Stück weiter bei der Frage, was wir tun müssen, um den Schaltkreis wirklich brauchbar zu machen.

2.7 Was ist ein brauchbarer Schaltkreis?

Das Maß der Brauchbarkeit von Elektronik ist sehr subjektiv und unterliegt darüber hinaus historischen Veränderungen [9]. Die Gründe hierfür liegen in den veränderten Herstellungstechniken und Verwendungszwecken. Eine gute Definition der Brauchbarkeit ist jedoch, daß eine Schaltung gefertigt werden kann. Natürlich kann eine Schaltung aus dieser Warte allein nicht als brauchbar bezeichnet werden, wenn sie sich verhält wie unsere erste Versuchsschaltung in Bild 2.6. Eine Schaltung, die bei einer Veränderung der Resonanzfrequenz von $L_1 \parallel C_1$ von 10 MHz auf 10,13 MHz, also kaum mehr als 1 %, derart drastische Veränderungen in Verstärkung und Bandbreite aufweist, kann unmöglich mit vertretbarem Aufwand hergestellt und einjustiert werden, so daß ein klar definiertes Verhalten über einen längeren Zeitraum garantiert werden kann.

Nachdem wir uns nun für die Schaltung von Bild 2.4 entschieden haben, brauchen wir einige einfache Beziehungen, die uns, sofern sie existieren, sagen, wie wir die Werte der einzelnen Komponenten zu wählen haben. Wir wissen beispielsweise, daß L_1 und C_1 so zu wählen sind, daß $\omega_0/(2\pi)$ in der Nähe von 10 MHz liegt. Aber was ist mit dem Verhältnis L_1/C_1? Wir erinnern uns, daß unsere ursprüngliche Wahl von $C_1 = C_2 = 50$ pF völlig willkürlich war.

Wir könnten in Betracht ziehen, dieses Problem numerisch zu lösen [10], aber wie wir in Kapitel 1 gehört haben, gehören numerische Lösungen zur Schaltungsdimensionierung, während beim Design ein algebraischer Standpunkt bezogen werden muß [F].

2.8 Algebra und Design

Um die Beschränkungen zu verstehen, denen die Komponentenwahl der Schaltung in Bild 2.4 unterliegt, müssen wir uns mit den besonderen Eigenschaften der Schaltung bei hohen Frequenzen befassen und uns fragen, was passiert, wenn wir die einzelnen Komponentenwerte verändern. Dies können wir mit Hilfe des einfachen Modells in Bild 2.7 machen, bei dem der Eingangsresonanzkreis durch den Zweipol A-B, der Transistor durch das Zweitornetzwerk y_{ij} und der Ausgangsresonanzkreis durch den Zweipol C-D dargestellt werden. Zu beachten ist, daß die Schaltungsgüte Q durch einen RCL-Parallelresonanzkreis repräsentiert wird, wobei $R = Q\sqrt{L/C}$ ist.

Das Hochfrequenz-Kleinsignal-Verhalten der Verstärkerschaltung von Bild 2.4 kann durch das Netzwerk in Bild 2.7 beschrieben werden, wenn die Anschlüsse A und B mit 1 und 2, sowie 3 und 4 mit C und D verbunden werden. Um das in den Graphiken 2.5 und 2.6 dargestellte Verhalten zu verstehen, müssen wir nur den Eingangsresonanzkreis abklemmen und die Eingangsadmittanz Y_{in} der Klemmen 1 und 2 ermitteln, wobei der Ausgangsresonananzkreis weiter angeschlossen bleibt [11].

Wir erhalten dann $[G]$

$$i_1 = y_{11} \cdot u_1 + y_{12} \cdot u_2 \tag{2.1}$$

$$i_2 = y_{21} \cdot u_1 + y_{22} \cdot u_2 \tag{2.2}$$

für den Transistor, und

$$i_2 = -Y_L u_2 \tag{2.3}$$

für den Ausgangsresonanzkreis, wobei

$$Y_L = \left(Q_2\sqrt{L_2/C_2}\right)^{-1} + j\left(\omega C_2 - \frac{1}{(\omega L_2)}\right) \tag{2.4}$$

ist. Aus (2.2) und (2.3) ergibt sich

$$u_2 = -\left[y_{21}/(y_{22} + Y_L)\right] u_1 \tag{2.5}$$

und (2.5) mit (2.1) liefert

$$Y_{in} = \frac{i_1}{u_1} = y_{11} - \frac{y_{12}y_{21}}{(y_{22} + Y_L)} \tag{2.6}$$

Im allgemeinen hängen alle Admittanzen auf der rechten Seite der Gleichung (2.6) von der Frequenz ab. Wir müssen nun Gleichung (2.6) dazu benutzen, auszurechnen, wie sich Y_{in} mit der Frequenz ändert und ob in irgendeinem Frequenzbereich der Realteil von Y_{in} negativer wird als $(Q\sqrt{L_1/C_1})^{-1}$. In diesem Fall wird der Verstärker schwingen, wenn der Eingangsresonanzkreis angeschlossen ist, ganz einfach, weil die Gesamtdämpfung der Schaltung dann negativ wird $[H]$.

Nun kann diese Berechnung schon recht kompliziert werden, allerdings können wir für einem MOS-Transistor bei nicht allzu hohen Frequenzen

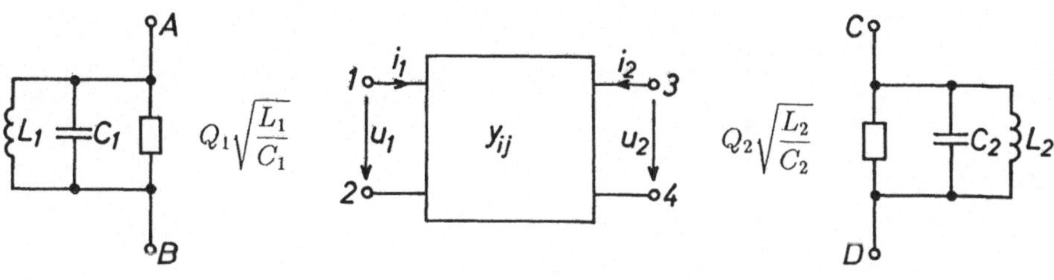

Bild 2.7

einen reellen Übertragungsleitwert

$$y_{21} = g_m \tag{2.7}$$

und eine reine Rückkopplungskapazität

$$y_{12} = -j\omega C_{rs} \tag{2.8}$$

annehmen. Weiterhin dürfen wir y_{11} und y_{22} zu Null annehmen, da wir sie als kleine Korrekturen in C_1 und C_2 einbringen können. Es ist zu beachten, daß die Vorzeichen in den Gleichungen (2.7) und (2.8) durch die Festlegung der Ströme i_1 und i_2 in Bild 2.7 bestimmt sind. Verwenden wir die Gleichungen (2.7) und (2.8), setzen (2.4) in (2.6) ein, und schreiben $\omega_2 = 1/\sqrt{L_2 C_2}$, so erhalten wir

$$Y_{in} = \frac{-(g_m C_{rs}/C_2)(\omega/\omega_2)}{(\omega_2/\omega - \omega/\omega_2) + j/Q_2} \tag{2.9}$$

mit dem Realteil

$$Re\{Y_{in}\} = \frac{(g_m C_{rs}/C_2)(\omega/\omega_2)(\omega/\omega_2 - \omega_2/\omega)}{(\omega_2/\omega - \omega/\omega_2)^2 + Q_2^{-2}} \quad . \tag{2.10}$$

An dieser Stelle wird auch die Bedeutung einer algebraischen Angehensweise des Problems deutlich. Wir benötigen nun eine Skizze der durch die

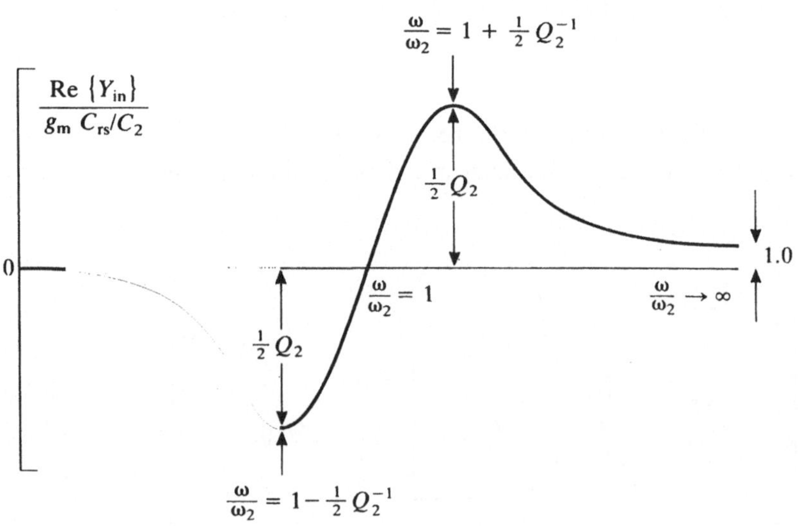

Bild 2.8

Gleichung (2.10) beschriebenen Funktion, einer Funktion von ω/ω_2; die Frequenz soll auf die Resonanzfrequenz des Ausgangskreises normiert sein. Diese Skizze finden wir in Bild 2.8.

Leiten wir Gleichung (2.10) nach ω/ω_2 ab, erhalten wir ein Maximum für $\omega/\omega_2 = (1 + 1/(2Q_2))$ und ein Minimum bei $\omega/\omega_2 = (1 - 1/(2Q_2))$. Wie im Bild zu sehen, nimmt der Realteil von Y_{in} auch negative Werte an. Der größte negative Wert ist $-g_m C_{rs} Q_2/(2C_2)$. Damit der Schaltkreis nicht schwingt, müssen wir also sicherstellen, daß

$$\frac{g_m C_{rs} Q_2}{2C_2} < \left(Q_1 \sqrt{L_1/C_1} \right)^{-1} \qquad (2.11)$$

ist. Ungleichung (2.11) nimmt eine recht einfache Form an, wenn wir eine relativ einfache Schaltung, wie beispielsweise die von Bild 2.4, betrachten; dabei ist $C_1 = C_2 = C$ und $Q_1 = Q_2 = Q$. Schreiben wir dann noch $\omega_0 = 1/\sqrt{LC}$ für die Arbeitsfrequenz, läßt sich Ungleichung (2.11) schreiben als

$$\frac{g_m C_{rs} Q^2}{2\omega_0 C^2} < 1 \qquad . \qquad (2.12)$$

2.9 Stabilisierung der Versuchsschaltung

Wir wollen nun anhand von Ungleichung (2.12) zeigen, wie ungünstig unsere ursprüngliche Elementwertewahl war. Wir hatten $C = 50$ pF und $Q = 100$ angenommen. Mit einem C_{rs} von 0,02 pF, $g_m = 10$mS und einer Arbeitsfrequenz von 10 MHz ergibt sich die linke Seite von Ungleichung (2.12) zu $20/\pi$, viel größer als eins also. Es ist offensichtlich, warum sich die in Bild 2.5 und 2.6 illustrierten Probleme ergeben.

Um nun einen stabilen Verstärker zu bekommen, schauen wir uns nochmals Ungleichung (2.12) an und versuchen diese zu erfüllen. Hierzu könnten wir beispielsweise den Wert von C erhöhen und gleichzeitig die Güte Q vermindern. Dies läßt sich durch eine Verkleinerung der Induktivität L und eine verbesserte Kopplung der Hauptinduktivitäten und der kleinen Spulen an Ein- und Ausgang (vgl. Bild 2.4) bewerkstelligen.

Eine Möglichkeit wäre, C auf 100 pF zu erhöhen und Q auf 50 zu senken. Bleiben die anderen Werte unverändert, ergibt die linke Seite von Ungleichung (2.12) einen Wert weit unter eins bei $4/(8\pi)$. Das Verhalten des Verstärkers ist in Bild 2.9 skizziert, wobei Kurve (1) das Verhalten ohne jegliche Rückkopplungskapazität, $C_{rs} = 0$, und Kurve (2) das wirkliche Verhalten, wenn beide Resonanzkreise auf 10 MHz einjustiert sind, zeigen. Wir sehen, daß die Schaltung gemäß Kurve (2) in der Tat unter diesen

Bedingungen die volle Verstärkung liefert und wir, um den Verstärker auf die verlangten 10 MHz abzustimmen, nur die beiden Resonanzkreise auf eine minimal höhere Frequenz einzustellen haben. Wenn wir dies alles tun, wächst die Verstärkung nicht mehr wie in Bild 2.6 an.

Eine vollständige Dimensionierung, bzw. ein rechnergestützter Entwurf, könnte jetzt mit dieser Schaltung durchgeführt werden. Die neue Komponentenwahl, die zu dem in Bild 2.9 gezeigten Verhalten führte, ist jedoch immer noch eine ziemlich beliebige Wahl und der Schaltkreis mag gegenüber Änderungen der Komponentenwerte oder des Layouts noch zu empfindlich sein. Darüber hinaus ist nicht anzunehmen, daß er die Anforderungen an Bandbreite, Verstärkung und Rauschverhalten ohne weitere Bedingungen erfüllt.

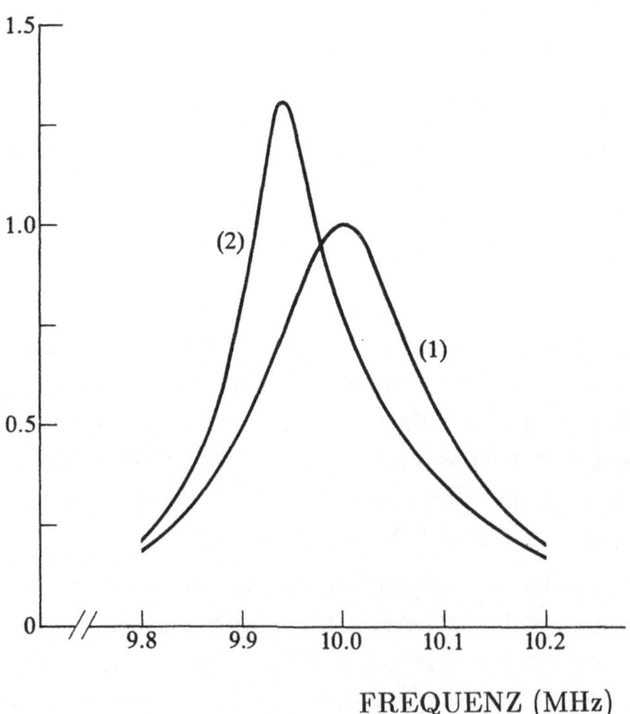

Bild 2.9

2.10 Eine Versuchsschaltung mit Bipolar-Transistoren

Zum Abschluß dieses Kapitels wollen wir uns noch einen anderen auf 10 MHz abgestimmten selektiven Verstärker ansehen, diesmal unter Verwendung der Schaltungsgrundstruktur von Bild 2.2 und mit Bipolar-Transistoren.

Die Schaltung ist in Bild 2.10 skizziert. Sie enthält den CA3028A, einen sehr einfachen integrierten Schaltkreis, der drei Transistoren und drei Widerstände enthält. Der CA3028A stimmt, wie er in Bild 2.10 geschaltet ist, mit der Schaltung von Bild 2.2 überein, denn Q_3, R_1, R_2 und R_3 liefern nun den Ruhestrom I_B. Alles was wir hinzuzufügen brauchen, sind die Eingangs- und Ausgangsresonanzkreise, $L_1 - C_1$ und $L_2 - C_2$, sowie die beiden Entkopplungskondensatoren C_3 und C_4 [I]. Die Schaltung arbeitet mit $\pm$ 10 V Versorgungsspannungen und stellt eine sehr interessante und lehrreiche Versuchsschaltung für weitere Experimente dar. Die Einzelheiten für einen vollständigen Schaltungsaufbau sind im Anhang zu finden.

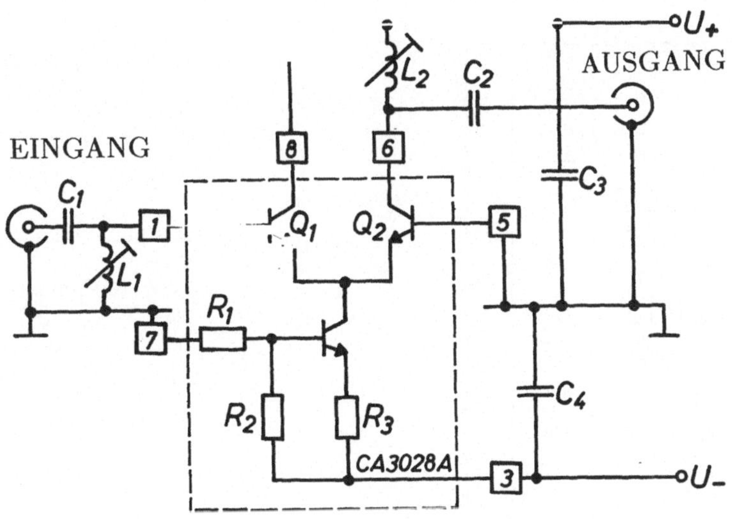

Bild 2.10

Die Situation innerhalb dieser Schaltung unterscheidet sich beträchtlich von der in dem von uns vorher betrachteten MOS-Schaltkreis in Bild 2.4, denn die y-Parameter eines bipolaren Transistor sind um einiges komplizierter, aber auch interessanter. Schauen wir auf den Wert [12], der die unerwünschte Rückkopplungskapazität betrifft, nämlich y_{12}. Für die in Bild 2.10 angegebene Beschaltung und eine Frequenz von 10,7 MHz ist er explizit mit $(0,01 - j0,0002)$mS angegeben. Offensichtlich handelt es sich also nicht um eine einfache kapazitive Rückkopplung, denn der Realteil von y_{12} überwiegt den Imaginärteil bei 10,7 MHz bei weitem. Der zweite interessante Punkt ist, daß $-j0,0002$ mS auf eine Kapazität von nur 3 fF zurückschließen läßt, was nicht einmal ein Zehntel der Rückkopplungskapazität des vorher betrachteten MOS-Transistors ist. Wie ist es möglich, eine derart kleine Rückkopplungskapazität zu realisieren? Die Antwort auf diese Frage erhält man, wenn man die Abdeckung eines CA3028A entfernt und sich die integrierte Schaltung unter dem Mikroskop betrachtet. Was man dann sehen kann, ist in Bild 2.11 skizziert. Das Ausgangskontaktfeld 6 ist in der rechten oberen Ecke des Chips und hat, wie auch in Bild 2.10 erkennbar, die zwei geerdeten Kontaktfelder 5 und 7 auf den beiden Seiten neben sich. Das Eingangskontaktfeld 1, von dem soviel Metall wie möglich entfernt worden ist, ist in ähnlicher Weise von den bei hohen Frequenzen praktisch geerdeten Feldern 8 und 3 umgeben, ebenso haben die unbenutzten Kontaktfelder 2 und 4 nur sehr geringe Widerstände [J] zu Feld 3.

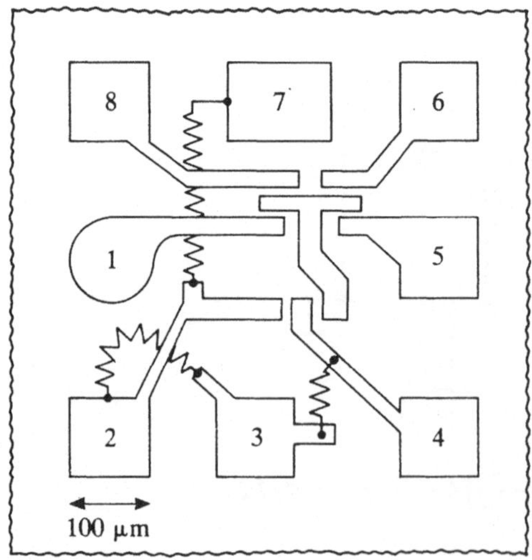

Bild 2.11

Unerwünschte Rückkopplung von Feld 6 nach Feld 1 kann sich einerseits direkt über die sehr kleine Kapazität, andererseits über die isolierte Metallschicht in der Mitte des Chips einstellen, bei der es sich um die beiden Emitter von Q_1 und Q_2 und den Kollektor von Q_3 handelt. Die Rückkopplung von Feld 6 über diese Fläche hat eine entgegengesetzte Phase im Vergleich zur direkten Rückkopplung von Feld 6 nach Feld 1. Hieraus folgt, daß ein sorgfältiges Layout der Metallisierungsschicht zumindest bei kleinen Frequenzen eine sehr geringe Gesamtrückkopplungskapazität bewirken kann.

Im Gegensatz zu einem MOS-Transistor ist die Lage bei einem Bipolar-Transistor bei hohen Frequenzen jedoch um einiges komplizierter. In Bild 2.12 ist die Variation von $y_{12} = g_{12} + jb_{12}$ über den Bereich von 10 MHz bis 300 MHz für einen MOS-Transistor wie den 40841 [13] und für einen CA3028A in einer Schaltung wie in Bild 2.10 dargestellt.

In Bild 2.12 ist zu sehen, daß der MOS-Transistor im Bereich um 10 MHz ein rein kapazitives y_{12} aufweist. $-b_{12}$ wächst in Richtung auf 100 MHz im

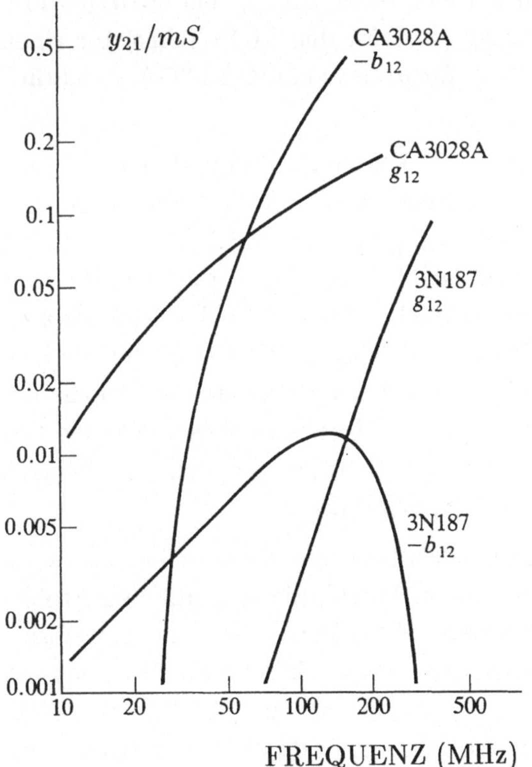

Bild 2.12

doppelt logarithmischen Diagramm mit der Steigung eins an, und wir können uns davon überzeugen, daß $y_{12} = -j\omega C_{rs}$ mit $C_{rs} = 0{,}02$ pF im Bereich bis 100 MHz ein sehr vernünftiges Modell liefert. Im Bereich oberhalb von 100 MHz ändert sich die Lage entscheidend und der Realteil von y_{12} dominiert.

Bild 2.12 zeigt, daß sich der Bipolar-Transistor ganz anders verhält. Bei kleinen Frequenzen ist y_{12} im wesentlichen reell, der Imaginärteil wächst jedoch mit steigender Frequenz sehr viel schneller als die Suszeptanz einer einfachen Kapazität. Der Grund hierfür ist die sich mit wachsender Frequenz einstellende Verzögerung zwischen der Kollektorsperrschichtweite von Q_2 und der Kollektorspannung.

Entscheidend jedoch ist, daß der Realteil g_{12} beim CA3028A positiv ist. Der Übertragungsleitwert des CA3028A in der Beschaltung nach Bild 2.10 ist negativ, ein Erhöhen der Eingangsspannung bewirkt eine Verminderung des Ausgangsstroms. Da wir den Transistor durch genau dasselbe y-Parametermodell darstellen können, das wir im vorhergehenden Fall verwendet haben (Bild 2.7), können wir nun sehen, daß y_{12} bei niedrigen Frequenzen im Gegensatz zu Gleichung (2.7) für den MOS-Transistor einen negativen Realteil besitzt. Der Wert für g_m ist beim CA3028A wesentlich größer : ca. 40 mS [12].

Dies hat interessante Auswirkungen. Gleichung (2.6) entnehmen wir, daß das Produkt $y_{12} \cdot y_{21}$ jetzt einen negativen Wert annimmt und somit eine stabilisierende Wirkung auf die Schaltung ausüben wird, sofern sich Resonanz einstellt und $(y_{22} - Y_L)$ reell ist. Im vorhergehenden Beispiel war dies nur außerhalb der Resonanz möglich. Außerhalb der Resonanz ist das Verhalten dem vorherigen Fall mit dem MOS-Transistor sehr ähnlich, nur ist die Kurve in Bild 2.8 aufgrund des umgekehrten Vorzeichens des Realteils von y_{21} an der ω-Achse gespiegelt. Unerwünschte Rückkopplung in der Schaltung nach Bild 2.10 verschiebt die Frequenzkurve nun nach rechts, anstatt wie in Bild 2.5 und 2.9 nach links.

Die beiden in diesem Kapitel behandelten Bauelemente sind Thema zweier hervorragender RCA Application Notes [14, 15], die sich mit den Problemen im VHF-Bereich befassen. In den beiden Versuchsschaltungen dieses Kapitels behandelten wir weitverbreitete, bzw. klassische Probleme der Elektronik unter Verwendung recht neuer Bauteilen. Die interne Struktur dieser Bauteile entstammt der Kombination sehr einfacher Schaltungsgrundstrukturen, die ihren Ursprung in der Anfangszeit der Elektronik haben.

Bemerkungen

1 P.Horowitz und W.Hill, *'The Art of Electronics'*, Cambrige University Press, 1980, Kap. 13, S. 575.

2 Die erste Ausgabe der Serie *'Wiley Series on Filters'* war *'Mechanical Filters in Electronics'* von R.A.Johnson, John Wiley, New York, 1983. Bemerkenswert sind außerdem *'Modern Filter Theory and Design'*, herausgegeben von G.C.Temes and S.K.Mitra, John Wiley, New York 1973, und für höhere Frequenzen *'Surface Wave Filters'*, herausgegeben von H.Matthews, John Wiley, New York, 1977.

3 Dies mag von der verbreiteten Meinung herrühren, daß ein Verstärker eine Spannung verstärken und eine hohe Eingangsimpedanz haben sollte. Die Ansicht, daß Leistungsverstärkung gekoppelt mit gutem Rauschverhalten wesentlich bedeutsamer ist, ist bereits ein fortschrittlicherer Gedanke. Die Verwendung der Schaltungsgrundstruktur von Bild 2.1(b), die normalerweise mit Hochvakuumröhren arbeitet, etablierte sich erst spät in der Elektronik. Dies ist allein mit der Tatsache, man hätte erst auf eine indirekt heizbare Kathode warten müssen, schwer zu erklären ist. Bild 2.1(c) kann A.D.Blumlein zugeordnet werden, da er die Schaltung mit Datum vom 4.Sept.1934 unter der Brit.Pat.Nr. 448421 registrieren ließ. Die Idee, die Bilder 2.1(b) und 2.1(c) als Schaltung von Bild 2.2 zu kombinieren, ist ebenfalls von Blumlein patentiert worden (Brit.Pat.Nr. 482740, 4.Juli 1936). Blumlein verwendete diese Schaltungen jedoch nicht im Hochfrequenzbereich. Die Idee, die Schaltung von Bild 2.1(b) allein zu verwenden, ist wahrscheinlich jüngeren Ursprungs. Sie erschien erstmals in Japan von N.Tanaka, *'Nippon Elect.Comm.'*, **19**, 192, Januar 1940 und in Großbritannien in *'Electronics'*, **13**, 14-16 und 55-56, Juli 1940.

4 E.Braun und S.MacDonald, *'Revolution in Miniature'*, Cambridge University Press, 1978. Brattain's Aufzeichnungen vom 23.Dez.1947 sind auf der Seite 47 reproduziert und zeigen die erste verwendete Transistorverstärkerschaltung.

5 Der Ursprung im Jahr 1936 wird in Bemerkung 3 erläutert.

6 Das Wort 'Kaskode' wurde möglicherweise von F.V.Hunt und R.W.Hickman in *Rev.Sci.Inst.*, **10**, 6-21, 1939, eingeführt. Die beiden Autoren vom Cruft Labor der Harvard University verwendeten die Schaltung bei kleinen Frequenzen. Der Grund der Bedeutung der Kaskode, gegenüber der klassischen 'Pentoden'-Lösung des Rückkopplungsproblems bei hohen Frequenzen, wird von *H.Wallman u.a.*, *Proc IRE*, 36, 700-708, Juni 1948, als eine Frage des Rauschbildes angegeben.

7 RCA 40841 : Datensatz Nr. 489.

8 Nahe dieser Schwingungsbedingung sind sehr hohe Leistungsverstärkungen und sehr schmale Bandbreiten erreichbar. Dies war die Grundlage auf der die Funkempfänger um 1914 herum arbeiteten und die Funker mußten über einige Geschicklichkeit und Erfahrung verfügen, um die Geräte zu bedienen. In späteren Jahren benutzten Funkamateure derartige Empfänger für weltweite Übertragung mit Sendeleistungen von nur 100 W und Empfängern, die ein einziges aktives Bauteil mit einem Wert für g_m von weniger als 1 mS verwendeten. Ein interessantes Papier von D.G.Tucker über die Geschichte dieser Schaltungen ist in *'Radio and Electr.Eng.'*, **42**, 69-80, 1972, zu finden.

9 Wie oben unter 8 vermerkt, war ein äußerst geschickter Funker notwendig, um die Funkgeräte in den Anfangsjahren des Jahrhunderts zu brauchbaren Werkzeugen zu machen. Es war somit eigentlich die Kombination von Schaltung und Benutzer, die das Gerät erst brauchbar machte.

10 Einige sehr effektive Methoden, um die relative Empfindlichkeit der Komponenten einer Schaltung mittels eines Computers auszuwerten, wurden von R.Spence und seinen Mitarbeitern entwickelt : *'Computer Aided Design'*, 8, 49-53, Januar 1976.

Anmerkung der Übersetzer : R.K.Brayton u. R.Spence, *'Sensitivity and Optimization'*, Elsevier, 1980.

11 Hier folgen wir R.A.Santilli, *IEEE Trans.*, **BTR-13**, 113- 118, 1967. Das Buch *'Transistors and Active Circuits'* von J.G.Linvill und J.F.Gibbons, McGraw-Hill, New York, 1961, enthält eine detailliertere Diskussion wurde von vielen späteren Autoren als Modell benutzt. Dies gilt ebenso für die klassische Arbeit von A.P.Stern, *Proc.IRE*, **45**, 335-43, März 1957. Alle Autoren betrachten den allgemeinen Fall, bei dem alle y-

Parameter komplex sind. Wir konnten hier eine teilweise vereinfachte Darstellung wählen, bei der y_{12} als rein imaginär und y_{21} als reell angenommen wurde, da wir bei einer relativ kleinen Frequenz von 10 MHz arbeiteten.

12 RCA CA3028A/B : Datensatz Nr. 382.

13 RCA 3N187 : Datensatz Nr.326.

14 RCA AN4431, *'RF Applications of the Dual-Gate-MOSFET up to 500 MHz'*, L.S.Baar.

15 RCA ICAN5337, *'Application of the RCA CA3028A and CA3028B'* *'Integrated Circuit RF Amplifiers in the HF and VHF Ranges'*, H.M.Kleinman.

A Eine andere Möglichkeit besteht darin, die Schaltung mit Hilfe des Rückkopplungsprinzips zu neutralisieren. Beschreibt man den Verstärker mit Hilfe der y-Parameter, muß der Koeffizient y_{12} zu Null gemacht werden (siehe z.B. W.T.H.Hetterscheid, *'Selektive Transistorverstärker'*, Band 1 : Grundlagen, Philips Technische Bibliothek, 1965, Kapitel 3, insbes. Anschnitt 3.3).

B Der Einfluß der Transistorkapzitäten in der Emitter- bzw. Basis-Grundschaltung wird bei U.Tietze und Ch.Schenk *'Halbleiter-Schaltungstechnik'*, Springer-Verlag, 9.Aufl., 1989, in Abschnitt 16.2 behandelt.

C Diese Schaltung wird beispielsweise bei U.Tietze und Ch.Schenk (siehe Bemerkung B) in Abschnitt 16.4 besprochen.

D Die Kaskode-Schaltung wird bei U.Tietze und Ch.Schenk (siehe Bemerkung B) in Abschnitt 16.3, sowie bei M.Seifart, *'Analoge Schaltungen'*, Dr. Alfred Hüthig Verlag, 1987, in den Abschnitten 3.9.1 und 4.5 diskutiert. Es ist nützlich, die y-Parameter der Kaskade einer Emitter- und einer Basis-Grundschaltung zu berechnen. Dabei geht man von den für Transistoren gebräuchlichen y-Parametern aus und wandelt sie (wegen der Kaskodenschaltung) in die Kettenparameter um. Schließlich berücksichtigt man die Größenordnungen der y-Parameter eines Bipolar-Transistors. Man erhält : Der Eingangsleitwert der Kaskode wird durch die Emitter-Grundschaltung bestimmt, die Rückwirkung ist vernachlässigbar, die Verstärkung wird durch die Emitter-Grundschaltung und der Ausgangsleitwert durch die Basis-Grundschaltung bestimmt.

E $C \parallel L$ bedeutet : Parallelschaltung von C und L.

F Läßt sich eine Schaltung mit Hilfe eines linearen zeitinvarianten Netzwerks modellieren, kann man bei 'kleinen' Netzwerken ein Programm zur vollsymbolischen Analyse verwenden und zur weiteren Auswertung (Berechnung der Empfindlichkeiten u.s.w.) ein Computer-Algebra-Programm benutzen (siehe z.B. W.Mathis, *'Issues in CAD Tools for Analog Integrated Circuits'*, erscheint im Intern. Journal of Computer Aided VLSI-Design, Frühjahr 1990).

G Die Theorie der Zweitore (früher Vierpol-Theorie) wird z.B. bei W.Klein, *'Grundlagen der Theorie elektrischer Schaltungen'*, Teil 1, Mehrtortheorie, Akademie-Verlag, 1970, und H.Marko, *'Theorie linearer Zweipole, Vierpole und Mehrtore'*, Hirzel-Verlag, 1970.

H Das bedeutet, daß das Gesamtnetzwerk Pole in der rechten komplexen Halbebene besitzt. Man nennt Netzwerke *(asymptotisch) stabil*, wenn alle Pole in der linken komplexen Halbebene liegen (z.B. W.Mathis, *'Theorie nichtlinearer Netzwerke*, Springer-Verlag, 1987, Abschnitt 4.12.2.).

I Die Kondensatoren C_3 und C_4 haben natürlich nur dann einen Sinn, wenn man die parasitären Widerstände der Zuleitungen zu U_+ und U_- und deren *endliche* Innenwiderstände berücksichtigt. Daher spricht man sonst auch von Siebkondensatoren.

J Zur besseren Unterscheidung der Halbleitergebiete und Kontaktflächen von den parasitären Widerständen wurden die bei O'Dell verwendeten angelsächsischen Symbole für die Widerstände an dieser Stelle beibehalten.

3 Operationsverstärker

3.1 Definitionen

Operationsverstärker sind Verstärkerschaltungen mit einem symmetrischen Eingang, d.h. zwei Eingangsanschlüssen, die sowohl eine hohe Impedanz zur Masse, als auch untereinander haben, und einem unsymmetrischen (*single ended*) Ausgang. Die Gleichspannungsverstärkung ist üblicherweise sehr groß und bei normalen Operationsverstärkern bis zu mittleren Frequenzen, bei Breitbandverstärkern bis zu relativ hohen Frequenzen als praktisch konstant zu betrachten.

In Bild 3.1 sehen wir das übliche Symbol eines Operationsverstärkers (a) und die Skizze des Frequenzverlaufes eines Breitband-Operationsverstärkers (b) [1]. Die besonderen Eigenschaften der Operationsverstärker machen sie für Rückkopplungsnetzwerke zur analogen Signalverarbeitung geeignet.

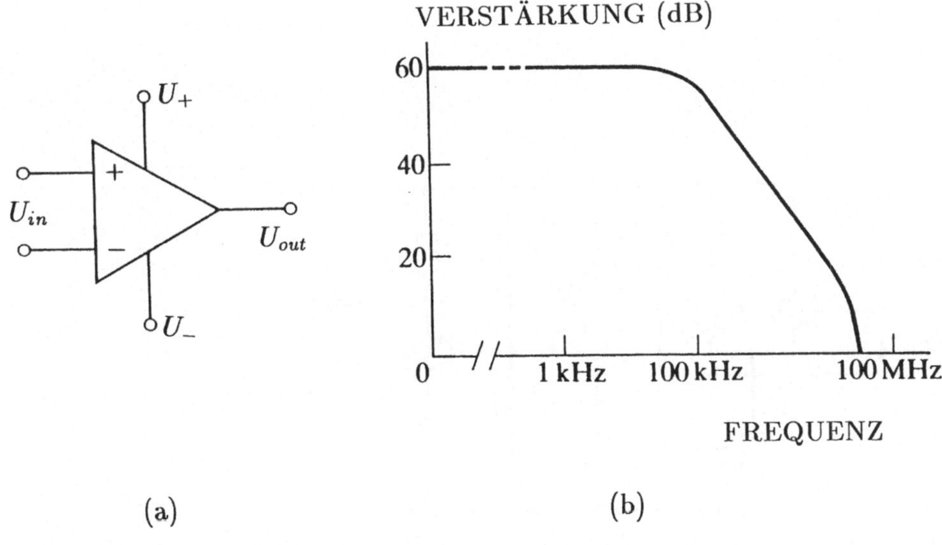

Bild 3.1

Es gibt einige ausgezeichnete Monographien über die Verwendung, das Design und die Dimensionierung von Operationsverstärkern [2], [A]. In diesem Kapitel soll es jedoch nicht um die Anwendung, sondern nur um den internen Aufbau von Operationsverstärkern gehen. Kapitel 4 wird sich dann mit Schaltungen befassen, die durch Kombination mehrerer Operationsverstärker entstehen. Da Operationsverstärker im allgemeinen in monolithisches Silizium integriert sind, lassen sich die interessantesten Fortschritte auf dem Gebiet des Entwurfs elektronischer Schaltungen in den letzten zwanzig Jahren, insbesondere in Bezug auf Schaltungsgrundstrukturen, im Bereich der integrierten Schaltungen finden. Zunächst wollen wir uns dem Problem jedoch von einem klassischen Standpunkt aus nähern.

3.2 Eine einfache Operationsverstärkerschaltung

Um die Schwierigkeiten beim Entwurf eines Operationsverstärkers zu verstehen, wollen wir eine sehr einfache Verstärkerschaltung mit diskreten Elementen aufbauen. Die hierzu vorgeschlagene Schaltungsgrundstruktur ist in Bild 3.2 zu sehen.

Die Eingangsstufe dieses Verstärkers mit den Transistoren Q_1 und Q_2 basiert auf Blumlein's 'long tailed pair', der in Verbindung mit der Schaltung von Bild 2.2 bereits im letzten Kapitel angesprochen wurde. Wir

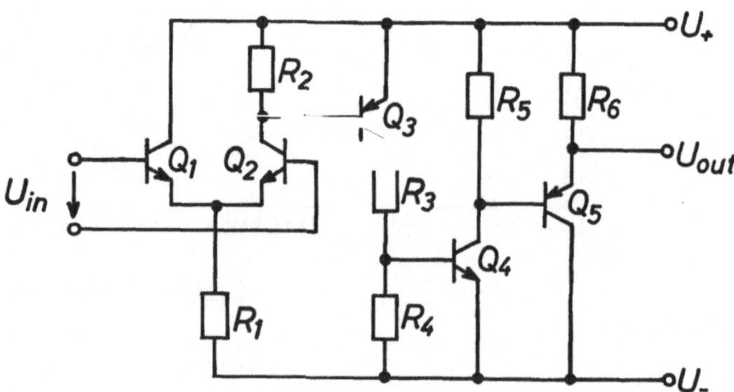

Bild 3.2

erreichen dadurch einen symmetrischen Eingang, jedoch ist die Schaltung von Bild 3.2 nicht vollständig symmetrisch, weil wir uns entschieden haben, das Signal bereits hinter der Eingangsstufe unsymmetrisch weiterzuführen, so daß die Ströme in Q_1 und Q_2 nicht exakt angepaßt werden können. Es gibt noch weitere Probleme : Die Schaltung wird Gleichtaktsignale verstärken, die Verstärkung hängt von der Vorspannung an den Eingängen ab und der Aussteuerungsbereich ist sehr klein, um nur ein paar zu nennen. Doch genau diese schlechten Eigenschaften machen die Schaltung für unsere Untersuchungen geeignet, denn uns wird klar werden, warum solche Schaltungen üblicherweise keine Verwendung finden. Die experimentelle Arbeit wird sich mit den Problemen des Eingangsruhestroms, des Offsets, der Gleichtaktverstärkung, des dynamischen Aussteuerungsbereichs, der Frequenzkompensation für ein stabiles Verhalten als rückgekoppelter Verstärker, der Slew Rate und des nichtlinearen Verhaltens bei großen Ausgangspegeln und hohen Frequenzen beschäftigen. Die Einzelheiten der Versuchsschaltung sind im Anhang beschrieben.

3.3 Technische Details der Versuchsschaltung

Schauen wir zunächst, wie die Ströme in Bild 3.2 anzunehmen sind und berechnen dann die Verstärkung der Schaltung.

Werden die beiden Eingänge in Bild 3.2 auf Nullpotential gelegt, ist die Summe der Kollektorströme von Q_1 und Q_2, $I_{C1} + I_{C2}$, einfach $(|U_-| - |U_{BE}|)/R_1$ [3]. I_{C2} ist bereits festgelegt, denn der Strom in R_2 muß gleich U_{BE3}/R_2 sein. Die Festlegung des Stroms im Widerstand durch die Parallelschaltung des Widerstandes zum Emitter-Basis-Übergang eines Transistors ist recht trickreich : Der Strom im Transistor Q_3 ist auf diese Weise ebenfalls festgelegt und ergibt sich zu $I_{C3} = U_{BE4}/R_4$. Bei Silizium ist U_{BE} bekanntlich in der Nähe von 700 mV [B].

Das Problem der Potentialverschiebung (*level shifting*)[C] ist in diesem Schaltungsentwurf durch die von Stufe zu Stufe wechselnde Polarität der bipolaren Transistoren, *npn* und *pnp*, gelöst. In einem Schaltungsaufbau mit diskreten Bauteilen ist diese elegante Lösung unproblematisch [4], verwendet man allerdings integrierte Schaltungen, kann die Potentialverschiebung zu einem Problem werden, da sich in kostengünstigen Prozessen zur Herstellung integrierter Schaltungen nur hochwertige Bauelemente einer Polarität realisieren lassen. In teureren Prozessen hingegen sind Kombinationen von beispielsweise npn-Transistoren und p-Kanal-MOS-Transistoren hoher Qualität möglich.

Die Ströme in den Transistoren Q_4 und Q_5 sind noch nicht festgelegt.
Hierzu müssen wir die Schaltung als Verstärker mit negativer Rückkopplung beschalten. Zwei bekannte Konfigurationen sind in Bild 3.3 zu sehen. Die erste Schaltung, Bild 3.3(a), weist eine Gesamtverstärkung von
$-R_2/R_1$ auf, während die zweite eine Gesamtverstärkung von $(R_2+R_1)/R_1$
besitzt. Ist das Rückkopplungsnetzwerk mit dem Operationsverstärker
verbunden, nimmt der Ausgang der Schaltung einen Spannungswert nahe
Null an, wenn die beiden Eingänge verbunden sind. Dies bedeutet, daß
$I_{C5} = U_+/R_6$ und $I_{C4} = (U_+ - U_{BE5})/R_5$ sind.

Da nun alle Transistorströme bestimmt sind, läßt sich die Verstärkung der
Schaltung von Bild 3.2 berechnen. Hierbei können wir den Widerstand R_3
vernachlässigen, da er nur die Aufgabe hat, Q_3 zu schützen. Die Änderung
der Eingangsspannung ΔU_{in} verteilt sich gleichermaßen über den Emitter-
Basis-Übergängen von Q_1 und Q_2, so daß sich der Kollektorstrom von Q_2
um

$$\Delta I_{C2} = g_{m2}\Delta U_{in}/2 \qquad (3.1)$$

verändert. Der größte Teil der Änderung wird sich im Basis-Steuerstrom
von Q_3 auswirken, ganz einfach, weil wir I_{C3} ungefähr zehnmal so groß

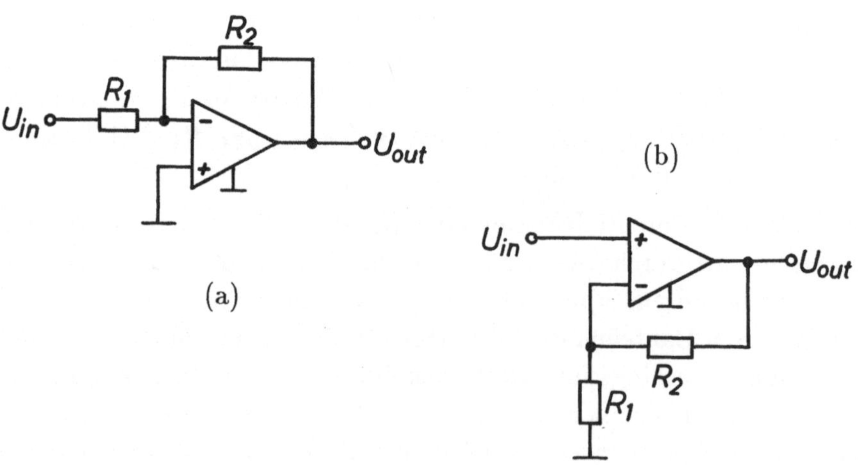

Bild 3.3

wie I_{C2} machen, so daß Q_3 stromgesteuert ist und die Veränderung des Kollektorstroms gleich $h_{fe3}\Delta I_{C2}$ beträgt. Dieselbe Annahme soll für den Transistor Q_4 gelten : I_{C4} ist ca. zehnmal so groß wie I_{C3}. Damit kennen wir die Verstärkung bis zum Kollektor von Q_4 und schließlich auch die Gesamtverstärkung, da Q_5 als einfacher Emitterfolger geschaltet ist. Wir erhalten somit

$$G = h_{fe4}h_{fe3}g_{m2}R_5/2 \tag{3.2}$$

und mit $[D]$

$$g_{m2} = I_{C2}/(kT/e_0) = U_{BE3}/\left[(kT/e_0)R_2\right]$$

ergibt sich

$$G = \frac{h_{fe4}h_{fe3}U_{BE3}R_5}{2(kT/e_0)R_2} \ . \tag{3.3}$$

Gleichung (3.3) ergibt eine Verstärkung von ca. 25000, wenn wir die im Anhang angegebenen Komponentenwerte für einen Versuchsaufbau und eine Stromverstärkung der Transistoren Q_3 und Q_4 von 100 annehmen. Die Schaltung ist recht lehrreich, denn sie benötigt eine sorgfältige Frequenzkompensation, um rückgekoppelt stabil zu arbeiten und weist darüber hinaus praktisch alle Arten von Schwachstellen auf, die in weiterentwickelten Schaltungen ausgeräumt werden können und mit denen wir uns in den nächsten Abschnitten befassen wollen.

3.4 Der Übergang vom symmetrischen Eingang zum unsymmetrischen Ausgang

Bild 3.1(a) betont die allen Operationsverstärkern gemeinsame symmetrische bzw. differentielle Eingangsstufe und den unsymmetrischen Ausgang. Irgendwo in der Verstärkerschaltung muß also der Übergang von einer symmetrischen zu einer unsymmetrischen Signalführung vollzogen werden. In unserem einfachen Verstärker in Bild 3.2 wird dieser Übergang an der ersten möglichen Stelle gemacht, indem das Signal nur auf einer Seite der Differenzstufe, nämlich bei Q_2, in die folgenden Stufen weitergeführt wird.

Eine interessante und elegante Lösung dieses Problems findet sich in einem Patent von R.J.Widlar aus dem Jahre 1965 [5]. Diese frühe Arbeit ist bemerkenswert, da sie einen der ersten Schritte in Richtung auf ein wirkliches Verständnis der Neuerungen darstellt, die sich durch den Übergang von Schaltungen mit diskreten Elementen in das neue Medium des einkristallinen Siliziums ergaben. Obwohl er selbst es nicht so sah, hat Widlar einen neuen Weg zur Entwicklung neuer Schaltungen entdeckt :

Die Einbettung einer Schaltungsgrundstruktur in eine andere. Dies ist gegenüber der einfachen Aneinanderreihung von Schaltungsgrundstrukturen ein entscheidender Schritt vorwärts. Bild 3.4 gibt ein erstes Beispiel dieser Technik, die in Abschnitt 2.3 erstmals erwähnt wurde.

In Bild 3.4(a) erkennen wir Blumlein's 'long tailed pair' wieder, jetzt jedoch mit symmetrischen Eingang und symmetrischen Ausgang, sowie einer idealen Stromquelle I_S als 'long tail'. Bild 3.4(b) zeigt eine andere klassische Schaltungsgrundstruktur [6], einen Bipolar-Transistor mit Parallel-Spannungsgegenkopplung [E], der die Funktion eines Strom-Spannungs-Wandlers erfüllt. Eine Änderung des Eingangsstromes ΔI_{in} hat eine Änderung der Ausgangsspannung von $\Delta U_{out} = -\Delta I_{in}R_4$ zur Folge. Das Vorzeichen deutet an, das eine Erhöhung des Eingangsstroms einen Abfall der Ausgangsspannung am Kollektor von Q_3 bewirkt.

Widlar bettete die Schaltung von Bild 3.4(b) in die von Bild 3.4(a) ein, und erhielt die in Bild 3.5 gezeigte Schaltungsgrundstruktur. In der neuen Schaltung sind die Widerstände R_1 und R_4 zusammengefaßt und mit R_1 bezeichnet. Die beiden Differenzzweige sind von der direkten Versorgung

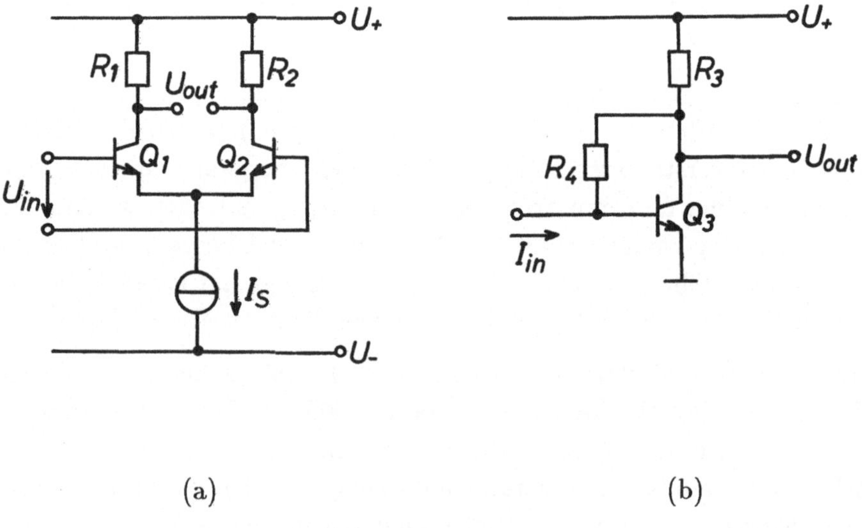

(a)   (b)

Bild 3.4

U_+ abgeklemmt und werden nun über den Widerstand R_3 versorgt. Um die Schaltung symmetrisch zu machen und einen unsymmetrischen Ausgang zu erhalten, wird die Ausgangsstufe mit Q_4 und R_5 angehängt.

Die Schaltung von Bild 3.5 soll nun in Silizium integriert werden. Wir können daher voraussetzen, daß alle vier Transistoren praktisch identisch sind und auch die Widerstände R_1 und R_2 mit gleichem Wert hergestellt werden können. Es ist zwar nicht möglich, die absoluten Werte der Widerstände exakt einzuhalten, jedoch lassen sich die Widerstandsverhältnisse in sehr kleinen Toleranzen realisieren, was beim Entwurf natürlich entsprechend zu berücksichtigen ist [F]. Von besonderem Vorteil ist, daß jede Temperaturänderung, sei es durch Verlustleistung oder Änderung der Umgebungstemperatur, sich auf alle Transistoren und Widerstände gleichermaßen auswirkt, da die Schaltung auf kleinstem Raum zusammengefaßt und tatsächlich monolithisch ist : Sie befindet sich auf einem einzigen kleinen Stück Silizium.

Wie erwähnt, können wir R_1 und R_2 mit identischen Werten und die Transistoren Q_3 und Q_4 mit identischen Eigenschaften herstellen. Das bedeutet, daß in Q_3 und Q_4 unter der Annahme, daß R_3 und R_5 nicht so groß sind, daß die Transistoren in die Sättigung gelangen, identische Kollektorströme

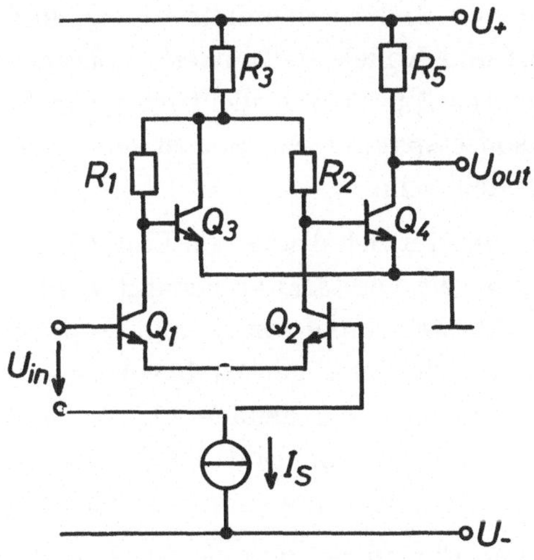

Bild 3.5

fließen, denn beide Emitter sind an denselben Punkt (Masse) angeschlossen und auch die Basen von Q_3 und Q_4 sind über identische Widerstände an einen gemeinsamen Punkt angeschlossen. Diese Schaltungseigenschaft ist eine wesentliche Aussage von Widlar's Patent [5].

Welcher Strom fließt nun in den Transistoren Q_3 und Q_4? Die Antwort erhalten wir, wenn wir uns anschauen, daß der Kollektor von Q_1 auf der Basisspannung U_{BE3} von Q_3 liegt. Wenn wir also die Basisströme von Q_3 und Q_4 vernachlässigen, liegt das untere Ende von R_3 auf $U_{BE3} + I_S R_1/2$. Da R_3 an der Versorgung U_+ liegt, ergibt sich der Strom in R_3 zu

$$I_{R3} = (U_+ - U_{BE3} - I_S R_1/2)/R_3 \qquad (3.4)$$

und der Kollektorstrom von Q_3, ebenso von Q_4, beträgt $I_{R3} - I_S$, wobei I_S die Stromquelle zur Vorspannung von Q_1 und Q_2 ist. Wäre statt dessen ein einfacher Widerstand R_6 verwendet worden, wäre I_S ungefähr gleich U_-/R_6 gewesen.

Sind nun die Eingänge der Schaltung von Bild 3.5 ganz oder nahezu auf Masse gelegt und somit alle Ströme in der Schaltung bestimmt, können die Widerstandswerte berechnet werden. Was wir noch nicht näher betrachtet haben, ist die Art und Weise, wie Widlar in seiner neuen Schaltungsgrundstruktur von Bild 3.5 den Übergang vom symmetrischen Eingangsknotenpaar zum unsymmetrischen Ausgang am Kollektor von Q_4 gelöst hat, und welche Vorteile diese Schaltung gegenüber unserem Aufbau von Bild 3.2 mit diskreten Elementen hat.

In den ersten Stufen ist die Schaltung von Bild 3.5 symmetrisch. Q_1 und Q_2 können identische Kollektorströme und Kollektor-Emitterspannungen haben. Da Q_1 und Q_2 im Fertigungsprozeß praktisch identisch gemacht werden können, dürften die Eingangsoffsetspannungen und -ströme über einen großen Temperaturbereich sehr klein sein.

Der zweite Punkt ist, daß nicht wie in unserer Schaltung von Bild 3.2 nur die Hälfte, sondern die gesamte *differentielle* Verstärkung genutzt werden kann. Gleichermaßen wird die Gleichtaktverstärkung von Q_1 und Q_2 praktisch auf Null reduziert. All dies ist aufgrund der Eigenschaft von Q_3, als Strom-Spannungswandler zu fungieren, möglich. Um genauer zu sein, sind es die besonderen Eigenschaften der Schaltung von Bild 3.4(b), die die Änderungen ermöglichen. Sehen wir uns die Schaltung einmal genauer an.

Nehmen wir eine kleine Erhöhung der Eingangsspannung ΔU_{in} in der Schaltung von Bild 3.5 an. Sie wird sich zu gleichen Teilen über Q_1 und Q_2 aufteilen, d.h. der Kollektorstrom von Q_1 wird sich gemäß $g_m \Delta U_{in}/2$

vergrößern, während der Kollektorstrom von Q_2 im selben Maße sinkt. Hierbei gilt $g_m = I_S/[2(kT/e_0)]$.

Wenn wir dies mit Bild 3.4(b) vergleichen, ist klar, daß der größere Strom im Kollektor von Q_1 eine Änderung des Eingangsstroms des Strom-Spannungswandlers von $-g_m\Delta U_{in}/2$ verursacht. Die Spannung am Kollektor von Q_3 muß nun um $g_m\Delta U_{in}R_1/2$ anwachsen. Dieselbe Spannungserhöhung muß natürlich auch am oberen Ende von R_2 erscheinen. Somit würde sich die Ausgangsspannung dieses Schaltungsteils am Kollektor von Q_2 ebenfalls um $g_m\Delta U_{in}R_1/2$ erhöhen, auch wenn sich der Kollektorstrom von Q_2 selbst nicht geändert hätte. Wie oben bereits gesagt, ist der Strom durch R_2 um $g_m\Delta U_{in}/2$ kleiner und die Kollektorspannung von Q_2 insgesamt um

$$\Delta U_{C2} = \Delta U_{B4} = g_m(\Delta U_{in}/2)(R_1 + R_2) \tag{3.5}$$

größer geworden. Da $R_1 = R_2$ ist, ist dies einfach $g_mR_1\Delta U_{in}$. Somit ist die gesamte Verstärkung von g_mR_1 realisiert.

Dieselbe Argumentation kann nun herangezogen werden, um zu belegen, daß die Gleichtaktverstärkung vernachlässigbar klein ist. Angenommen, wir würden die beiden Eingangsanschlüsse verbinden und ein Eingangssignal einer relativ hohen Frequenz anlegen, so daß für die Stromquelle I_S eine endliche Impedanz angenommen werden kann und Q_1 und Q_2 eine kleine Erhöhung der Basis-Emitter-Spannung U_{be} erfahren. Der obere Knoten von R_2 wird wiederum eine Spannungserhöhung von $g_mU_{be}R_1$ erfahren, die durch die Funktion von Q_3 als Strom-Spannungs-Konverter bedingt ist. Der Kollektorstrom von Q_2 ist also größer geworden, so daß sich an Stelle von Gleichung (3.5) ergibt :

$$\Delta U_{C2} = \Delta U_{B4} = g_mU_{be}(R_1 - R_2) \quad . \tag{3.6}$$

Da wir annehmen, daß R_1 und R_2 prozeßbedingt identisch sind, kann die Gleichtaktverstärkung zu Null gemacht werden.

Es ergibt sich schließlich eine sehr hohe potentielle Gegentaktverstärkung der Schaltung von

$$A_d = \frac{I_S R_1}{2(kT/e_0)} \cdot \frac{I_{C4} R_5}{(kT/e_0)} \quad , \tag{3.7}$$

die leicht Werte über 10^4 annehmen kann, da $I_S R_1$ und $I_{C4} R_5$ jeweils mehrere Volt ausmachen können, während kT/e_0 nur 25 mV beträgt. Die Gleichtaktverstärkung kann auf der anderen Seite sogar bei den recht hohen Frequenzen klein gemacht werden, bei denen I_S aufgrund kapazitiver Effekte nicht mehr als ideale Stromquelle angenommen werden kann.

3.5 Das Problem großer Gleichtaktsignale

Die Schaltung von Bild 3.5 ist sehr interessant und wurde recht ausführlich
betrachtet, da sie den Schaltungsentwurf, der, wie wir wissen, das Haupt-
thema dieses Buches sein soll, sehr gut nachvollziehen läßt. Die Schaltung
hat jedoch noch immer noch eine große Schwachstelle : Die Potentiale
der beiden Eingangsanschlüsse müssen sich nahe oder sogar unterhalb des
Massepotentials befinden, denn der Kollektor von Q_1 liegt nur ca. 700 mV
oberhalb der Masse [7]. Diesem Problem wurde dann in einer Version der
Schaltung abgeholfen, die einer großen Zahl von Herstellern für die Fertigung des ersten Operationsverstärkers in einkristallinem Silizium diente.
Die Lösung bestand darin, die Emitter der Transistoren Q_3 und Q_4 aus
Bild 3.5 an einen Punkt zurückzuführen, der direkt mit dem Ausgang der
Schaltung verbunden war. Aufgrund der Verwendungsweise eines Operationsverstärkers war damit ein großer Gleichtaktbereich gesichert. Es ist
hilfreich, sich den alten Operationsverstärker des Typs 709 anzusehen, um
zu vergleichen, was gegenüber der Schaltung von Bild 3.5 geändert wurde.
Die Transistoren Q_3 und Q_4 wurden durch sogenannte Darlington-Paare
[9] ersetzt, deren beide Ausgänge mit Emitterfolgern gepuffert waren. Mit
dieser Beschaltung läßt sich das Potential der Eingangsklemmen bis auf
wenige Volt an die Versorgungsspannung von $\pm 15V$ anheben bzw. absen-
ken.

Spätere Operationsverstärkerentwürfe machten sogar noch größere Gleich-
taktbereiche möglich, indem der Teil der Schaltung überarbeitet wurde,
der bis jetzt als unabhängige Stromquelle I_S dargestellt wurde. Woraus
besteht dieser Schaltungsteil eigentlich wirklich?

3.6 Stromquellen in monolithischer Silizium-Technologie

Die Eingangstransistoren von Operationsverstärkern, wie beispielsweise Q_1
und Q_2 in Bild 3.5 sind oft vorgespannt, um kleine Kollektorströme von
vielleicht 10μA einzustellen und so die Eingangsimpedanz zu erhöhen und
den Eingangsruhestrom so klein wie möglich zu halten. In einem späteren
Abschnitt werden wir jedoch sehen, daß das Rauschverhalten der Schaltung
Anlaß gibt, wieder mit höheren Kollektorströmen in den Eingangstransistoren zu arbeiten.

Wenn sehr kleine Kollektorströme zur Anwendung kommen sollen, kann
man sich einer sehr schönen Schaltungsidee bedienen, um diese festzulegen.
Diese Idee, die wiederum R.J.Widlar zu verdanken ist [10], ist in Bild 3.6
zu sehen und uns als Widlar-Stromquelle bekannt.

Das Prinzip der Schaltung beruht darauf, daß Q_1 durch Verbindung von Kollektor und Basis gezwungen wird, im Widerstandsbereich zu arbeitet. Der Kollektorstrom wird somit $(U_+ + |U_-| - U_{BE1})/R_1$ betragen und ist damit eindeutig bestimmt. Die einfache Transistortheorie liefert uns dann, daß [G]

$$(U_+ + |U_-| - U_{BE1})/R_1 = I_{CBO} \cdot exp\,[U_{BE1}/(kT/e_0)] \qquad (3.8)$$

ist, wenn wir die Basisströme von Q_1 und Q_2 gegenüber dem Kollektorstrom von Q_1 vernachlässigen.

Der Transistor Q_2 wird einen kleineren Strom führen, als den in Gleichung (3.8) angegebenen, da die Basis-Emitter-Spannung um den Betrag $I_S R_2$ kleiner als U_{BE1} ist. Wir nehmen Q_1 und Q_2 selbstverständlich auch hier als identisch an und gehen von demselben Wert für I_{CBO} für beide Transistoren aus. Dies bedeutet, daß

$$I_S = I_{CBO} \cdot exp\,[(U_{BE1} - I_S R_2)/(kT/e_0)] \qquad (3.9)$$

oder, wenn man (3.9) durch (3.8) teilt

$$I_S = [(U_+ + |U_-| - U_{BE1})/R_1]\,exp\,[-I_S R_2/(kT/e_0)] \qquad . \qquad (3.10)$$

Gleichung (3.10) kann zur Bestimmung von I_S nur numerisch gelöst werden. Es handelt sich um eine transzendente Gleichung, aber es ist einfach zu sehen, wie man sie anzupacken hat. Wenn wir eine Stromsenke von 15 μA bräuchten, wäre es eine gute Lösung $R_1 = 10$ kΩ anzunehmen, da dies der größte Widerstandswert ist, der in einer einfachen integrierten Schaltung noch gut zu realisieren ist, und den oberen Anschluß von R_1 auf

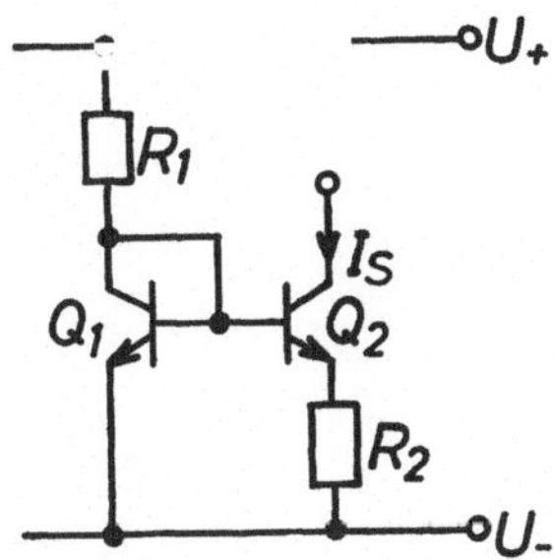

Bild 3.6

Masse zu legen. Im Falle einer negativen Versorgungsspannung von -15 V würde der Kollektorstrom von Q_1 knapp unter 1,5 mA betragen. Würden wir nun wegen $exp(-4,6) = 10^{-2}$ den Wert $I_S R_2/(kT/e_0) = 4,6$ einstellen, hätten wir einen Senkenstrom $I_S = 15\mu A$. Da (kT/e_0) etwa 25 mV beträgt, ergeben sich nun 115 mV für $I_S R_2$, so daß $R_2 = 7,67$ kΩ betragen müßte.

Diese Art Schaltung wird nur in integrierten Schaltkreisen oder mit einem Doppeltransistor funktionieren, da die Schaltung nicht nur die Identität von Q_1 und Q_2 voraussetzt, sondern auch identische Temperaturen fordert. Nur dann können wir annehmen, daß I_{CBO}, der Basis-Kollektor-Sperrstrom, in beiden Bauelementen wirklich gleich ist.

3.7   Der Stromspiegel

Wenn wir in Bild 3.6 den Widerstand $R_2 = 0$ machen, liefert uns Gleichung (3.10), daß I_S nun mit dem durch R_1 und die Versorgungsspannungen bestimmten Strom identisch ist. Wenn wir uns die Schaltung genau ansehen, erkennen wir die bekannte Stromspiegelschaltung, bei der I_2 immer gleich I_1 ist.

Es ist interessant zu erfahren, daß diese Schaltung, die um einiges einfacher als die Schaltung von Bild 3.6 aussieht, erst einige Jahre später ihren Einzug in den Entwurf integrierter Operationsverstärker hielt. Der Stromspiegel von Bild 3.7 war eine wirklich neue Idee in der Elektronik, an die man sich erst ein wenig gewöhnen mußte.   Bild 3.7 stellt die einfachste aller möglichen Formen dar [11].   Es gibt Modifikationen, die die Ausgangsimpedanz erhöhen und die Genauigkeit der Funktion $I_1 = I_2$ verbessern, sowie Varianten, die es erlauben, exzellente

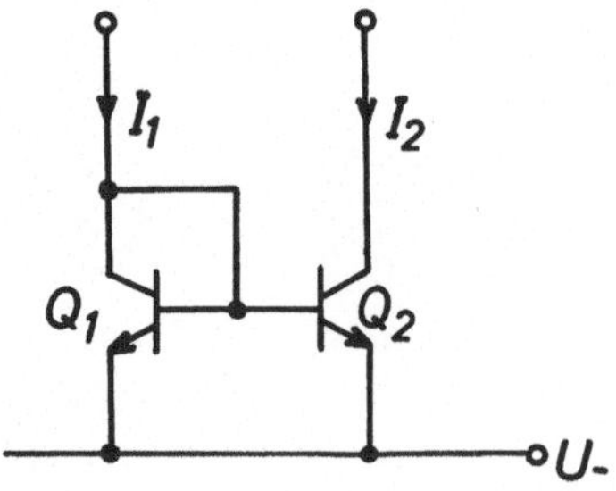

Bild 3.7

Stromquellen mit pnp-Transistoren mit sehr geringer Stromverstärkung unter Verwendung billigster bipolarer Fertigungsprozesse herzustellen. Der Stromspiegel läßt sich ebenfalls mit MOS-Transistoren herstellen [12]. Der Stromspiegel ist eine sehr gute Lösung des in Abschnitt 3.4 diskutierten Problems des Übergangs von symmetrischem zu unsymmetrischem Signalverlauf. Bild 3.8 zeigt eine Operationsverstärkerschaltung, die dies illustriert.

In diesem Schaltungsentwurf wurde der Übergang zu unsymmetrischen Signalführung bis zur dritten Verstärkungsstufe zurückgestellt. Zuvor wurden zwei symmetrische Stufen verwendet. Die erste Stufe mit den Transistoren Q_1 und Q_2 arbeitet mit resistiven Lasten und der Stromsenke von Widlar nach Bild 3.6 als 'long tail', da man in dieser Eingangsstufe mit sehr kleinen Kollektorströmen arbeitet, um eine hohe Eingangsimpedanz und kleine Ruheströme zu erzielen. Die zweite Stufe mit den Transistoren Q_3 und Q_4 hat einen einfachen Stromspiegel als 'long tail', der aus den Transistoren Q_{11} und Q_{12} besteht. Diesmal ist die Stromquelle notwendig, da wir in der zweiten Stufe die Polarität der Bauteile gewechselt haben. An dieser Stelle in der Schaltung würde:

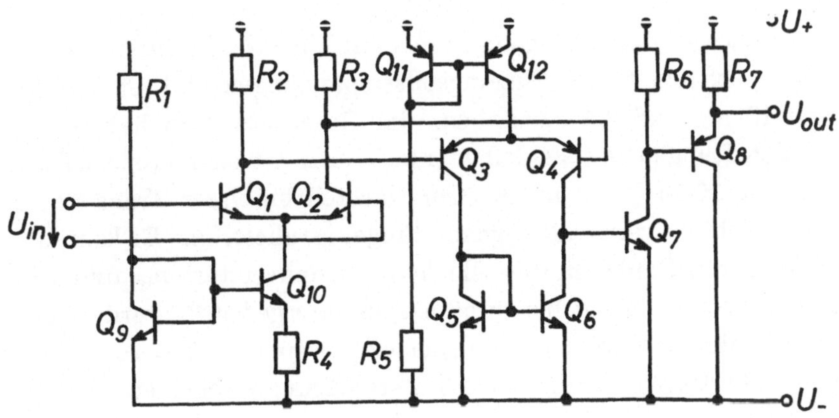

Bild 3.8

wir möglicherweise einen der oben erwähnten modifizierten Schaltkreise wählen [11] und Q_3 und Q_4 als MOS-Transistoren realisieren [12]. Der wichtigste Bestandteil der zweiten Stufe ist das Transistorpaar Q_5 und Q_6. Diese beiden Transistoren bilden eine Stromspiegellast, die einen sehr effektiven Übergang zur unsymmetrischen Ausgangstufe mit den Transistoren Q_7 und Q_8 erlaubt. Q_6 spiegelt den Kollektorstrom von Q_3, so daß der gesamte Differenzstrom von Q_3 und Q_4, nämlich $(I_{C4} - I_{C3})$, in die Basis von Q_7 geleitet wird. Dieser Schaltungsteil, bestehend aus Q_3, Q_4, Q_5, Q_6 und Q_7, stellt einen wichtigen Schritt nach vorn im Entwurf elektronischer Schaltungen dar : Eine Verstärkerschaltung, die nur aus Transistoren besteht. Das Schaltungsprinzip der ersten drei Stufen des Verstärkers von Bild 3.8 wurden in einer Vielzahl von Entwürfen für Operationsverstärker aufgegriffen, z.B. in den bipolaren Präzisionsbauteilen OP-05 und OP-07 [13] und dem CA3100 BiMOS-Breitbandverstärker [14]. Die Ausgangsstufe der Schaltung von Bild 3.8 ist an dieser Stelle noch stark vereinfacht dargestellt, es handelt sich um die Schaltung von Bild 3.2. Der Grund dafür ist, daß Ausgangsstufen ihre eigenen besonderen Probleme haben, mit denen wir uns erst in Kapitel 9 befassen wollen.

3.8 Auslöschung des Eingangsruhestroms

Zum Schluß dieses Kapitels über Operationsverstärker wollen wir uns noch eine letzte Verbesserung anschauen, die die Eingangsseite der Schaltung betrifft : Die Auslöschung des Eingangsruhestroms. Dies führt uns zu einigen, besonders für integrierte Schaltungen sehr interessanten Schaltungsgrundstrukturen.

Operationsverstärker, deren Eingangsstufen mit bipolaren Transistoren arbeiten, können extrem kleine Eingangsoffsetspannungen und -ströme im Bereich von 10 μV und 0,5 nA haben. Im Gegensatz dazu haben entsprechende Schaltungen mit Feldeffekttransistoren oft sehr große Offsetspannungen von 10 mV und mehr. Der Nachteil bipolarer Transistoren ist jedoch der nicht zu vernachlässigende Eingangsruhestrom. Er kann unter Verwendung von Bauteilen mit sehr hoher Stromverstärkung und sehr kleinen Kollektorströmen auf bis zu 50 nA heruntergedrückt werden [15], Rausch- und Funktionsprobleme [16] lassen eine technische Unterdrückung des Eingangsruhestroms allerdings als bessere Lösung erscheinen.

Eine sehr elegante Methode wurde praktisch zeitgleich von Kuijk [17] und von del Corso und Pozzolo [18] beschrieben. Der wesentliche Gedanke ist Bild 3.9 zu entnehmen.

In der Schaltung von Bild 3.9 wird Q_1 in derselben Weise als Eingangstransistor verwendet, wie bereits in der vorigen Schaltung von Bild 3.8. In Reihe hierzu schalten wir einen identischen Transistor Q_{11}, der mit dem selben Basisstrom angesteuert wird, vorausgesetzt, daß er immer im aktiven Bereich arbeitet. Dieser Basisstrom wird aus der Gleichspannungsquelle U_B über den Transistor Q_{13} eingespeist. Q_{13} bildet zusammen mit Q_{12} einen Stromspiegel. Somit fließt derselbe Strom wie in die Basis von Q_{11} auch durch den Transistor Q_{12} des Stromspiegels in die Basis von Q_1. Setzen wir nun einen idealen Stromspiegel und eine vollständige Identität der Transistoren Q_{11} und Q_1 voraus, ist keinerlei Ruhestrom für den Anschluß U_{in} in Bild 3.9 mehr notwendig.

Bei dieser Art der Eingangsruhestromkompensation handelt es sich nicht um eine einfach konstante Kompensation. Die Schaltung ist positiv rückgekoppelt, so daß auch der Kleinsignalruhestrom ausgelöscht wird und sich eine hohe Eingangsimpedanz, aber möglicherweise auch Stabilitätsprobleme ergeben. Im Detail wird hierauf bei del Corso und Pozzolo [18] eingegangen. Wir wollen uns an dieser Stelle nur mit dem Schaltungsprinzip und der neuartigen Verwendungsweise des Stromspiegels befassen. Die in Bild 3.9 benötigte Gleichspannungsquelle U_B läßt sich, wie in Bild 3.10 zu sehen, ebenfalls mit Hilfe von Stromspiegeln realisieren. Zwei Stromspiegel

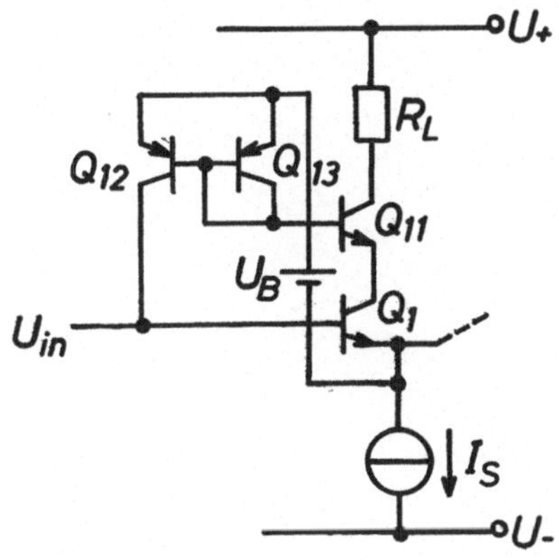

Bild 3.9

werden dazu benutzt, vier Dioden $D_1 - D_4$ mit einem Durchlaßstrom von etwa $(U_+ + |U_-|)/R$ vorzuspannen, um dann die Spannung U_B über den Dioden abzugreifen. Im vorliegenden Fall von Siliziumtechnologie beträgt U_B somit knapp 2,8 V und sorgt dafür, daß Q_1 und Q_{11} in Bild 3.9 über einen weiten Gleichtaktbereich im aktiven Bereich arbeiten.

Die Schaltungsgrundstrukturen von Bild 3.9 und 3.10 wurden mit gutem Erfolg in den bekannten OP-05 und OP-07 Operationsverstärkern eingesetzt [13, 16].

Ein völlig anderes Schaltungsprinzip zur Kompensation des Eingangsruhestroms, das die Auslöschung jedoch ebenfalls mittels positiver Rückkopplung zu erzielen versucht, ist in Bild 3.11 zu sehen. Dieses Prinzip findet in den Präzisionsoperationsverstärkern CA3193 und CA3493 Anwendung [19]. Es werden keine Stromspiegel verwendet, außer den zur Realisierung der Gleichspannungsquelle U_B (vgl. Bild 3.10) notwendigen. Die Schaltung von Bild 3.11 arbeitet symmetrisch, verwendet pnp- und npn-Bipolartransistoren und ist ein sehr schönes Beispiel für kunstvollen Schaltungsentwurf. Im Grunde stellt die Schaltung von Bild 3.11 eine völlig offensichtliche Lösung dar, der wichtigste Schritt dorthin war jedoch die in Bild 3.9 gezeigte Reihenschaltung der Transistoren Q_1 und Q_{11}, um den unerwünschten Basisstrom mit einem zweiten gleichgroßen Basisstrom auszulöschen. Der zweite Basisstrom hatte hierzu eine entgegengesetzte Richtung und wurde in der benötigten Größe durch den Stromspiegel mit

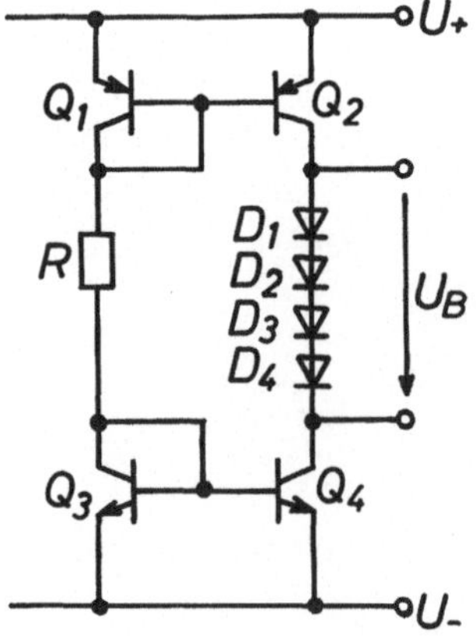

Bild 3.10

den Transistoren Q_{12} und Q_{13} erzeugt. In der Schaltung von Bild 3.11 wird dieser zweite Basisstrom durch die Transistoren Q_{12} und Q_{13} bestimmt, die hierbei jedoch nicht den Strom, sondern die Transistoren Q_1 und Q_{11} in ihrer Symmetrie und Polarität spiegeln. Diese Schaltung wird im Detail bei Laude [20] behandelt.

Abschließend sehen wir in Bild 3.12 das Prinzip zur Auslöschung des Eingangsruhestroms, wie es in den rauscharmen Verstärkern OP-27 und OP-37 [21] zur Anwendung kommt. Bei diesem Schaltungsentwurf kommt nur der Gleichstromanteil des Eingangsruhestroms zur Auslöschung. Eine Rückkopplung ist nicht vorhanden, so daß es keine Stabilitätsprobleme gibt. Auch das Rauschverhalten der Schaltung ist verbessert, denn der Kompensationsstrom steht nicht wie in den beiden vorherigen Schaltungen mit dem Eingangsruhestrom in Beziehung, da er nicht aus derselben Quelle kommt. In der Schaltung von Bild 3.12 wird der Kompensationsstrom von der Basis von Q_{11} abgezweigt, der zwar nicht mehr in Reihe mit Q_1 geschaltet ist, aber durch die mehrfache Stromsenke mit den identischen Transistoren Q_{15}, Q_{16}, Q_{17} und Q_{18} denselben Strom wie Q_1 führt. Der Basisstrom von Q_{11} wird, wie bereits in der Schaltung von Bild 3.9, von Q_{12} und Q_{13} gespiegelt und in die Basis von Q_1 geleitet. Der Transistor Q_{14} liefert der Schaltung eine nützliche Eigenschaft, denn er sorgt dafür, daß die Kollektor-Basis-Spannung von Q_{11} ständig ungefähr gleich der von Q_1 ist, unabhängig davon, welche Gleichspannung am Eingang anliegt. Diese Schaltung wird bei Erdi [16] ausführlich diskutiert.

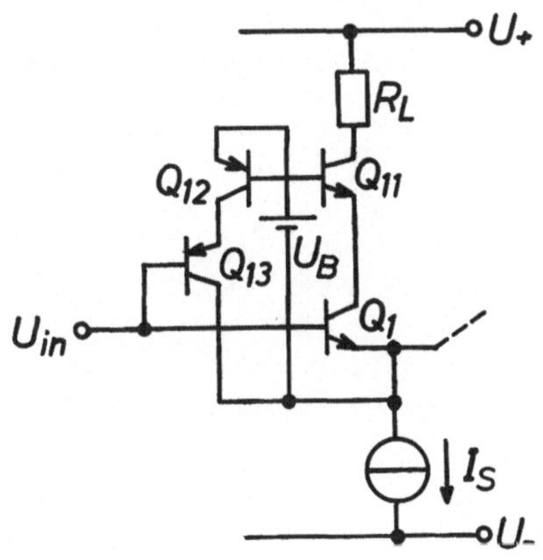

Bild 3.11

3.9 Rückblick

In diesem Kapitel haben wir uns mit den Änderungen im Entwurf von Operationsverstärkern in den letzten zwanzig Jahren befaßt. Das Ausmaß der Veränderungen in den Schaltungsgrundstrukturen wird deutlich, wenn wir die Schaltungen von Bild 3.2 und 3.12 vergleichen. Die gesamte Schaltung von Bild 3.12 erfüllt nunmehr die Aufgabe, die in der Schaltung von Bild 3.2 vom Transistor Q_1 und vom Widerstand R übernommen wurde. Auf den ersten Blick handelt es sich um eine erheblich komplexere Schaltung, jedoch darf man nicht vergessen, daß es nicht schwieriger ist, die Schaltung von Bild 3.12 in Silizium zu integrieren, als die von Bild 3.2.

Was sich wirklich in den letzten zwanzig Jahren im Design von Operationsverstärkern verändert hat, ist die Denkweise in Bezug auf Schaltungen und Schaltungsgrundstrukturen. Bei den meisten Menschen dauert es eine ganze Weile, bis sie eine neue Sichtweise entwickeln und akzeptieren, und das ist einer der Gründe dafür, daß in Zeiten schneller Veränderungen oft eine einzige Person einen Bereich der Forschung dominiert. Der Konservativismus der breiten Masse läßt sich auch in der Literatur verfolgen. Als Beispiel mag der Transistor Q_1 in Bild 3.6 und 3.7 dienen, der immer noch bisweilen als 'diodenbeschaltet' oder sogar als Diode dargestellt wird, selbst in Datenblättern, die ansonsten sehr sorgfältig erstellt wurden.

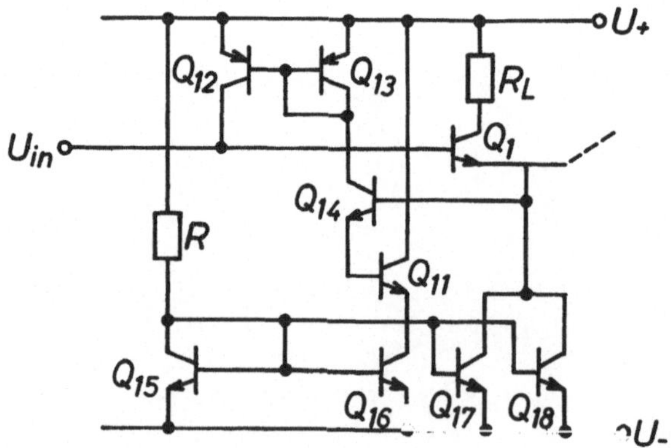

Bild 3.12

Q_1 verhält sich keineswegs wie eine Diode. Er arbeitet als Transistor im aktiven Bereich, indem $U_{CB} = 0$ eingestellt wurde. Der Strom fließt im wesentlichen in den n-dotierten Kollektor und aus dem n-dotierten Emitter heraus. Eine Diode hingegen ist ein einfacher pn-Übergang, bei dem der Strom in die p-dotierte Seite hinein und aus der n-dotierten Seite herausfließt. Darüber hinaus erfüllt dieser Strom nicht die rechte Seite der Gleichung (3.8), sondern variiert gemäß $(exp\,[U_F/(kT/e_0)] - 1)$ $[H]$. Bedeutet diese Entwicklung von immer komplexeren Schaltungen nun, daß alle Experimentatoren mit Schaltungen wie derjenigen aus Bild 3.12 nichts mehr anfangen können, sofern sie nicht in Laboratorien arbeiten, in denen integrierte Schaltungen hergestellt werden können? Dies ist natürlich keineswegs der Fall, denn komplexe Schaltungen, die die Identität und isothermische Eigenschaften von integrierten Schaltungen nutzen, lassen sich durch die Verwendung von Doppeltransistoren [22] oder Transistor-Arrays [23] realisieren. Dies ist allerdings wohl nicht die beste Art und Weise mit der neuen Situation umzugehen, in der den Experimentatoren neue Bauteile zur Verfügung stehen. Vielmehr sind nun die Experimente und neuen Schaltungen von vorrangigem Interesse, die sich mit den neuen Bauteilen realisieren lassen. Diesen Gedankengängen wollen wir uns im nächsten Kapitel widmen.

Bemerkungen

1 Die Frequenzantwort von Bild 3.1(b) gehört zum RCA CA3100, Data Bulletin File Nr. 625.

2 *'The Art of Electronics'* von P.Horowitz und W.Hill, Cambridge University Press, 1980, Kap.3, eignet sich besonders für den Bereich der Operationsverstärker. Bemerkenswert ist ebenfalls das laborbegleitende Handbuch von P.Horowitz und I.Robinson, Cambridge University Press, 1981. Für Einzelheiten bzgl. des Entwurfs und der Synthese von Operationsverstärkern kann *'Analysis and Design of Analog Integrated Circuits'* von P.R.Gray und R.G.Meyer, John Wiley, 1984, (2.Ausgabe), empfohlen werden. Weitere Referenzen werden in Kapitel 4, Bemerkung 1 gegeben.

3 In allen algebraischen Gleichungen benutzen wir I für den Strom und U für die Spannung zusammen mit großgeschriebenen Indices (E, B, C für Emitter, Basis, Kollektor) für Gleichspannungsgrößen und kleingeschriebenen Indices (e,b,c,) für Kleinsignalgrößen.

4 Es ist bemerkenswert, daß eine derart elegante Lösung mit der älteren Elektronik nicht möglich war. Hochvakuumröhren mit heißer Kathode ließen sich nur für eine Ladungsträgerpolarität herstellen.

5 US-Patent Nr. 3364434 vom 16.1.1968, vergeben an R.Widlar und die Firma Fairchild.

6 M.G.Scroggie, *'Wireless World'*, **51**, 194-96, Juli 1945.

7 Trotzdem wurde diese Schaltung im Fairchild 702A verwendet, der der erste Operationsverstärker war, den auch Bastler bekommen konnten. Die Schaltung wurde nicht in den üblichen Zeitschriften beschrieben, sondern in einem Fairchild Anwender

Bericht : AR 131, Jan.1965, von R.Widlar.

8 Dies war die berühmte 709-Schaltung, die von R.J.Widlar in *Proc. Nat. Electronics Conf.*, **21**, 85-89, 1965, beschrieben wird.

9 US-Patent Nr. 2663806 vom 22.12.1953, vergeben an S.Darlington und Bell Labs Inc.

10 US-Patent Nr. 3320439 vom 16.5.1967, an R.J.Widlar und die Fairchild Company.

11 *'Analysis and Design of Analog Integrated Circuits'* von P.R.Gray und R.G.Meyer, John Wiley, 1984, behandelt in Kapitel 4 diverse Stromquellen, -senken und -spiegel.

12 Man beachte die beiden Berichte von O.H.Schade, *RCA Review*, **37**, 404-24, 1976, und **39**, 250-77, 1978.

13 Precision Monolithics Inc. Data Book, 1984, S. 5-30 und 5-50.

14 Siehe Bemerkung 1.

15 R.J.Widlar, National Semiconductor Corp. Application Note AN-29, 1969.

16 G.Erdi, *IEEE J.Solid State Circuits*, **SC-16**, 653-661, 1981.

17 K.E.Kujijk, *IEEE J.Solid State Circuits*, **SC-8**, 458-462, 1973.

18 D.del Corso und V.Pozzolo, *'Alta Frequenza'*, **XLIII**, Nr. 12, 1018-22, 1974.

19 RCA CA3193, Data Bulletin File Nr.1249. RCA CA3493, Data Bulletin File Nr. 1290.

20 D.P.Laude, *IEEE J.Solid State Circuits*, **SC-16**, 748-750, 1981.

21 Precision Monolithics Inc. Data Book, 1984, S. 5-127 u. 5-139.

22 Precision Monolithics Inc. Data Book, 1984, Abschnitt 9.

23 Kapitel 1, Bemerkung 11.

A Siehe dazu F.Riedel, *'MOS-Analogtechnik'*, R.Oldenbourg Verlag, 1988.

B Diese Möglichkeit der Festlegung des Kollektorstroms haben wir bereits in Abschnitt 1.2 im Zusammenhang mit Bild 1.2 kennengelernt. Dort legt der Widerstand R_2 den Strom in Q_1 fest.

C Das Problem der Potentialverschiebung (*level shifting*) wird z.B. bei U.Tietze u. Ch.Schenk, *'Halbleiter-Schaltungstechnik'*, 9.Aufl., Springer-Verlag, 1989, Abschnitt 7.5 behandelt.

D Dies folgt direkt aus der Gleichung für die Übertragungskennlinie eines Bipolar-Transistors (siehe z.B. U.Tietze u. Ch.Schenk, *'Halbleiter-Schaltungstechnik'*, 9.Aufl., Springer-Verlag, 1989, Abschnitt 4.1.

E M.Herpy, *'Analoge integrierte Schaltungen'*, Franzis-Verlag, 1976, 133-134.

F Über die Realsisierung genauer Widerstandsverhältnisse siehe z.B. D.J.Allstot und W.C.Black, *'Technological Design Considerations for Monolithic MOS Switched-Capacitor Filter Systems'*, Proc. IEEE, Vol. 71, 1983, 967-986.

G Siehe z.B. H.Schrenk, *'Bipolare Transistoren'*, Springer-Verlag, 1978.

H Siehe z.B. U.Tietze u. Ch.Schenk, *'Halbleiter-Schaltungstechnik'*, 9.Aufl., Springer-Verlag, 1989, Abschnitt 12.7.1, Gleichungen (12.23) und (12.27).

4 Systeme mit Operationsverstärkern

4.1 Systeme

Die ersten qualitativ hochwertigen Operationsverstärker, die unter Verwendung kostengünstiger Siliziumtechnologie hergestellt wurden, kamen etwa 1967 auf den Markt. Von da an war es möglich, relativ komplizierte Signalverarbeitungssysteme mit 100 oder mehr aktiven Bauteilen in wenigen Stunden herzustellen. Es gibt einige interessante Schriften, die sich mit dieser Problematik beschäftigen [1], im allgemeinen im Zusammenhang mit Studien über Operationsverstärker an sich. Wir wollen versuchen, an die in den vorigen Kapiteln entwickelten Gedankengänge über Schaltungsgrundstrukturen und Schaltungsentwurf anzuknüpfen, und werden uns ebenfalls einige unerwartete Versuchsergebnisse anschauen, die auftreten, wenn wir mit Operationsverstärkersystemen arbeiten.

4.2 Die Kombination von Operationsverstärkern

Der Gedanke, mehrere Schaltungen zu komplizierteren zu kombinieren, tauchte bereits in den zurückliegenden Kapiteln auf. Mit Operationsverstärkern, die an sich bereits kompliziert genug sind, um als System bezeichnet zu werden, können wir natürlich in der gleichen Weise verfahren und sie zu komplexeren und leistungsfähigeren Systemen zusammenfügen.

Betrachten wir noch einmal die Schaltung von Bild 3.1, die unseren ersten Vorschlag für einen Operationsverstärker darstellte. Der Verstärker wurde uns als Schaltung mit symmetrischem Eingang vorgestellt. Wenn wir nun Bild 3.3 betrachten, sehen wir, daß wir die nützliche Eigenschaft des symmetrischen Eingangs verlieren, wenn wir den Operationsverstärker wirklich benutzen. Eine Rückkopplung des Verstärkers ist notwendig, um die Verstärkung und den Arbeitspunkt einzustellen, die resultierende rückgekoppelte Schaltung hat dann jedoch nur noch einen freien Anschluß. In Bild 3.3(a) kann auf den Eingang des Operationsverstärkers nur über den Widerstand R_1 zugegriffen werden, so daß die Eingangsimpedanz der Schaltung gleich R_1 und somit möglicherweise sehr klein ist. In Bild 3.3(b) ist der positive Eingang des ursprünglichen Operationsverstärkers direkt

52

verfügbar und die Eingangsimpedanz kann sehr groß sein : Die Eingangsimpedanz Z_{in} des unbeschalteten Operationsverstärkers multipliziert mit
der Schleifenverstärkung $[A]$ des rückgekoppelten Verstärkers.

Bild 4.1 zeigt eine sehr einfache Art, einen Rückkopplungsverstärker zu
beschalten. Es werden ein Operationsverstärker und nur vier Widerstände
verwendet und durch geeignete Wahl der Werte läßt sich die Eingangs-
symmetrie wieder herstellen. Diese Methode ist keine besonders elegante,
aber sie führt zu einer besseren Lösung und gibt uns einen Ansatz für eine
theoretische Betrachtung, die notwendig ist, um mit Systemen umzugehen,
die aus mehreren Operationsverstärkerschaltungen zusammengesetzt sind.

Bild 4.1 stellt den Versuch einer Kombination der Schaltungen von Bild
3.3(a) und 3.3(b) dar. Sollte diese kombinierte Schaltung tatsächlich einem Rückkopplungsverstärker mit symmetrischem Eingang entsprechen,
müssen zwei Bedingungen erfüllt sein :

a. Die Übertragungsfunktion genügt der Form

$$U_{out} = G \cdot (U_a - U_b) \quad . \tag{4.1}$$

b. Die Eingangsimpedanzen an den Punkten U_a und U_b zur Masse hin
   sind identisch. Diese Bedingung entspricht der Forderung nach einem
   symmetrischen Eingang.

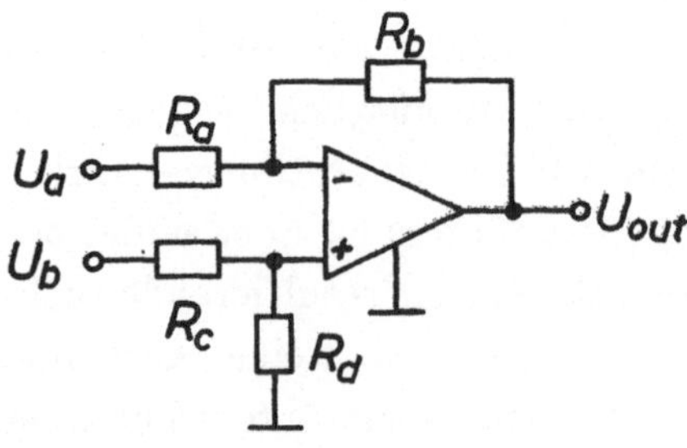

Bild 4.1

Um die Widerstandsverhältnisse für R_a, R_b, R_c und R_d gemäß diesen Forderungen zu bestimmen, nehmen wir an, daß der Operationsverstärker eine sehr hohe Verstärkung und eine im Vergleich zu den Widerständen sehr hohe Eingangsimpedanz besitzt. Die Eingangsruheströme, sowie Eingangsoffsetspannung und -strom seien vernachlässigbar. Die Operationsverstärkereingänge $+$ und $-$ liegen auf exakt gleichem Potential U. Eine Knotenanalyse der Schaltung von Bild 4.1 liefert dann

$$(U_a - U)/R_a = (U - U_{out})/R_b \tag{4.2}$$

$$(U_b - U)/R_c = U/R_d \qquad . \tag{4.3}$$

Um eine Gleichung der Form (4.1) zu erhalten, lassen die Beziehungen (4.2) und (4.3) nur die Wahl $R_a/R_b = R_c/R_d$ zu. Subtrahieren wir Gleichung (4.3) von (4.2), erhalten wir

$$U_{out} = -(R_b/R_a)(U_a - U_b) \qquad . \tag{4.4}$$

Die Form von Gleichung (4.4) stimmt nun mit der von Gleichung (4.1) überein. Die Verstärkung G beträgt $-R_b/R_a$. Bedingung (b) wird jedoch erst erfüllt, wenn wir zusätzlich $R_a = (R_c + R_d)$ wählen. Die Impedanzen

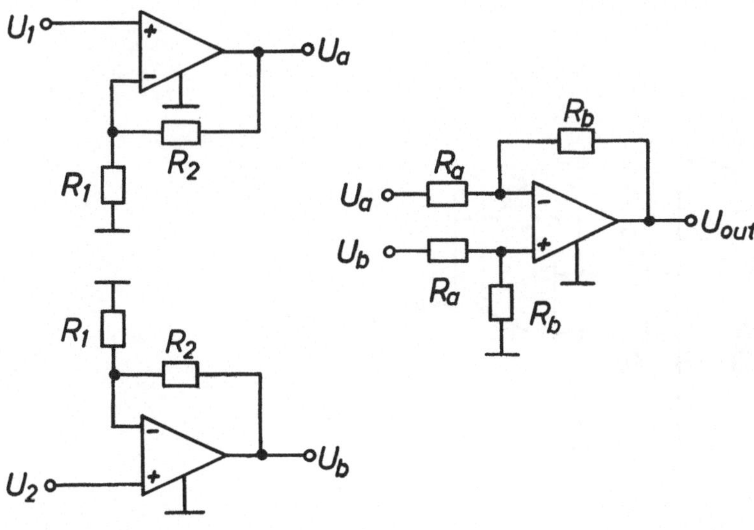

Bild 4.2

der Eingänge U_a und U_b zur Masse sind dann gleich R_a. Dieser Weg, einen symmetrischen Eingang zu erhalten, ist jedoch, wie erwähnt, nicht sehr gut, insbesondere, wenn sowohl hohe Eingangsimpedanzen, als auch eine hohe Verstärkung gewährleistet sein sollen.

4.3 Ein System mit drei Verstärkern

Ein ausgezeichneter Verstärker mit symmetrischem Eingang läßt sich mit drei Operationsverstärkern realisieren. Die Schaltung ist ein gutes Beispiel für die Hintereinanderschaltung von Operationsverstärkerschaltungen. Der Gedankengang soll anhand von Bild 4.2 nachvollzogen werden. Links oben erkennen wir den rückgekoppelten Verstärker von Bild 3.3(b) wieder. Er hat eine Gesamtverstärkung von $U_a/U_1 = (R_1+R_2)/R_1$. Direkt darunter findet sich das Spiegelbild dieser Schaltung, ebenfalls ein rückgekoppelter Verstärker mit einer gleichen Verstärkung $U_b/U_1 = (R_1+R_2)/R_1$. Rechts von den beiden Schaltungen sehen wir die Schaltung von Bild 4.1 wieder, wobei $R_a = R_c$ und $R_b = R_d$ gewählt sind. Dies ist die einfachste Möglichkeit, eine Schaltung mit der Übertragungsfunktion $U_{out} = -(R_b/R_a)(U_a - U_b)$ zu erhalten.

Bild 4.3 zeigt das Ergebnis der Kombination der in Bild 4.2 gezeigten Teilschaltungen. Bemerkenswert ist, daß die Masseverbindung der beiden in

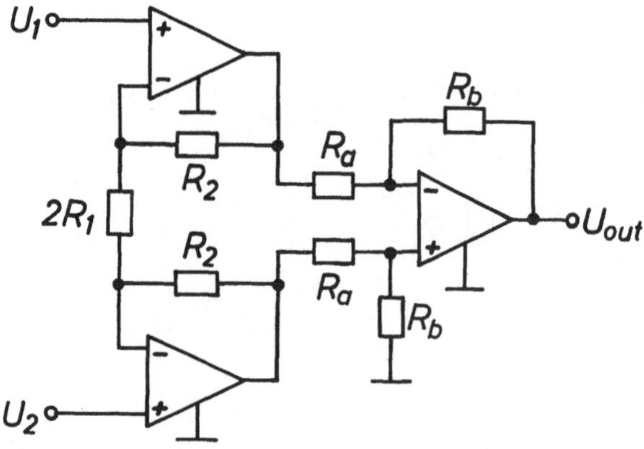

Bild 4.3

Bild 4.2 gezeigten Widerstände R_1 in Bild 4.3 fehlt, wodurch eine echte Symmetrie der Eingangsstufe gewährleistet ist. Die Ströme in den beiden Widerständen R_2 in Bild 4.3 können nur betragsmäßig gleich, jedoch entgegengesetzter Richtung sein. Die beiden Ausgangsspannungen U_a und U_b der Eingangsstufe werden direkt an die Eingänge der Ausgangsstufe angeschlossen. Die Tatsache, daß die von den Eingangsverstärkern aus 'gesehene' Lastimpedanz unterschiedlich ist, ist von geringer Bedeutung, da die Ausgangsimpedanz der Eingangsverstärker sehr gering ist.

Für die symmetrische Verstärkerschaltung von Bild 4.3 ergibt sich eine Gesamtverstärkung von

$$\frac{U_{out}}{U_1 - U_2} = -\frac{R_b(R_1 + R_2)}{R_1 R_a} \quad . \tag{4.5}$$

Die Schaltung ist besonders gut für die Art von Geräten geeignet, für die ein symmetrischer Eingang mit sehr hoher Eingangsimpedanz erforderlich ist. Es ist wichtig, sich noch einmal klar zu machen, daß eine gute Wirkungsweise dieser Schaltung davon abhängt, daß die Widerstände in Bild 4.3 sehr genau übereinstimmen und die Operationsverstärker in der Eingangsstufe praktisch identisch sind. Die einzige Garantie hierfür ist die Verwendung einer integrierten Schaltung, bei der die beiden Operationsverstärker mit ein und demselben Prozeß auf dasselbe Stück Silizium integriert wurden [2], [B].

4.4 Meß- und Regelungssysteme

Systeme zur Signalverarbeitung, die mit Operationsverstärkern aufgebaut werden können, werden in der Standardliteratur sehr ausführlich behandelt [3]. Wir haben sie im vorhergehenden Abschnitt jedoch nur kurz angesprochen, um zu zeigen, wie man die einfachen Schaltungsgrundstrukturen vorhergehender Abschnitte zu neuen Schaltungsgrundstrukturen kombinieren kann. Betrachten wir nun Meß- und Regelungssysteme, die mittels Operationsverstärkern realisiert werden können.

Die Meß- und Regelungsaufgabe, die uns als Beispiel dienen soll, ist ein Problem aus dem Entwurf von Operationsverstärkern selbst : Die Messung der offenen Schleifenverstärkung. Betrachten wir hierzu zunächst Bild 4.4.

In Bild 4.4 sehen wir ein solches System zur Messung der offenen Schleifenverstärkung. Der Widerstand R_3 muß so klein wie möglich sein, beispielsweise etwa 10 Ω, während R_1 und R_2 sehr groß zu wählen sind. Beim

Meßverfahren wird zunächst $U_2 = 0$ gesetzt und U_1 justiert, bis die Ausgangsspannung der zu messenden Operationsverstärkerschaltung Null ist. Die Spannung U_1 gibt nun die Eingangsoffsetspannung U_{os} an, die mit dem sehr großen Faktor R_1/R_3 multipliziert ist. U_{os} kann in kostengünstigen Allzweck-Operationsverstärkern mehrere Millivolt betragen, so daß R_1 entsprechend etwa 10 kΩ sein muß. Die Spannung U_1 muß äußerst stabil sein, denn die zu messende Verstärkerschaltung kann einen Verstärkungsfaktor im Bereich von 10^6 haben. Damit tritt bereits der erste Nachteil unserer Meßschaltung zutage : Die Verstärkung U_3/U_1 ist mit etwa 10^3 sehr hoch.

Der zweite Nachteil des Systems kommt ans Licht, wenn wir die Verstärkung des Operationsverstärkers zu messen versuchen, indem wir U_2 verändern und U_3 beobachten. Ist die Verstärkung im Bereich von 10^6, muß R_2 sehr groß, d.h. 1 MΩ oder mehr, sein. Wenn wir U_2 von Null beginnend langsam erhöhen und U_3 messen, können wir Probleme bekommen, wobei wir die möglicherweise unzureichende Stabilität der Quelle vorerst sogar noch gar nicht in Betracht ziehen wollen. Es gibt nämlich Operationsverstärker, bei denen sich U_3 unstetig ändert, eine Eigenschaft der Schaltung, die uns eventuell bereits bei der Messung von U_{os} Schwierigkeiten bereiten kann. Wie wir noch sehen werden, ist die Ursache dieser Schwierigkeiten darin zu suchen, daß die Übertragungskennlinie der zu

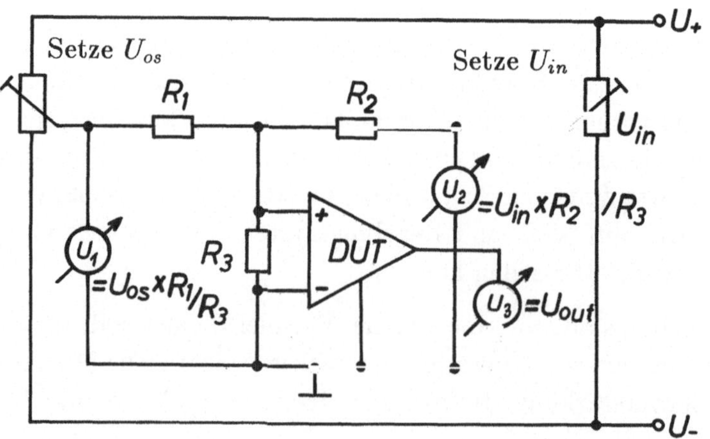

Bild 4.4

messenden Schaltung in gewissen Bereichen mehrere gültige Funktionswerte für eine bestimmte Eingangsspannung besitzt. Um dieses Problem zu umgehen, muß eine Meßanordnung gemäß Bild 4.5 verwendet werden, in der die *geschlossene* Schleifenverstärkung gemessen wird. In der Schaltung nach Bild 4.5 ist der zu messende Operationsverstärker Teil einer Regelschleife, die die Ausgangsspannung des zu messenden Bauteils auf den Eingang eines Präzisionsoperationsverstärkers mit der Verstärkung $A_1 = R_6/R_4 = 1$ legt. Der Ausgang des Präzisionsverstärkers wird dann über den Spannungsteiler R_3/R_2 [C] wie in Bild 4.4 auf den Eingang des zu messenden Operationsverstärkers zurückgeführt.

Zur Ermittlung der offenen Schleifenverstärkung des Operationsverstärkers mit der Schaltunganordnung nach Bild 4.5 wird dem Präzisionsverstärker ein zweites Eingangssignal über den Widerstand R_5 zugeführt. Das Signal ist in Bild 4.5 mit '*Steuerung U_{out}*' bezeichnet und gibt somit bereits seine Aufgabe zu erkennen. Wenn die Verstärkung der Regelschleife, d.h. R_3/R_2 multipliziert mit der Verstärkung des zu messenden Operationsverstärkers, oberhalb von eins, sagen wir bei zehn, liegt, wird bei vorgegebener Spannung '*Steuerung U_{out}*' die Ausgangsspannung U_{out} dieser etwa gleich, aber mit umgekehrtem Vorzeichen sein, während die Ausgangsspannung des mit A_1 bezeichneten Präzisionsoperationsverstärkers $U_{in}(R_2/R_3)$

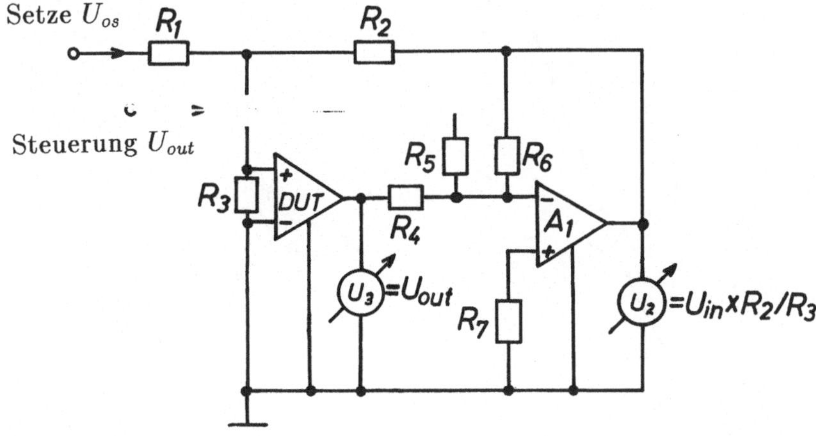

Bild 4.5

beträgt; U_{in} ist dabei die Eingangsspannung des zu messenden Operationsverstärkers. Vorausgesetzt werden muß jedoch die einwandfreie Kompensation der Offsetspannung U_{os}, so daß $U_{out} = 0$ für $U_{in} = 0$ gewährleistet ist.

Der Grund dafür, daß die oben diskutierten Probleme bei dieser Meßanordnung nicht auftreten, ist, daß die Verstärkungen zwischen den verschiedenen Eingangsgrößen und den beobachteten Ausgangsspannungen nicht so groß wie in der vorigen Anordnung sind. Darüber hinaus stellt nun die Ausgangsspannung des zu messenden Operationsverstärkers die unabhängige Variable dar, während die Eingangsspannung die abhängige Größe ist. Somit umgehen wir das Problem der nichteindeutigen Funktion $U_{out} = f(U_{in})$ durch die Verwendung der inversen Funktion $U_{in} = f(U_{out})$. Wir werden uns im nächsten Abschnitt noch etwas genauer damit befassen.

4.5 Messungen

In Bild 4.6 sehen wir die Übertragungskennlinie eines Operationsverstärkers hoher Qualität, gemessen unter Verwendung der Meßanordnung von Bild 4.5. Bei diesem speziellen Operationsverstärker handelt es sich um einen PMI OP-05, der mit einem Lastwiderstand von 30 kΩ abgeschlossen ist. Der Verstärker hat eine hohe Verstärkung von etwa 350000 bei sehr gutem linearen Verhalten im Bereich der Ausgangsspannung von ± 10V.

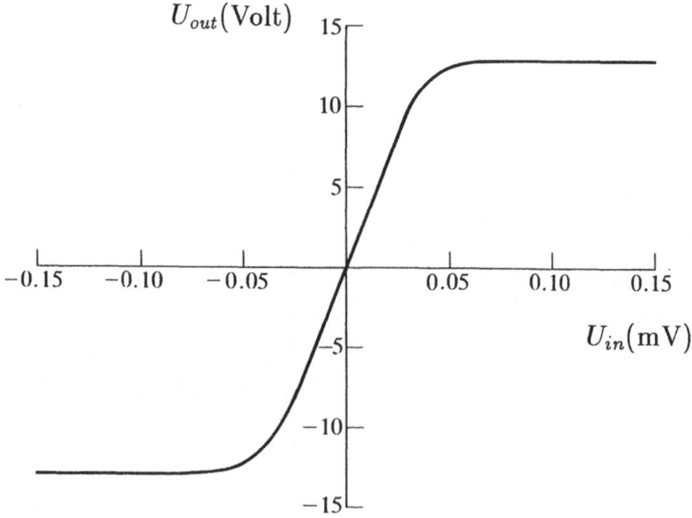

Bild 4.6

Die korrekte Gleichspannungsverstärkung des OP-05 wurde ermittelt, indem die Regelspannung 'Steuerung U_{out}' langsam per Hand justiert und die Übertragungskennlinie in Bild 4.6 dabei auf einem X-Y-Schreiber aufgezeichnet wurde.

In völligem Gegensatz zu der Übertragungskennlinie des PMI OP-05, die den Erwartungen an ein solches Bauteil sehr gut entspricht, veranschaulicht Bild 4.7 die Übertragungskennlinie eines Operationsverstärkers vom Typ 741, der ebenfalls mit einem 30 kΩ-Lastwiderstand beschaltet wurde. Obwohl der Typ 741 mittlererweile als veraltet bezeichnet werden kann, handelt es sich um ein beliebtes und weit verbreitetes Bauteil. Alle Bauelemente des Typs 741, die mit dem Originaldesign und -layout hergestellt sind, weisen eine dem Bild 4.7 ähnliche Kennlinie auf. Der Typ 741 zeichnet sich durch eine hohe Kleinsignalverstärkung aus, die jedoch ein falsches Vorzeichen hat. Nähert sich die Ausgangsspannung den Versorgungsspannungen von $\pm15V$, wächst die Verstärkung zunächst an, wird dann unendlich und weist schließlich in einem kleinen Bereich vor der Sättigung das prinzipiell korrekte Verhalten auf [4].

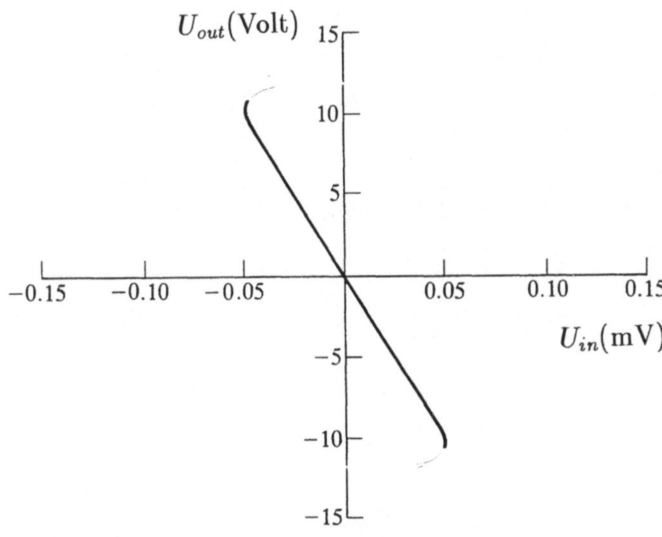

Bild 4.7

4.6 Die Problematik thermischer Effekte bei integrierten Schaltungen

Das unerwartete Verhalten des Operationsverstärkers 741, das in Bild 4.7 gezeigt wurde, liegt in einem, vom *thermischen* Standpunkt aus, schlechten Schaltungslayout für integrierte Siliziumtechnologie begründet. Die Berücksichtigung thermischer Effekte ist ein sehr wichtiger Aspekt des Schaltungsentwurfs, dem jedoch in der Literatur bisher relativ wenig Aufmerksamkeit entgegengebracht wurde [5]. Zur Einbringung thermischer Gesichtspunkte in den Schaltungsentwurf geht man davon aus, daß die von der Schaltung benötigte Chipfläche unter Betriebsbedingungen *nicht* isothermisch ist. Einige Bereiche, beispielsweise die Umgebung der Ausgangstransistoren, arbeiten bei höheren Temperaturen als andere Teilflächen, wie z.B. die Eingangstransistoren. Darüber hinaus ändert sich das Temperaturprofil mit der Ausgangsspannung der Schaltung.

Den Ursprung des in Bild 4.7 gezeigten Verhaltens können wir erkennen, wenn wir uns auf eine vorher behandelte Schaltung zurückbesinnen : Die Schaltung von Bild 3.5, die wir in Bild 4.8 nochmals finden. Diesmal liegt das Augenmerk jedoch auf der thermischen Kopplung, die für die vier Transistoren z.B. durch Verwendung eines Transistor-Arrays [6] gewährleistet

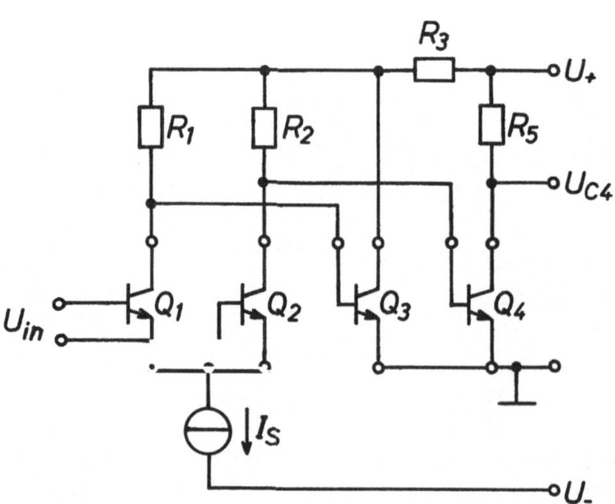

Bild 4.8

wäre. Um dies zu betonen, wurden die vier Transistoren in Bild 4.8 direkt nebeneinander gezeichnet. Durch den Aufbau einfacher Schaltungen mit derartigen Transistor-Arrays lassen sich einige wichtige Erkenntnisse über den Schaltungsentwurf unter Berücksichtigung thermischer Gesichtspunkte und die Probleme thermischer Kopplung gewinnen.

Als wir die Schaltung von Bild 4.8 in Kapitel 3 besprachen, wurde vorausgesetzt, daß alle vier Transistoren zu jeder Zeit die gleiche Temperatur haben. Betrachten wir allerdings die unterschiedliche Verlustleistung der einzelnen Transistoren unter realistischen Betriebsbedingungen, muß ein Temperaturgefälle über den Transistoren Q_1, Q_2, Q_3 und Q_4 existieren. Die in Q_1 und Q_2 umgesetzte Verlustleistung wird sehr klein sein, die Verlustleistung in Q_4 dagegen um etwa den Faktor zehn größer. Der Transistor Q_2 wird deshalb immer eine leicht höhere Temperatur als Q_1 haben, so daß U_{BE1} größer als U_{BE2} ist. Das bedeutet, daß eine kleine positive Eingangsspannung notwendig ist, um die Ströme in den Transistoren symmetrisch zu machen, was die normale Situation ohne ein angelegtes Eingangssignal ist. Wir gehen also davon aus, daß die Schaltung von Bild 4.8 eine positive Offsetspannung hat.

Die umgesetzte Verlustleistung in Transistor Q_4, die den wesentlichen Anteil am Temperaturgefälle zwischen Q_1 und Q_2 ausmacht, ist nicht konstant, sondern variiert gemäß

$$P_{Q4} = U_{C4}(U_+ - U_{C4})/R_5 \quad . \tag{4.6}$$

In Abhängigkeit der von uns gewählten Gleichspannung U_{C4}, die der jeweiligen Offsetspannung entspricht, kann P_{Q4} in Abhängigkeit von U_{C4} also entweder steigen oder fallen.

Als Beispiel wollen wir $U_{C4} = U_+/4$ passend zur positiven Offsetspannung wählen und versuchen, eine Übertragungskennlinie zu ermitteln. Das Ergebnis sehen wir in Bild 4.9. Wir beginnen am Punkt 1 mit $U_{in} = U_{os}$ und $U_{C4} = U_+/4$. Erhöhen wir U_{C4}, würden wir dies aufgrund einer Analyse der Schaltung auf eine Verminderung der Eingangsspannung U_{in} zurückführen.

Eine Verminderung von U_{in} in der Schaltung nach Bild 4.8 bedeutet eine relative Verminderung von U_{BE1} gegenüber U_{BE2}. Eine Betrachtung der thermischen Situation ergibt, daß eine Erhöhung von U_{C4} über $U_+/4$ hinaus gemäß Gleichung (4.6) ein Ansteigen der Verlustleistung in Transistor Q_4 nach sich zieht. Dadurch kann sich die Temperatur von Q_2 gegenüber Q_1 so stark erhöhen, daß die resultierenden Änderungen von U_{BE1} und U_{BE2} schließlich, wie in Bild 4.9 zu sehen, zu einer Erhöhung von U_{in}

führen. Die Erhöhung wird bestehen bleiben, bis die Ausgangsspannung den Punkt 2 in Bild 4.9, $U_{C4} = U_+/2$ erreicht. An diesem Punkt erreicht die Verlustleistung P_{Q4} ihr Maximum, wie durch Differentiation von Gleichung (4.6),

$$dP_{Q4}/dU_{C4} = (U_+ - 2U_{C4})/R_5 \qquad (4.7)$$

gezeigt werden kann. Eine weitere Erhöhung von P_{Q4} in Richtung auf Punkt 3 in Bild 4.9 führt zu einer Entspannung des Temperaturgradienten zwischen Q_1 und Q_2. Die Eingangsspannung U_{in} wird nun fallen, wie wir es auch erwartet hätten.

In der anderen Hälfte der Kurve von Bild 4.9 mit den Punkten 1, 4 und 5 läßt sich in ähnlicher Weise argumentieren. Wenn U_{C4} von $U_+/4$ aus reduziert wird, sinkt die in Q_4 umgesetzte Verlustleistung und die Ungleichheit $U_{BE1} > U_{BE2}$ vermindert sich. Dies zieht eine Verringerung von U_{in} nach sich (siehe Verlauf 1-4 in Bild 4.9). Wenn die Verlustleistung schließlich sehr klein und damit vernachlässigbar ist, verhält sich die Schaltung wieder, wie wir es ohne Berücksichtigung thermischer Effekte erwarten würden.

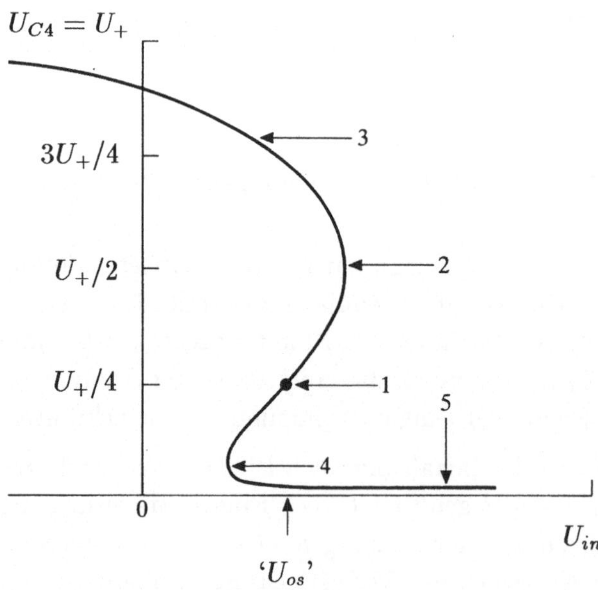

Bild 4.9

4.7 Berücksichtigung thermischer Effekte beim Entwurf integrierter Schaltungen

Der im letzten Abschnitt durch Bild 4.9 beschriebene Entwurfsfehler läßt sich durch eine Vorzeichenumkehr der thermischen Rückkopplung vermeiden. Im speziellen Fall der Schaltung von Bild 4.8 kann dies auf zwei verschiedene Weisen geschehen : Einerseits durch Vertauschen der physikalischen Position der Transistoren Q_1 und Q_2 auf dem Chip, andererseits durch eine Vorspannung des Kollektors von Transistor Q_4 auf $3U_+/4$, so daß, wie Gleichung (4.6) zu entnehmen ist, die Verlustleistung in Q_4 bei Erhöhung von U_{C4} fällt, statt zu steigen.

Keine der beiden Möglichkeiten ist eine eigentliche Antwort auf unser Problem. Im allgemeinen sind wir mit Schaltungsentwürfen konfrontiert, die weit komplizierter sind, als die Schaltung von Bild 4.8 mit ihren vier Transistoren. Demzufolge sind die Verlustleistungen in allen Bereichen des Chips zu betrachten, insbesondere in den Ausgangsstufen, in denen die Verlustleistung von der Last abhängt.

Deutlich wird dies anhand von Bild 4.10, das die Übertragungskennlinie des bereits für Bild 4.7 verwendeten Operationsverstärkers vom Typ 741

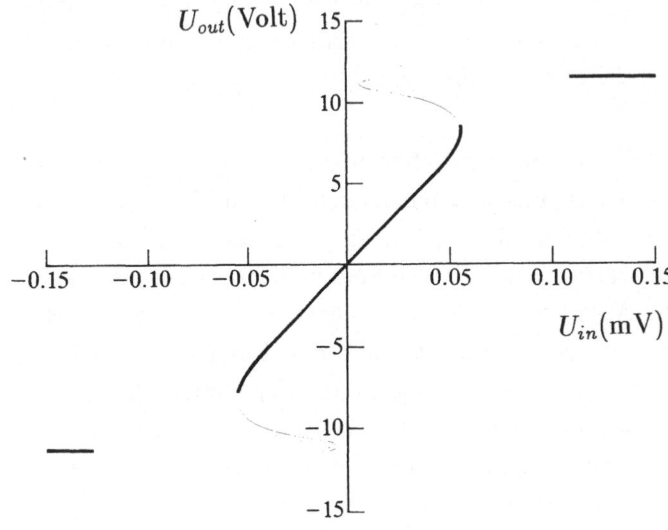

Bild 4.10

zeigt, der jedoch nun mit einem Lastwiderstand von nur 2 kΩ gegenüber 30 kΩ abgeschlossen ist. Bei kleinen Ausgangspegeln ist eine deutlich veränderte Kennlinie zu beobachten. Offensichtlich ist die thermische Rückwirkung der Ausgangsstufe gegenüber der thermischen Rückkopplung der Zwischenstufe in diesem Fall von umgekehrtem Vorzeichen. Bei großen Ausgangspegeln ist die in den Ausgangstransistoren umgesetzte Verlustleistung sehr klein und Graphik 4.10 nimmt in diesen Bereichen dieselbe Form wie in Bild 4.7 an. Eine umfassende Diskussion dieses komplexen Verhaltens findet sich bei Solomon [7].

Der beste Weg, die Probleme der thermischen Rückkopplung zu beseitigen, besteht in einem Redesign der thermisch sehr empfindlichen Eingangstransistoren Q_1 und Q_2 in Bild 4.8, um sie Temperaturschwankungen in benachbarten Chipflächen gegenüber unempfindlicher zu machen. Beispielsweise könnten Q_1 und Q_2 aus jeweils vier oder sogar sechs isolierten Transistoren aufgebaut werden, die symmetrisch placiert und parallel über Kreuz verbunden sind. Derartige Anordnungen weisen eine beachtliche Unempfindlichkeit gegenüber Temperaturschwankungen ihrer Umgebung auf. Ein solcher Weg wurde von Schade [8] untersucht. In seinem Bericht findet sich eine Anzahl guter Photographien von bipolaren und MOS-Schaltungen, bei denen die beschriebene Methode Anwendung fand. Über Kreuz beschaltete Transistorarrays werden in Eingangsstufen von Präzisionsoperationsverstärkern, wie beispielsweise dem OP-05, verwendet, der die in Bild 4.6 gezeigte Kennlinie aufweist. Auch eine Lastveränderung hat in diesem Fall keinen erwähnenswerten Einfluß auf die Kennlinie.

Ein letztes Problem muß noch angesprochen werden, bevor wir diesen interessanten Aspekt des Schaltungsentwurfs beiseite legen. Es handelt sich um die Frage, wie unser Meß- und Regelungssystem nach Bild 4.5 stabil sein kann, wenn die Verstärkung des zu prüfenden Bauteils ein umgekehrtes Vorzeichen hat. Die Antwort ist, daß die negative Verstärkung in Bild 4.7 Merkmal einer statischen Kennlinie ist. Eine Erhöhung von U_{in} wird in jedem Fall eine Erhöhung der Ausgangsspannung U_{out} bewirken, die sich jedoch nach einem thermischen Ausgleichsprozeß auf den in Bild 4.7 gezeigten kleineren Wert für U_{out} senkt. Dieser Ausgleichsprozeß wird von einer gewissen Verzögerungszeit bestimmt. Es handelt sich jedoch nicht um eine einfache Phasenverschiebung, wie es der Fall wäre, wenn das Problem mittels einer gewöhnlichen Differentialgleichung beschrieben werden könnte. Thermische Probleme der beschriebenen Art lassen sich durch die

Diffusionsgleichung

$$(k/\rho c)\nabla^2 T = \partial T/\partial t \tag{4.8}$$

beschreiben, bei der es sich um eine partielle Differentialgleichung handelt, mit der sich eine endliche, relativ kleine Ausbreitungsgeschwindigkeit für thermische Schwankungen, abhängig von der thermischen Leitfähigkeit k, der Dichte ρ und der spezifischen Wärme c von Silizium beschreiben läßt [9].

4.8 Messung der Eingangsimpedanz

Als abschließendes Beispiel für ein Operationsverstärkersystem wollen wir uns mit einem Schaltungsaufbau zur Messung der Kleinsignal-Eingangsimpedanz eines Operationsverstärkers befassen. Diese Messung ist aus zwei Gründen nicht problemlos durchzuführen :

a. Die differentielle Kleinsignal-Eingangsimpedanz eines Operationsverstärkers liegt typischerweise oberhalb 1 MΩ. Die Kleinsignal-Eingangsspannung, die angelegt werden kann, ohne den Verstärker zu sättigen, beträgt nur etwa 20 μV, so daß zur Bestimmung der Eingangsimpedanz Eingangsströme in der Gegend von nur 20 pA zu messen sind.

b. Die Messung derart kleiner Eingangsstöme und -spannungen geschieht in einer Umgebung, zu der auch die Ausgangsanschlüsse gehören, deren Pegel sich während der Messung um einige Volt ändern kann. Im Falle integrierter Schaltungen ist die Ausgangskontaktfläche nur einen Bruchteil eines Millimeters von den Eingangskontaktflächen entfernt, so daß Streukapazitäten und parasitäre Widerstände Probleme bereiten.

Bild 4.11 zeigt einen Vorschlag für eine vollständige Operationsverstärker-Meßeinrichtung, die die Ergebnisse der Schaltung von Bild 4.5 berücksichtigt und eine zusätzliche Meßeinrichtung für den Eingangsstrom I_{in} beinhaltet. I_{in} wird mittels des Präzisionsverstärkers A_2 gemessen. Bei der Messung wird der Eingang '*Steuerung U_{out}*' mit einer sehr niedrigen Frequenz angesteuert und die beiden Ausgänge der Verstärker A_1 und A_2 werden auf einem X-Y-Oszilloskop zur Anzeige gebracht. Der Y-Kanal ist hierbei gleichstrommäßig zu entkoppeln, da wir einen Strombereich von nur etwa 100 pA beobachten wollen, der dem Eingangsruhestrom des zu messenden Operationsverstärkers überlagert ist.

Mit dem Diagramm von I_{in} über U_{in} unter Kleinsignalbedingungen läßt sich bei Berücksichtigung der Skalierung durch R_2/R_3 und R_8 die Eingangsimpedanz gemäß $Z_{in} = \Delta U_{in}/\Delta I_{in}$ ermitteln. Operationsverstärker mit interner Frequenzkompensation weisen hierbei oft eine überraschend kleine Eingangsimpedanz auf, die meist rein resistiv und Ausdruck der unter (b) beschriebenen Problematik ist.

Ein Operationsverstärker mit interner Frequenzkompensation hat eine Verstärkung $G(j\omega)$, die die allgemeine Form

$$G(j\omega) = \frac{G_0}{1 + j(\omega/\omega_c)} \qquad (4.9)$$

hat, wobei G_0 die maximale Verstärkung ist, die mittels statischer Messung nach Bild 4.6 ermittelt werden kann. ω_c ist die untere Eckfrequenz des Operationsverstärkers, bei der die Verstärkung aufgrund der internen Kompensationskapazität um 3 dB abgefallen ist. Typischerweise liegt ω_c unterhalb von $2\pi \cdot 10$ Hz.

Betrachten wir nun einen derartigen Operationsverstärker in einer Meßschaltung gemäß Bild 4.11. Aus Sicht des Verstärkers A_2 stellt sich die Schaltung wie in Bild 4.12 dar. Die unvermeidbare Streukapazität vom Ausgang zurück zum invertierenden Eingang ist mit C_s bezeichnet.

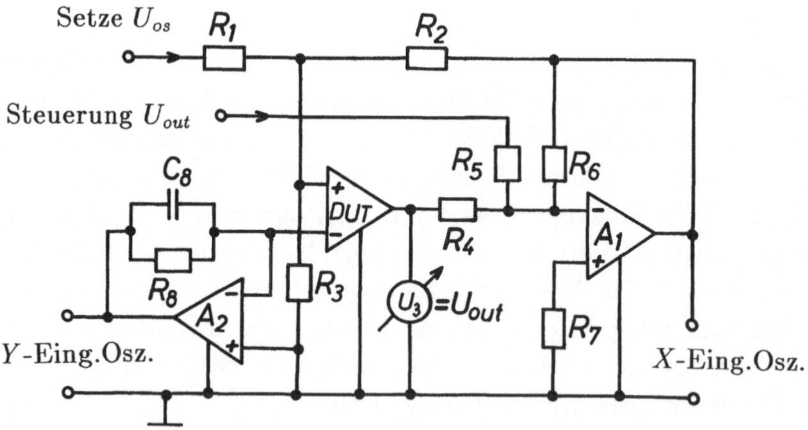

Bild 4.11

Um $\Delta U_{in}/\Delta I_{in}$ zu ermitteln, haben wir nun eine Meßfrequenz ein gutes Stück oberhalb von ω_c zu wählen. Ist die Frequenz zu klein, muß ΔU_{in} sehr klein gehalten werden und ΔI_{in} verschwindet im Rauschen. Gleichung (4.9) kann auf $G(j\omega) = -jG_0(\omega_c/\omega)$ reduziert werden $[D]$ und Bild 4.12 trägt dieser Vereinfachung in der Beziehung für die Ausgangsspannung des zu messenden Operationsverstärkers Rechnung.

In Bild 4.12 ist ebenfalls der über die Streukapazität C_s vom Ausgang des zu messenden Operationsverstärkers auf die virtuelle Masse des Meßverstärkers A_2 zurückfließende Strom eingetragen. Dieser Strom ist keine Funktion der Kreisfrequenz ω, wie sich durch Ersetzen von U_{out} in der Beziehung für den Strom i in Bild 4.12 zeigen läßt :

$$i = \omega_c G_0 C_s U_{in} \quad . \tag{4.10}$$

Er unterscheidet sich somit nicht vom Strom U_{in}/R_{in}, der über die Eingangsimpedanz des zu messenden Operationsverstärkers in die virtuelle Masse des Meßverstärkers A_2 fließt. Wir erhalten mit Gleichung (4.10) also einen Widerstand

$$R'_{in} = \frac{1}{\omega_c G_0 C_s} \quad , \tag{4.11}$$

der parallel zum eigentlichen Eingangswiderstand des zu messenden Operationsverstärkers liegt.

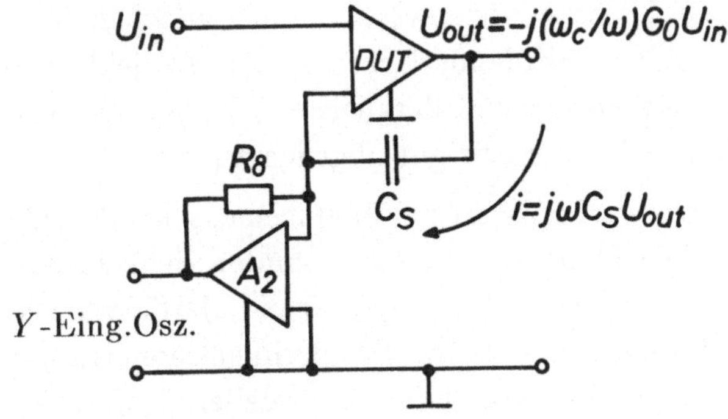

Bild 4.12

Bei $\omega_c G_0$ handelt es sich um das Verstärkungs-Bandbreite-Produkt [E] des zu messenden Operationsverstärkers, das typischerweise etwa $2\pi \cdot 10^6$ beträgt. Gleichung (4.11) läßt sich somit entnehmen, daß eine Streukapazität von nur 1 pF einen Widerstandswert von $R'_{in} = 159$ kΩ bewirkt, der damit eine ganze Größenordnung kleiner als der erwartete Eingangswiderstand R_{in} des Meßobjekts ist. Die einzige Möglichkeit, diesem Problem Abhilfe zu schaffen, ist die Minimierung der Streukapazität auf ein Niveau, das der inneren Streukapazität des zu messenden Bauteils entspricht. Aus diesem Grund wurde für unsere Zwecke der Meßaufbau von Bild 4.11 verwendet. Im Anhang sind die Einzelheiten der Schaltung und Vorschläge für ein brauchbares Layout zu finden. Dieses Meßsystem ist eine hervorragende Übung, um ein gewisses Gefühl für derartige Layoutprobleme zu entwickeln.

4.9 Zusammenfassung

In diesem Kapitel über Operationsverstärkersysteme betrachteten wir einige einfache Schaltungen, wobei die Operationsverstärker nun die Rolle der Transistoren aus den vorherigen Kapiteln übernahmen. Aus schaltungstechnischer Sicht haben beide Bauteile nur drei Anschlüsse, aus Sicht des Entwurfsprozesses besitzen beide ausgesprochen einfache Eigenschaften : man macht Entwurfsskizzen und sucht nach neuen Schaltungsideen.

Ein Operationsverstärkersystem einfacher Art, wie in Bild 4.11, markiert einen entscheidenden Schritt nach vorn, wenn man sich die Probleme vorstellt, eine solche Schaltung ohne integrierte Bauteile zu realisieren. Ein 1973 erschienenes Buch [10] zeigt auf, welche Einflüsse die neue Technologie auf den analogen Bereich hatte, und wie das Umfeld entstand, das komplizierte Signalprozessoren und aktive Filtersysteme mit einfachen Mitteln möglich machte, eingeschlossen akademisch interessante Projekte wie Negativ-Impedanzkonverter, Gyratoren und dergleichen. Dieser spezielle Themenbereich ist ebenfalls durch Literatur gut abgedeckt [11].

In diesem Kapitel haben wir uns auf Meßsysteme für einzelne, sehr spezielle Meßprobleme konzentriert. Die Meßaufgaben entstammten dem Thema des Kapitels selbst, den Operationsverstärkern. Der Grund hierfür war, zu verdeutlichen, was das beständige Interesse eines Experimentierenden der Elektronik sein sollte : Messung und Verständnis der speziellen Eigenschaften eines neuen Bauteils. Am Ende von Kapitel 3 wurden beispielsweise einige interessante Schaltungstechniken zur Auslöschung des Eingangsruhestroms besprochen. Der Kleinsignal-Eingangswiderstand vieler dieser

Schaltungsentwürfe wird von den Herstellern als sehr hoch angegeben [12], und es kann sehr interessant sein, diese Angaben einmal nachzuprüfen. Abschnitt 4.8 zeigte schließlich einige der größten Schwierigkeiten auf, die bei Messungen auftreten können. Es gibt somit reichlich Perspektiven für Weiterentwicklungen auf diesem Gebiet.

Bemerkungen

1 Siehe Kap. 3, Bemerkung 2. Weiterhin *'Analog Integrated Circuits'* von M.Herpy, John Wiley, 1980 (deutsche Ausgabe : ...), das eine sehr gute Abhandlung über Schaltungs- und Systemtheorie darstellt, sowie *'Operational Amplifier'* von J.Dostal, Elsevier, 1981, das besonders Rausch- und die in diesem Kapitel behandelten Messungsprobleme behandelt. Frühere Bücher von G.B.Clayton enthalten sehr gute Beiträge zu einfacheren Problemen : *'Experiments with Operational Amplifiers'*, Macmillan, 1975; *'Operational Amplifiers'*, Newnes-Butterworth (2. Ausgabe), 1979. Weiterhin gibt es einige nützliche Hersteller-Handbücher : *'Operation Amplifiers'* von J.G.Graeme, G.E.Tobey und L.P.Huelsman, McGraw Hill, 1981, und *'Applications : Linear Integrated Circuits and MOSFETs'*, RCA Corp. ref. SSD245, 1983.

2 Siehe z.B. das Datenblatt des PMI Doppel-Operationsverstärkers OP-10. Es enthält im Anhang eine Notiz über die 3-Verstärker-Schaltung. Precision Monolithics Inc. Data Book, 1984, *'Linear and Conversion Products'*, S. 5-74 und 5-85.

3 Siehe Bemerkung 1.

4 Das eigenartige Verhalten des 741 ist wahrscheinlich zuerst von J.Mulvey und J.Millay, in *IEEE Spectrum*, **11**, Nr.9,S.53-58, 1974, beschrieben worden. Die Versuchsanordnung von Bild 4.5 basiert auf ihren Ideen.

5 Außer einem sehr frühen Text *'Thermal feedback in integrated circuits'* von H.Schmidt, *'Philips Electronic Applications Bulletin'*,**28**, S. 29-39, Januar 1968, wurde zu diesem Thema sehr wenig veröffentlicht bis eine hervorragende Arbeit von J.E.Solomon im *IEEE J.Solid State Circuits*, **SC-9**, S. 314-32, 1974, erschien. Ein sehr gutes Buch, das die langjährige Vernachlässigung der thermischen Effekte wettmacht, ist *'Analysis and Design of Analogue Integrated Circuits'* von P.R.Gray und R.G.Meyer, John Wiley, 1984 (2. Ausgabe).

6 Siehe Kapitel 1, Bemerkung 11.

7 Siehe Bemerkung 5.

8 O.H.Schade, *RCA Review*, **37**, S. 404-424, 1976.

9 Gleichung (4.8) wird in *'Partial Differential Equations in Physics'* von A.Sommerfeld, Academic Press, 1972, S.34, und in *'Lectures in Physics'* von R.P.Feynman, R.B.-Leighton und M.Sands, Vol.2, S.3-6ff, Addison Wesley, 1964, ausgiebig diskutiert.

10 J.G.Graeme, *'Applications of Operational Amplifiers'*, McGraw-Hill, 1973.

11 Siehe Bemerkung 1.

12 RCA geben für den CA3193 und CA3493 keinen hohen Eingangswiderstand an (vgl. Bem. 19, Kap. 3), die Datenblätter enthalten nur direkt meßbare Parameter. PMI gibt einen Wert von 80 MΩ für den OP-05A und OP-07A an, der *'nicht gemessen, jedoch vom Design her garantiert ist'*.

A Schleifenverstärkung : siehe z.B. U.Tietze u. Ch.Schenk, *'Halbleiter-Schaltungstechnik'*, 9.Aufl., Springer-Verlag, 1989, Abschnitt 7.2. Dabei ist zu beachten, daß in solchen Darstellungen, wie sie insbesondere in der Regelungstechnik üblich sind, vorausgesetzt wird, daß die Blöcke *Verstärker* und *Rückkoppler* (Bild 7.8 in Tietze u. Schenk) unidirektional sind. Passive Eintore, wie Widerstände oder Kapazitäten, sind jedoch bidirektional, so daß man in der Elektronik allgemeinere Überlegungen im Hinblick auf das Rückkopplungsprinzip anstellen muß. Einzelheiten dazu findet man beispielsweise bei G.W.Carter und A.Richardson, *'Techniques of Circuit Analysis'*, Cambridge University Press, 1972, Abschnitt 12.8.

B Siehe auch U.Tietze u. Ch.Schenk, *'Halbleiter-Schaltungstechnik'*, 9.Aufl., Springer-Verlag, 1989, 854-856.

C Diese Näherung gilt nur, wenn wir die im Anhang aufgeführten Werte der Widerstände R_2 und R_3 voraussetzen.

D Diese Beziehung nennt man auch Integratornäherung : siehe z.B. W.Leonhard, *'Einführung in die Regelungstechnik'*, Friedrich Vieweg und Sohn, 1985, Abschnitt 3.3.1.

E Einzelheiten über das Verstärkungs-Bandbreite-Produkt findet man beispielsweise bei U.Tietze u. Ch.Schenk, *'Halbleiter-Schaltungstechnik'*, 9.Aufl., Springer-Verlag, 1989.

5 Ein Verstärker mit Photodiode

5.1 Photodioden

Das Schaltungsentwurfsproblem, das in diesem Kapitel betrachtet werden soll, ist dem des selektiven Verstärkers von Kapitel 2 eng verwandt. In Kapitel 2 handelte es sich um die Art von Schaltung, die am Eingang eines empfindlichen Radio- oder Fernsehempfängers oder eines wissenschaftlichen Instruments verwendet wird und Signale im HF- und UHF-Bereich verarbeitet.

In diesem Kapitel ist die Problematik sehr ähnlich, jedoch ist das Eingangssignal in diesem Fall optischer Natur. Das bekannteste Beispiel dieser Schaltungsklasse ist die Verstärkerschaltung mit einer Photodiode [A], die im Empfangsteil einer optischen Übertragungsstecke mit Glasfasern Verwendung findet [1], obwohl die in Verbindung mit diesen Schaltungen auftretenden Probleme komplizierter als das hier betrachtete sind, da Glasfaserstrecken üblicherweise zur Übertragung digitaler Signale benutzt werden und die dazu verwendeten Empfangsschaltungen aus gutem Grund nichtlinear sind. Glasfaserstrecken arbeiten im allgemeinen bei sehr hohen Datenübertragungsraten von über 100 Mbit/s. Da sich dies im Labor nicht ohne Schwierigkeiten nachvollziehen läßt und das Problem sehr speziell ist, wollen wir unsere Betrachtungen allgemeiner halten.

Untersuchen wir zunächst die Photodiode selbst und nehmen ein beliebiges Exemplar aus der pn- oder pin-Auswahl. Um als linearer Photoempfänger verwendet zu werden, muß die Diode in Sperrichtung vorgespannt werden. Für eine typische pin-Photodiode in Siliziumtechnologie ergibt sich dann ein Kennlinienfeld der in Bild 5.1 gezeigten Art [2].

Aus Graphik 5.1 läßt sich entnehmen, daß die Si-pin-Photodiode eine sehr hohe Impedanz hat, wenn sie wie erwähnt in Sperrichtung vorgespannt verwendet wird. In erster Näherung könnte die Photodiode als lineare lichtgesteuerte Stromquelle betrachtet werden. Bevor wir jedoch diese drastische Vereinfachung machen, müssen wir beachten, daß die Photodiode eine interne Leistungsverstärkung besitzt : Ein Ansteigen der optischen Eingangsleistung erzeugt einen noch größeren Anstieg der elektrischen Verlustleistung, die in der Photodiode und einer beliebigen äußeren

Last umgesetzt wird [3]. Betrachten wir beispielsweise eine Photodiode mit den in Graphik 5.1 veranschaulichten Kennlinien, in Reihe geschaltet mit einem 500 kΩ-Lastwiderstand und von einer Spannungsquelle mit -25 V gespeist. Es ergibt sich die Situation von Bild 5.2. Bei langsamen Änderungen des Eingangsstrahlungsflusses arbeitet die Photodiode immer auf der Lastgeraden A-B.

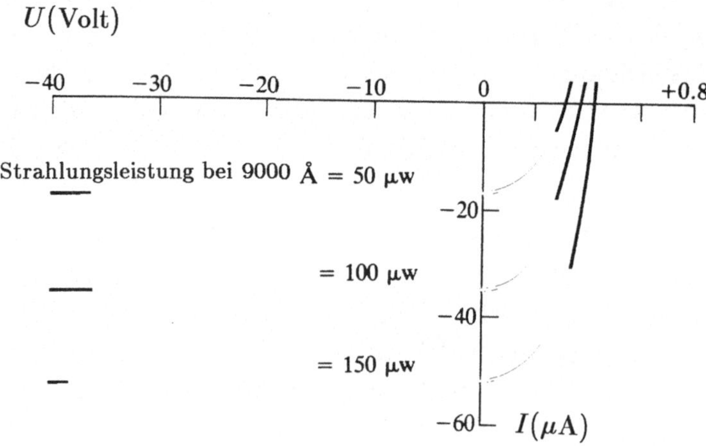

Bild 5.1   Unterschiedliche Skalen für pos. und neg. Spannungen

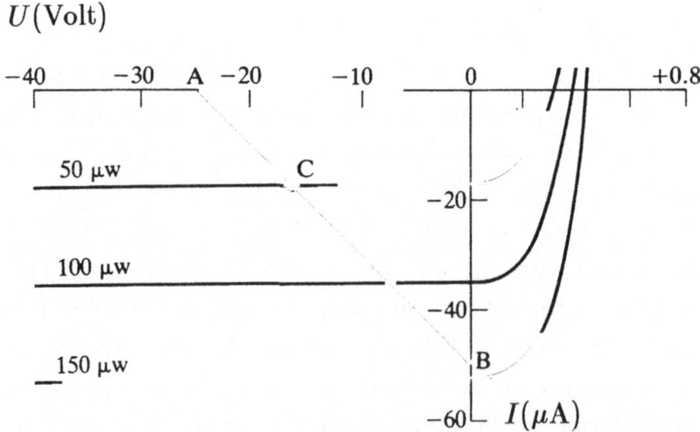

Bild 5.2   Unterschiedliche Skalen für pos. und neg. Spannungen

Wenn man entsprechend Punkt C in Bild 5.2 den Strahlungsfluß von Null auf 50 μW erhöht, beträgt die in der Photodiode umgesetzte Verlustleistung 18 μA · 16 V = 288 μW, also fast ein Sechsfaches der eingestrahlten Leistung, während die im 500 kΩ-Widerstand umgesetzte Verlustleistung 162 μW beträgt. Zu beachten ist, daß die über dem Lastwiderstand abfallende *Spannung* linear von der eingestrahlten Leistung abhängig ist, nicht jedoch die im Widerstand umgesetzte *Leistung*.

5.2 Rauschen und die optimale Nutzung einer Signalquelle

Diese sehr elementare Betrachtungsweise der in unserem speziellen Schaltkreis verwendeten Signalquelle bringt einen wichtigen Punkt in die Diskussion ein, der in Kapitel 2 über selektive Verstärker stillschweigend übergangen wurde. In Kapitel 2 widmeten wir unsere Aufmerksamkeit dem Problem der Schaltungsstabilität. Was wir nun untersuchen wollen, ist, wie wir mit einer realen Signalquelle, in diesem Fall einer Photodiode, verfahren müssen, um die Schaltung bezüglich ihrer Empfindlichkeit zu optimieren. Dies bringt die Frage nach dem Rauschen in die Diskussion.

Aufgrund allgemein bekannter Überlegungen wissen wir, daß die Impedanz einer Signalquelle der Eingangsimpedanz des weiterverarbeitenden Verstärkers leistungsangepaßt sein sollte, d.h. die innere Impedanz der Quelle sollte gleich dem konjugiert komplexen der Eingangsimpedanz des Verstärkers sein. Dieses einfache Anpassungsproblem tauchte bereits bei den selektiven Verstärkern in Kapitel 2 auf, für eine Photodiode gestaltet sich die Lage jedoch etwas komplizierter. Erstens handelt es sich nun um eine Signalquelle mit einer sehr hohen Impedanz, zweitens müssen wir mit zusätzlichen Rauschproblemen aufgrund der oben angesprochenen Leistungsverstärkung rechnen und drittens beschränken wir uns nicht unbedingt auf ein schmales Frequenzband, sondern möchten einen hochempfindlichen Photodioden-Verstärker haben, der von Gleichspannungen bis zu relativ hohen Frequenzen akzeptabel arbeitet.

Betrachten wir zunächst die einfachste mögliche Schaltungsgrundstruktur einer Photodioden-Verstärker-Kombination, die in Bild 5.3 zu sehen ist. Die Photodiode ist durch die positive Versorgungsspannung U_+ in Sperrichtung vorgespannt und der Ausgangsstrom fließt direkt in die virtuelle Masse eines Operationsverstärkers, der mittels eines Widerstandes R als Strom-Spannungs-Konverter geschaltet ist. Die Ausgangsspannung beträgt somit $R \cdot I_R$, wobei I_R der durch die eingestrahlte Lichtleistung verursachte Strom durch die Diode ist.

Bild 5.4 zeigt ein Äquivalent der Schaltung von Bild 5.3, anhand dessen wir den Signalrauschabstand und die Empfindlichkeit ermitteln können. Die Größe i_s in Bild 5.4 steht für den Signalstrom, der, wie in Bild 5.1 zu erkennen, etwa 0,36 μA pro μW eingestrahlter Lichtleistung beträgt. i_{sn} ist der durch das Schrotrauschen (*shot noise*) bedingte Strom durch die Diode, der dem Signalstrom überlagert werden muß. Dieser Strom ist durch $\overline{i_{sn}^2} = 2e_0 \cdot i_s \cdot B$ gegeben, wobei e_0 die elektrische Elementarladung und B die Systembandbreite beschreiben [4], [B]. Im Falle einer idealen Photodiode und ohne weitere Rauschquellen ergibt sich somit ein Signalrauschabstand von $\sqrt{i_s/2e_0B}$, ein Pegel, bei dem man einzelne Photonen zählen könnte, denn der zu beobachtende Strom ist in der Größenordnung eines Elektrons, geteilt durch die reziproke Bandbreite. Natürlich fließt jedoch auch ohne Lichteinwirkung ein endlicher Strom durch die Diode, der durch die thermische Generation von Elektron-Loch-Paaren, radioaktive Grundstrahlung und Leckströme hervorgerufen wird. Dieser Strom wird als Dunkelstrom (*dark current*) bezeichnet und ist ein entscheidender Faktor für die Güte und den Preis einer Photodiode. Während billige Photodioden einen Dunkelstrom von vielleicht 5 nA haben, können hochwertigere Dioden einen Dunkelstrom von nur 150 pA haben. Mit dem Dunkelstrom I_{dc} ergibt sich

$$\overline{i_{sn}^2} = 2e_0 \cdot I_{dc} \cdot B \quad .$$ (5.1)

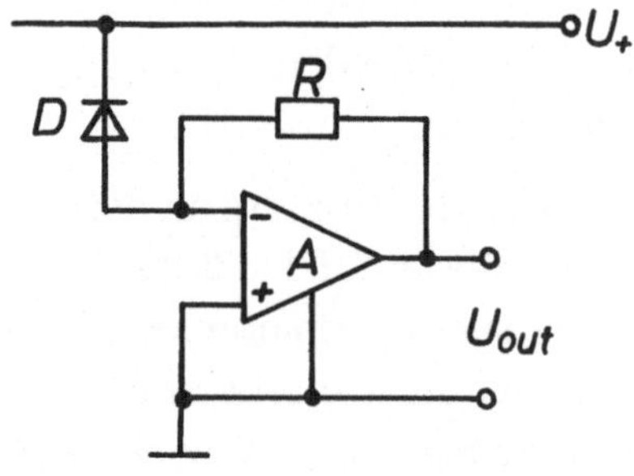

Bild 5.3

Eine weitere Quelle unvermeidbaren Rauschens ist das thermische Rauschen des Widerstandes R. Es kann durch eine Stromquelle der Größe

$$\overline{i_{tn}^2} = 4kTB/R \tag{5.2}$$

dargestellt werden. Es ergibt sich, daß der Ausgang der Schaltung von Bild 5.4 eine Signalspannung $i_s R$ und eine Gesamtrauschspannung von $(\overline{i_{sn}^2} + \overline{i_{tn}^2})^{1/2} R$ führt. Der Gesamtrauschabstand (**Signal N**oise **R**atio) am Schaltungsausgang ergibt sich somit zu

$$SNR = i_s/(2e_0 I_{dc} B + 4kTB/R)^{1/2}. \tag{5.3}$$

Gleichung (5.3) läßt erkennen, daß sich der Rauschabstand verbessern läßt, wenn der Widerstand R vergrößert wird. Ist jedoch der Punkt erreicht, an dem die beiden Terme des Nenners gleich sind, d.h. bei

$$R_{max} = 2kT/e_0 I_{dc} \quad , \tag{5.4}$$

führt eine weitere Erhöhung von R zu keiner weiteren Verbesserung des Rauschabstandes mehr.

Leider muß der Wert für R_{max} nach Gleichung (5.4) in praktischen Anwendungen sehr groß sein, da der Diodendunkelstrom I_{dc} sehr klein ist. Selbst für billige Si-Photodioden mit einem Dunkelstrom von 5 nA, ergibt sich gemäß Gleichung (5.4) ein Widerstand von $R_{max} = 10\mathrm{M}\Omega$.

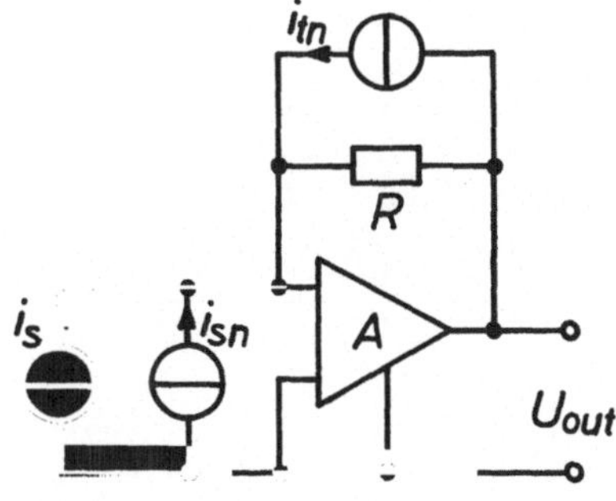

Bild 5.4

5.3 Betrachtung der Bandbreite

Die Schaltung von Bild 5.3, die uns zu Bild 5.4 führte, scheint mit Sicht auf eine gute Bandbreite auf den ersten Blick keine schlechte Lösung zu sein : Die Photodiode arbeitet auf die sehr kleine Impedanz der virtuellen Masse des invertierenden Verstärkereingangs, so daß die Spannung über der Photodiode praktisch konstant bleibt und die innere Kapazität der Photodiode somit ohne Bedeutung ist. Die Bandbreite der Photodioden-Verstärker-Kombination sollte deshalb nur knapp unterhalb der Bandbreite des Verstärkers mit der Spannungsverstärkung eins liegen, da die Schaltung eine vollständige Spannungsrückkopplung hat. Die Bandbreite kann bei Verwendung üblicher Operationsverstärker ohne weiteres mehrere MHz betragen, insbesondere, wenn Verstärker mit JFETs in der Eingangsstufe eingesetzt werden. Ein Beispiel hierfür ist der OP-15 [5], der zusätzlich noch den Vorteil eines sehr geringen Eingangsrauschstroms hat.

Wenn, wie im vorigen Abschnitt beschrieben, ein sehr großer Rückkopplungswiderstand R in der Schaltung nach Bild 5.3 benutzt wird, um die höchstmögliche Empfindlichkeit und einen optimalen Signalrauschabstand zu erzielen, wird das Breitbandverhalten des Verstärkers A sehr stark durch die unvermeidbare Streukapazität C beschnitten, die parallel zum Widerstand R liegt. Dies ist durchaus kein triviales Problem, beispielsweise ist die Gesamtbandbreite der Schaltung nicht einfach $1/(2\pi CR)$, sondern gewöhnlich um einiges besser. Der Grund hierfür läßt sich mit Hilfe von Bild 5.5 verdeutlichen, in dem die Rückkopplungsschleife von Bild 5.3/5.4

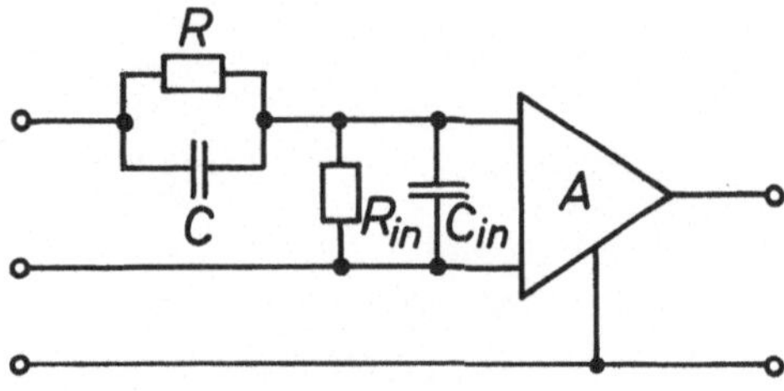

Bild 5.5

geöffnet und die Signalquellen durch ihre inneren Impedanzen ersetzt wurden. Da diese Impedanzen sehr groß sind, spielt die Eingangsimpedanz des Verstärkers selbst eine wichtige Rolle. Diese Eingangsimpedanz wird jedoch von der Photodiodenkapazität soweit vergrößert, daß diese letztendlich das Verhalten der Schaltung bestimmt.

Wenn wir den Wert des Widerstands R reduzieren, können wir uns an die potentielle Bandbreite der Schaltung herantasten, allerdings wird das Rauschverhalten dann wiederum von R bestimmt. Es gibt einige sehr gute Schaltungsentwürfe, die die obigen Ausführungen berücksichtigen. Als Beispiel seien Mitchell u.a. genannt, die einen Schaltungsentwurf mit Si-Bipolar-Transistoren und einer InGaAs Photodiode veröffentlichten [6], der eine Gesamtbandbreite von 260 MHz hat. Diese Schaltung wurde nicht in einfacher Si-Technologie hergestellt, sondern als Hybridschaltung realisiert, die Dünnfilmkomponenten und Bauteile enthielt, die auf einem keramischen Substrat aufgewachsen waren. Mittels dieser fortschrittlichen Konstruktionstechnik kann die Kapazität parallel zum Rückkopplungswiderstand auf 0,02 pF reduziert werden, wobei auch der Widerstand noch einen recht hohen Wert von 20 kΩ hat. Eine weitere Schaltung mit vergleichbarem Verhalten und GaAs-Feldeffekttransistoren sowie Si-Bipolarbauteilen, ebenfalls als Hybridschaltung realisiert, wurde von Ogawa und Chinnock veröffentlicht [7].

5.4 Eine Schaltungsgrundstruktur für einen Versuchsaufbau

Für unsere Versuchsschaltung eines Photodioden-Verstärkers wollen wir nur eine mittelmäßige Bandbreite fordern, so daß herkömmliche Fertigungstechniken verwendet werden können. Wir werden uns hierzu eine Alternative zu der Schaltung von Bild 5.3 anschauen. Sie ist in Bild 5.6 zu sehen und führt uns auf den Startpunkt unser Exkursion zurück, an dem die innere Leistungsverstärkung der Photodiode unser Thema war.

In der Schaltung nach Bild 5.6 arbeitet die Photodiode nicht wie in Bild 5.3 auf eine sehr kleine Last, sondern direkt auf eine hohe Lastimpedanz R. Die Rausch- und Empfindlichkeitsberechnungen führen zu exakt dem gleichen Ergebnis wie die Berechnungen für die Schaltung 5.3. Es ergab sich keinerlei Leistungsverstärkung der Photodiode, da sie scheinbar mit einem Kurzschluß belastet war. In der Schaltung von Bild 5.6 verwenden wir einen größeren Lastwiderstand R, jedoch wird die von der Photodiode abgegebene Leistung nur im Widerstand umgesetzt, was keinerlei Nutzen bringt. Einen Nutzen hätte man, wenn die Leistung anstatt an einen einfachen Widerstand R an die Eingangsimpedanz eines verstärkenden Bauteils, wie beispielsweise einen Transistor abgegeben werden könnte. Dies ist bei sehr hohen Frequenzen möglich und soll am Ende dieses Kapitels kurz angesprochen werden.

Der Vorteil einer Schaltungsgrundstruktur gemäß Bild 5.6 liegt darin, daß sie uns zu einer neuen Betrachtungsweise der Probleme einer großen Bandbreite und hoher Empfindlichkeit führt, wenn die Fertigungstechnik, die uns zur Verfügung steht, es uns unmöglich macht, die Streukapazitäten erheblich zu reduzieren. In Schaltung 5.6 liegt die Photodioden-Kapazität, die mindestens 2 pF für den pn-Übergang und weitere 2 pF für die Verbindung des pn-Übergangs und der restlichen Schaltung beträgt, direkt parallel zum Lastwiderstand R. Der Lastwiderstand wird ebenfalls eine kleine Eigenkapazität haben, der Verstärker A ist jedoch als einfacher Spannungsfolger geschaltet und seine Eingangskapazität ist vernachlässigbar. Allerdings ist es möglich, daß eine relativ große Kapazität zwischen Verstärkereingang und Masse liegt. Wenn all diese Kapazitäten zu einer Gesamtkapazität C zusammengefaßt werden, hat die Schaltung von Bild 5.6 eine Gesamtbandbreite von $1/(2\pi C R)$, immer unter der Annahme, daß der Spannungsfolger A eine wesentlich größere Bandbreite hat. Von diesem ursprünglichen Standpunkt aus gesehen, ist die Schaltung von Bild 5.6 schlechter als die von Bild 5.3.

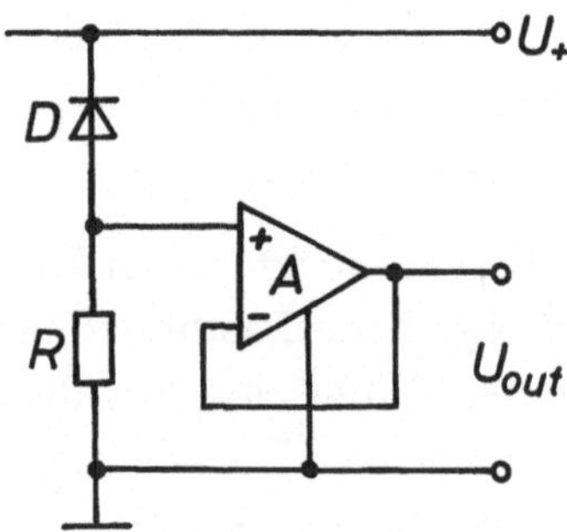

Bild 5.6

Die Wirkung der unerwünschten Kapazität C kann recht einfach erheblich vermindert werden. Dies geschieht mittels einer Technik, die als *bootstrapping* bekannt ist [8], [C]. Der grundlegende Gedanke dabei ist, die Rückkopplung dazu zu benutzen, die Spannung über der unerwünschten Kapazität konstant zu halten. Da somit der Term dU/dt in der Kondensatorgleichung $i = C \cdot dU/dt$ zu Null gemacht wird, ist auch die Kapazität nicht länger von Bedeutung.

Bild 5.7 zeigt eine einfache Modifikation, die die Schaltung von Bild 5.6 von der Photodiodenkapazität praktisch unabhängig macht. Die Modifikation besteht darin, die Elemente R_2 und C_2 in der gezeigten Weise einzubauen, wobei der Term $1/(2\pi C_2 R_2)$ wesentlich kleiner als $1/(2\pi C R)$ sein muß. Die positive Rückkopplung über C_2 macht die Spannung über der Diode D bei höheren Frequenzen, unabhängig von der einfallenden Lichtsignalstärke, konstant. Das löst zwar das Problem der Photodiodenkapazität, es bleibt aber weiterhin eine Streukapazität zwischen dem positiven Eingang des Verstärkers A und der Masse bestehen.

Die Technik des *bootstrapping* kann noch konsequenter angewendet werden. Um dies an einem Beispiel zu veranschaulichen, widmen wir uns nun der für die experimentelle Arbeit zu diesem Kapitel vorgeschlagenen Versuchsschaltung.

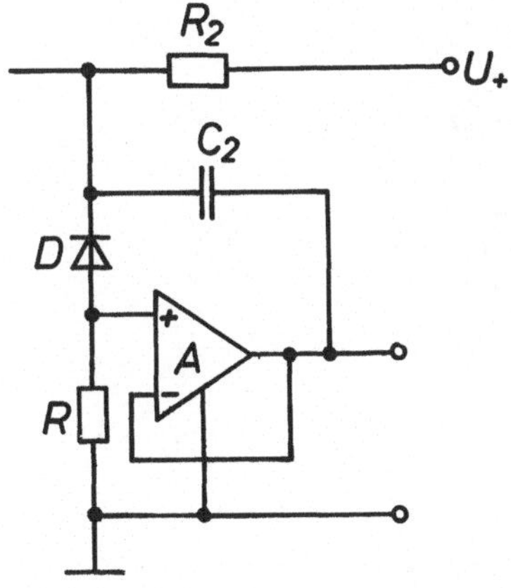

Bild 5.7

5.5 Einzelheiten der Versuchsschaltung

Die für die experimentelle Arbeit zu diesem Kapitel ausgewählte Schaltung ist in Bild 5.8 zu sehen. Der Breitbandverstärker 3100 [9] und der Transistor 2N2222A bilden einen einfachen Ausgangsverstärker mit einer Spannungsverstärkung von 100 und einer Bandbreite von 1 MHz, der auf den Betrieb mit einem 50Ω-Kabel zum Anschluß an ein Oszilloskop oder ein entsprechendes Meßgerät abgestimmt ist.

Der Bild 5.7 entsprechende Teil der Schaltung beinhaltet einen MOS-Transistor 40841, ein Dual-Gate-MOSFET [10], der die Aufgabe des Operationsverstärkers A als Spannungsfolger übernimmt. Das 'bootstrapping' der Photodiode D wird, wie in Bild 5.7, durch C_2R_2 realisiert, jedoch ist dies nicht die einzige Stelle der Schaltung, an der die Bootstrap-Technik Anwendung findet. Gate 2 des 40841 ist über die Kapazität C_3 mit dem Ausgang des Sourcefolgers verbunden, so daß die effektive Eingangskapazität der Folgerschaltung sehr klein ist. Wäre ein Transistor mit einem einzelnen Gate verwendet worden, wäre die Gate-Drain-Kapazität parallel zur Eingangskapazität bestehen geblieben und hätte das Hochfrequenzverhalten beeinträchtigt.

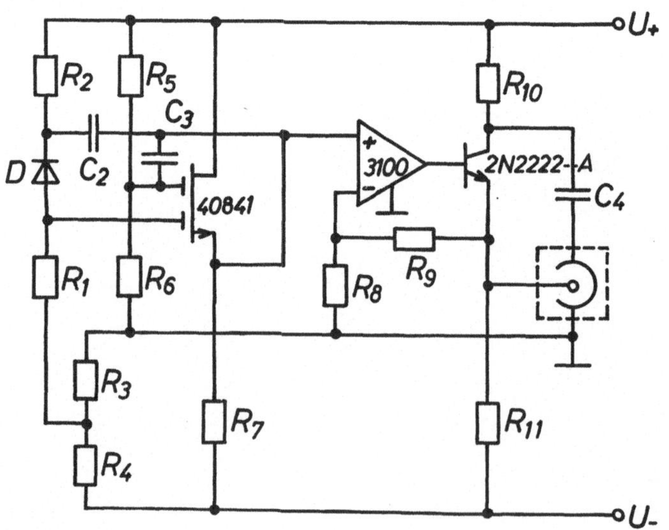

Bild 5.8

Die Last der Photodiode ist in Bild 5.8 durch den Widerstand R_1 gegeben. Um genau zu sein handelt es sich um R_1 und die Parallelschaltung der Widerstände R_3 und R_4. R_3 beträgt jedoch nur etwa 1 Prozent von R_1 und dient nur dazu, den 40841 negativ vorzuspannen. Der Wert ist so gewählt, daß der Schaltungsausgang ohne einfallende Lichtleistung Null ist. Die Anwendung der Bootstrap-Technik ermöglicht es, die Kapazität über R_1 auf die reine Eigenkapazität des Widerstandes zu reduzieren. Mit sehr kleinen Metallfilm-Widerständen [11] hat diese Kapazität eine Größenordnung von 1 pF, so daß wir für eine Systembandbreite von 1 MHz beispielsweise einen Widerstand unterhalb von 150 kΩ benutzen würden. Dies aber liegt ein gutes Stück unter dem in Gleichung (5.4) ermittelten Maximalwert, so daß nur das Rauschen des Diodenlastwiderstands R_1 noch eine gewisse Rolle spielen kann, das Photodiodenrauschen gemäß Gleichung (5.1) ist im Vergleich absolut vernachlässigbar. Das Rauschen des Widerstandes R_1 beträgt am Ausgang des 40841 nur etwa 40 μV, und darum wurde die einfache Verstärkeranordnung mit der Verstärkung 100 hinzugefügt. Die Rauschspannung am Ausgang der in Bild 5.8 gezeigten Schaltung sollte etwa 4 mV betragen, was bei Verwendung eines üblichen Oszilloskops ein brauchbarer Wert ist.

Das Gesamtverhalten der Schaltung von Bild 5.8 läßt sich unter Verwendung einer LED (**Light Emitting Diode**) [12] und einem Pulsgenerator zur Ansteuerung ermitteln. Abhängig von der verwendeten Photodiode kann sich bei Auftragung der Meßergebnisse in ein Diagramm ein überraschendes Verhalten zeigen. Der wichtigste zu messende Parameter ist die Anstiegszeit (*rise time*) der Photodioden-Verstärker-Kombination. Beide hintereinandergeschalteten Schaltungsteile, der 40841 mit $R_1 = 150$ kΩ und der Eigenkapazität von R_1 und der Verstärker 3100 mit einer Verstärkung von 100, haben eine Bandbreite von 1 MHz, so daß sich für das Gesamtsystem eine Anstiegszeit unterhalb von 0,4 μs ergeben müßte. Es läßt sich leicht zeigen, daß die Anstiegszeit von der Kapazität parallel zu R_1 abhängt, indem man eine weitere kleine Kapazität mittels Parallelschaltung hinzufügt und das Verhalten beobachtet. Gleichermaßen läßt sich nachweisen, daß die Photodiodenkapazität keinen nenneswerten Einfluß auf das Gesamtverhalten hat, indem eine kleine Kapazität parallel zur Diode D in Bild 5.8 geschaltet wird. Die Einzelheiten des Versuchsaufbaus sind im Anhang beschrieben. Die Schaltung ist besonders interessant, da die Streukapazität über R_1 durch ein durchdachtes Layout und unter Anwendung der Bootstrap-Technik reduziert werden müssen.

5.6 Allgemeine Überlegungen zur Leistungsverstärkung

Zum Abschluß dieses Kapitels wollen wir uns nochmals einem allgemeinen Problem der Elektronik widmen, das im Zusammenhang mit dem Photodioden-Verstärker auftauchte. Es handelt sich um die Frage des Entwurfs einer Schaltung, die Leistung verstärkt. Dies ist eine wesentliche Eigenschaft jeder Schaltung und jeden Systems, daß der Informationsübertragung dient.

In Abschnitt 5.1 wurde gezeigt, daß eine Photodiode eine innere Leistungsverstärkung besitzt, die sie befähigt, Leistung beispielsweise an einen externen Widerstand R abzugeben. In allen Schaltungen, die wir im Rahmen dieses Kapitels betrachteten, wurde die Lastimpedanz entweder wie in Bild 5.3 zu Null gemacht, oder es handelte sich wie in Bild 5.6 oder 5.8 um einen einfachen passiven Widerstand. Mit anderen Worten, es wurde nichts nützliches mit der zur Verfügung stehenden Leistung angefangen, während man erwarten könnte, daß ein durchdachter Schaltungsentwurf sicherstellt, daß die kleine verfügbare Leistung in der Eingangsimpedanz des aktiven Elementes umgesetzt wird.

Dies führt uns auf eine in Kapitel 2 [14] gemachte Bemerkung zurück. Sie betraf die hohen Leistungsverstärkungen, die sich mit einfachen elektronischen Bauteilen leicht erreichen, jedoch nur schwer nutzen lassen, da mit der Nutzung oft Stabilitäts- und Einschwingprobleme verbunden sind. Die potentiellen Leistungsverstärkungen moderner bipolarer und unipolarer Transistoren sind aufgrund ihrer extrem kleinen Transitzeiten sehr groß. Befassen wir uns kurz mit diesem Thema.

Die Transitzeit τ_t eines Transistors, oder vielmehr jeden Objektes, das elektrischen Strom leitet, ist durch die Gleichung

$$I = q/\tau_t \tag{5.5}$$

definiert, wobei I der Strom durch das Bauteil und q die im Bauteil gespeicherte Ladung beschreibt. Im Falle eines Bipolar-Transistors beispielsweise wäre I der Kollektorstrom und q die in der Basis gespeicherte Ladung. Der Transistor arbeitet aufgrund eines externen Signals als Verstärker, das die Größe der Ladung q moduliert [15].

Um zu verstehen, in welcher Weise die Eingangsimpedanz des Transistors durch die Transitzeit bestimmt ist, müssen wir uns ein spezielles Bauteil ansehen. Das einfachste Bauteil ist in diesem Fall der unipolare oder Feldeffekt-Transistor, da er bei der Frequenz Null eine rein kapazitive Eingangsimpedanz aufweist. Eine Änderung der Spannung u am Gate des

Transistors bewirkt eine direkte Änderung der im Kanal gespeicherten Ladung q gemäß der einfachen Beziehung $q = C_{in}u$. Allerdings benötigt die *bewegliche* Ladung im Kanal, die vom Source kommen muß, bei jeder von Null verschiedenen Frequenz eine endliche Zeit, sich aufzubauen. In erster Näherung können wir schreiben

$$\tilde{q} = \frac{C_{in}\tilde{u}}{1 + s\tau_t} \quad . \tag{5.6}$$

s ist hierbei die Variable der Laplace-Transformation und $\tilde{q}$ und $\tilde{u}$ stellen die Laplace-Transformierten der Funktionen $Q(t)$ und $u(t)$ dar.

Von diesem Standpunkt aus ist die Eingangsadmittanz des Transistors $s\tilde{q}/\tilde{u}$ oder

$$Y_{in}(s) = \frac{sC_{in}}{1 + s\tau_t} \quad , \tag{5.7}$$

und um uns klar zu machen, was das bedeutet, gehen wir zur Frequenzdarstellung über, indem wir s durch $j\omega$ ersetzen und den Term in Real- und Imaginärteil aufspalten :

$$Y_{in}(j\omega) = \frac{j\omega C_{in}}{(1 + \omega^2\tau_t^2)} + \frac{\omega^2 C_{in}\tau_t}{(1 + \omega^2\tau_t^2)} \tag{5.8}$$

Gleichung (5.8) zeigt deutlich, daß die Eingangsadmittanz eines leistungsverstärkenden Bauteils einen Realteil hat und daß sich dieser Realteil sehr schnell vergrößert, wenn wir zu hohen Frequenzen, d.h. $\omega\tau_t > 1$, kommen. Graphik 5.9 zeigt experimentelle Daten des MOS-Transistors 3N204 [16], wobei die durchgezogenen Linien die gemessenen Werte von

$$Y_{in} = g_{in} + jb_{in} \tag{5.9}$$

darstellen, und die gestrichelten Linien zu kleinen Frequenzen gemäß Gleichung (5.8) unter der Annahme $\omega\tau_t \ll 1$ extrapoliert wurden. Es ist einsichtig, daß sich das einfache Modell, das wir für Gleichung (5.8) gewählt haben, nahezu ideal verhält, d.h. selbst bei Frequenzen von 1000 MHz ist $\omega\tau_t$ immer noch kleiner als 1. Dies entspricht einer Transitzeit τ_t unterhalb von 100 ps, wie wir es von einem n-Kanal-MOS-Transistor mit einer Kanallänge von nur einigen Mikrometern, bei dem die Sättigungsgeschwindigkeit für Elektronen in Silizium von 10^5 m/s erreicht ist, erwarten würden [17].

Die wesentliche dem Diagramm in Bild 5.9 zu entnehmende Tatsache ist, daß der Realteil der Eingangsimpedanz unserer Photodioden-Verstärker-Kombination mit der speziellen Eingangsstufe im gesamten genutzten Frequenzband oberhalb von 1 MΩ liegt. Um genau zu sein, liegt der Wert sogar um etwa den Faktor 20 oberhalb der in Graphik 5.9 eingezeichneten Werte, da der MOS-Transistor in der Schaltung von Bild 5.8 als Source-folger geschaltet ist, während für die Daten in Graphik 5.9 eine Source-Grundschaltung angenommen wurde. Somit wird an die Transistoren in der Eingangsstufe nur eine vernachlässigbar kleine Leistung abgegeben, d.h. die wirkliche Leistungsverstärkung der Schaltung ist tatsächlich sehr groß. Um die Schaltung jedoch verwendbar zu machen, müssen wir zu der großen und stark frequenzabhängigen Eingangsimpedanz eine wesentlich kleinere konstante Impedanz parallel schalten.

$Y_{in} = g_{in} + j\, b_{in}$ (S)

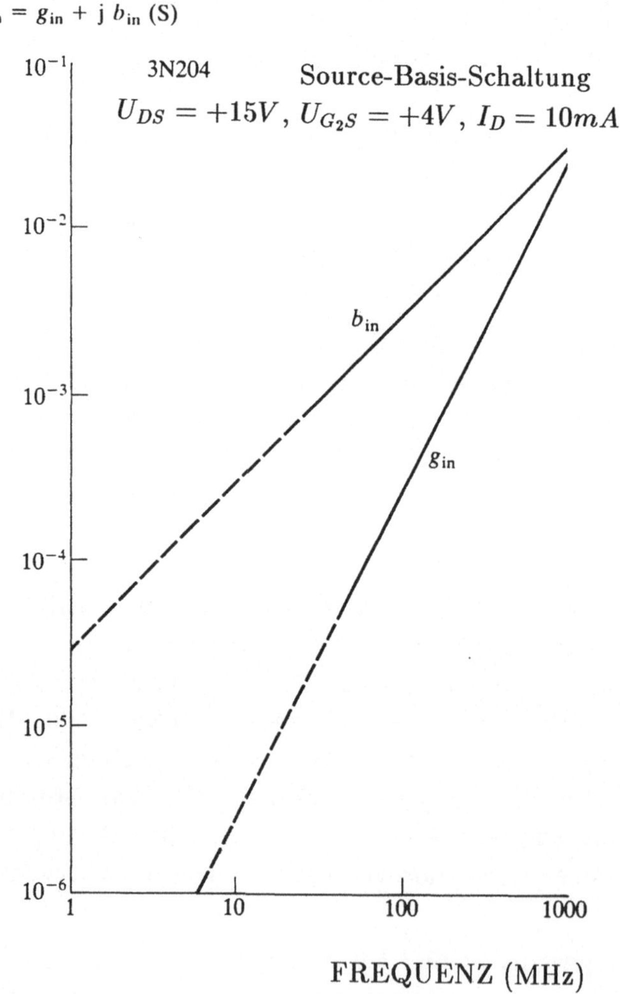

Bild 5.9

Bei einem Schaltkreis, der für hohe Frequenzen entworfen ist, ist die Situation anders. In den von Mitchell u.a., sowie von Ogawa und Chinnock [18] beschriebenen Schaltungen beispielsweise arbeiten die Eingangstransistoren bei Frequenzen, bei denen der Realteil der Eingangsimpedanz nur etwa 1000 Ω beträgt. Damit sind wir wieder bei einem Entwurfsproblem der in Bild 5.5 aufgezeigten Art. Dort war die Eingangsimpedanz des Verstärkers bei kleinen Frequenzen von wesentlicher Bedeutung, da alle anderen Impedanzen sehr groß waren. Wir haben nun die resultierende Eingangsimpedanz bei sehr hohen Frequenzen zu betrachten, die sehr klein wird. Die vom ersten aktiven Bauteil der Schaltung herrührende Leistungsverstärkung macht dann bereits fast die gesamte mögliche Leistungsverstärkung aus. Dieselbe Argumentation läßt sich auch bei Bipolar-Transistoren anbringen, nur ist in dem Fall noch ein Beitrag zum Realteil der Eingangsimpedanz hinzuzufügen, der durch die Rekombination in der Basis entsteht.

Bemerkungen

1 Ein sehr interessanter Text über Glasfiber-Kommunikationssysteme wurde von C.P. Sandbank veröffentlicht : *'Optical Fibre Communications Systems'*, John Wiley, 1980. Das Buch ist insbesondere aufgrund der detaillierten Hardware-Photographien interessant.

2 Die gezeigten Charakeristiken stammen aus der 5082-4200 Serie von Hewlett-Packard.

3 Die grundlegende Physik dieser Leistungsverstärkung besteht darin, daß ein einzelnes Photon mit einer Energie von 1 eV im Falle von Silizium ein Elektron-Loch-Paar im elektrischen Feld des pn-Übergangs der Photodiode erzeugen kann. Die Sperrspannung über diesem Übergang ist normalerweise wesentlich größer als 1 Volt.

4 *'Low Noise Electronic Design'* von C.D.Motchenbacher und F.C.Fitchen, John Wiley, 1973 ist ein nützlicher Text über Theorie und Praxis des Rauschen. Eine gute Einleitung zu diesem Thema liefert das Kapitel 7 von *'The Art of Electronics'* von P.Horowitz und W.Hill, Cambridge University Press, 1980.

5 Precision Monolithics Inc. Data Book, 1984, S.5-90.

6 A.F.Mitchell, M.J.O'Mahony and B.A.Boxall, *'Electronic Letters'*, **19**, 446-447, 1983.

7 K.Ogawa und E.L.Chinnock, *'Electronic Letters'*, **15**, 650-652, 1979.

8 F.C.Williams gibt einige kurze Hinweise auf den Ursprung der Technik in seiner Arbeit *'Introduction to circuit techniques for radiolocation'*, J.IEE, **93**, Part IIIA, Nr. 1, 289-308, 1946.

9 Siehe Kapitel 3, Bemerkung 1.

10 Siehe Kapitel 2, Bemerkung 7.

11 Z.B. der Typ SFR25 von Mullard.

12 Die LED muß eine sehr kleine Anstiegszeit haben. Die Serie 5082-4880 von Hewlett-Packard hat beispielsweise eine Schaltzeit von 15 ns.

13 Siehe S. 192-195 im Buch von Sandbank, Bemerkung 1.

14 Siehe Bemerkung 9, Kapitel 2.

15 Ein sehr guter Lehrtext dieser Betrachtungsweise von verstärkenden Bauteilen wurde von R.D.Middlebrook, *Proc. IEEE*, **106B**, Nachtrag 15-18, 887-902, 1959, veröffentlicht. Das Thema wird unter Berücksichtigung des historischen Stellenwertes behandelt.

16 RCA Data Bulletin File Nr. 959.

17 R.S.C.Cobbold, *'Theory and Applications of Filed Effect Transistors'*, Wiley-Interscience, 1970, S. 104, Bild 3.19(b).

18 siehe Bemerkungen 6 und 7.

A U.Tietze u. Ch.Schenk, *'Halbleiter-Schaltungstechnik'*, 9.Aufl., Springer-Verlag, 1989, Abschnitt 6.3.

B Deutschsprachige Abhandlungen zum Thema Rauschen sind z.B. H.Bittel und L. Storm, *"Rauschen'*, Springer-Verlag, 1971, sowie F.Landstorfer und H.Graf, *'Rauschprobleme der Nachrichtentechnik'*, R.Oldenbourg Verlag, 1981, und R.Müller, *'Rauschen'*, Springer-Verlag, 1979. Eine gute Darstellung der mathematischen Methode stochastischer Prozesse findet man bei N.Ahlbehrendt und V.Kempe, *'Analyse stochastischer Prozesse'*, Akademie-Verlag, 1894. Erste Hinweise finden sich auch bei U.Tietze u. Ch.Schenk, *'Halbleiter-Schaltungstechnik'*, 9.Aufl., Springer-Verlag, 1989, Abschnitt 4.10.

C Siehe z.B. T.K.Hemingway, *Electronic Designer's Handbook'*, Business Books, 1979.

6 Digitale Schaltungen

6.1 Schalter

Die in modernen digitalen Systemen verwendeten Schaltungen sind die einfachsten aller nichtlinearen elektronischen Schaltungen, da die aktiven, bzw. leistungsverstärkenden Bauelemente nur als Schalter benutzt werden. Allerdings gilt dies erst für die jüngste Zeit [1]. In einem interessanten Überblick von Renwick [2], geschrieben 1960, also zu der Zeit, als die Halbleiterbauelemente das Feld langsam zu übernehmen begannen, wird deutlich gemacht, daß eine Anzahl äußerst komplizierter Verfahren in Computern verwendet werden mußte, um den Hardware-Aufwand zu verringern. Das aus heutiger Sicht vielleicht erstaunlichste an den frühen Techniken war, daß direkte Kopplungen der Schaltungen nicht verwendet werden konnten. Digitale Signale wurden von RC-Netzwerken übertragen und entsprechend mußten Schaltungen zur Signalaufbereitung zwischengeschaltet werden.

In den Rechenanlagen der 30er Jahre war dies nicht der Fall, dort wurden sowohl in der Rechenlogik, als auch im Speicherbereich Relais verwendet [3]. Zu Beginn unserer Betrachtungen wollen wir einen kurzen Blick auf die Logikrealisierung mit Relais werfen, denn elektromagnetische Relais haben gewisse ideale Eigenschaften, die wir bei elektronischen Schaltern nicht mehr finden. Indem wir uns die Probleme vergegenwärtigen, die bei der Entwicklung der Computertechnik gelöst werden mußten, werden viele der speziellen Eigenarten der heute und auch in Zukunft verwendeten Schaltungen besser verständlich.

6.2 Logische Gatter

Bild 6.1 zeigt ein einfaches logisches Gatter mit drei Eingängen, das mit Relais realisiert wurde. In einem Relais schließt ein Kontakt, wenn die Relaisspule erregt wird. In Bild 6.1 schließt sich der Kontakt von D, wenn A, B und C erregt werden, so daß wir, wenn wir den geschlossenen Zustand als binäre '1' und den offenen Zustand als binäre '0' definieren, die logische Beziehung

$$A \cdot B \cdot C = D \tag{6.1}$$

zwischen Eingang und Ausgang erhalten. Es liegt somit ein logisches 'AND'-Gatter vor. Nehmen wir umgekehrt den offenen Zustand als logische '1' an, folgt die Schaltung in Bild 6.1 der logischen Beziehung

$$\overline{A} + \overline{B} + \overline{C} = \overline{D} \quad , \tag{6.2}$$

wobei die Bedeutung der logischen Symbole A, B, C und D unverändert bleibt. Aus Sicht von Gleichung (6.2) haben wir es nun mit einem logischen 'OR'-Gatter zu tun. Es handelt sich um einen einfachen Vetreter von de-Morgan's Gesetz

$$\overline{A} + \overline{B} + \overline{C} = \overline{A \cdot B \cdot C} \tag{6.3}$$

und wir haben ein Beispiel dafür, daß jedes primitive Logik-Gatter sowohl als 'OR'- als auch als 'AND'-Gatter betrachtet werden kann. Ausschlaggebend ist allein die Definition der logischen '1' und '0'.

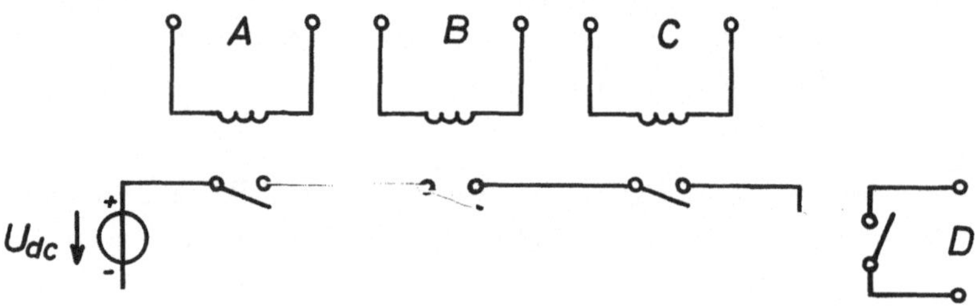

Bild 6.1

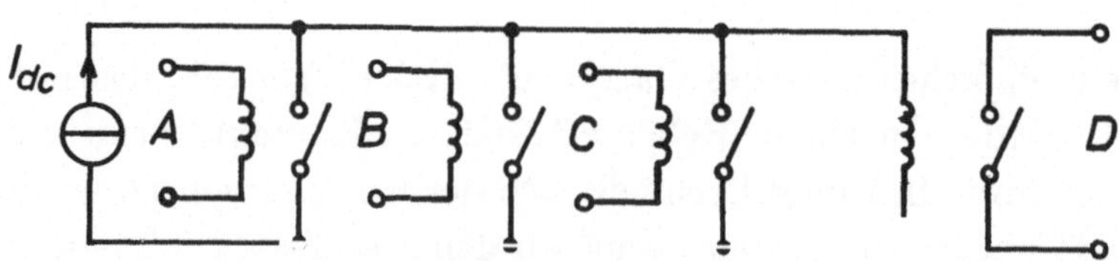

Bild 6.2

Bild 6.2 zeigt ein anderes Beispiel der Relais-Logik. Es verwendet eine konstante Stromquelle mit parallelen Kontakten im Gegensatz zu Bild 6.1, wo eine Spannungsquelle und Kontakte in Reihenschaltung verwendet wurden. Die Schaltung von Bild 6.2 realisiert die logische Funktion

$$A + B + C = \overline{D} \tag{6.3}$$

für den Fall, daß eine '1' einem geschlossenen Kontakt entspricht. Es handelt sich somit um ein 'NOR'-Gatter.

Die beiden sehr einfachen logischen Gatter von Bild 6.1 und 6.2 werden am Ende des Kapitels nochmals angesprochen werden, wenn wir zwei Techniken für hochintegrierte Schaltungen (VLSI), nämlich CMOS und I^2L miteinander vergleichen. Im Moment wollen wir jedoch noch bei den elektromagnetischen Relais verweilen und uns mit einigen wesentlichen Eigenschaften idealer Bauteile für digitale Schaltungen befassen.

6.3 Das ideale digitale Bauelement

Das elektromagnetische Relais ist ein Bauteil mit einer oder mehreren Steuerspulen, die einen oder mehrere elektrische Kontakte schalten. Ein Relais hat eine Anzahl von Eigenschaften, die es für digitale Schaltungen ideal erscheinen lassen. Sie sollen hier aufgelistet werden, um die Probleme zu verdeutlichen, die bei den heutzutage verwendeten, wesentlich schnelleren, kleineren und billigeren Schaltelementen für digitale Schaltungen auftreten.

Die herausstechenden Eigenschaften eines Relais sind :

(1) Vollständige Isolation zwischen Ein- und Ausgang. Somit ist jede beliebige Spannungsdifferenz zwischen Ein- und Ausgang möglich. Eingang und Ausgang sind nicht geerdet.

(2) Mehrfacheingänge können leicht unter Verwendung mehrerer Steuerspulen realisiert werden. Die Isolation zwischen den verschiedenen Eingängen bei kleinen Schaltgeschwindigkeiten ist gut.

(3) Mehrfachausgänge sind problemlos zu realisieren, die Isolation zwischen den einzelnen Ausgängen ist hervorragend.

(4) Die Leistungsverstärkung ist sehr groß. Es handelt sich einfach um das Produkt von geschalteter Spannung und Kontaktstrom, meist einige Watt, geteilt durch die zur Steuerung des Relais benötigte Leistung, einige Milliwatt. Der Leistungsverlust im Ausgangskreis, beziehungsweise der Spannungsabfall über dem Ausgangskontakt ist vernachlässigbar.

6.4 Die Entwicklung von Digitalschaltungen mit Halbleiterbau-elementen

Wir wollen nun die neueren Halbleiterbauelemente, die als Schalter verwendet werden, mit den im letzten Abschnitt diskutierten Relais vergleichen.

Bild 6.3 zeigt eine logische Schaltung, deren Funktion durch

$$A \cdot B \cdot C = \overline{D} \tag{6.4}$$

beschrieben werden kann. Eine '1' sei hierbei durch einen Spannungspegel von +3 V, eine '0' durch eine Spannung knapp über Null repräsentiert. Schaltungen dieser Art wurden 1964 in sehr großen Stückzahlen in vollautomatisierten Prozessen für die IBM/360-Computer hergestellt [4]. Es handelt sich um einen Vetreter der sogenannten Dioden-Transistor-Logik (DTL). Anstelle der einfachen Kontakte der Relais-Logik werden hierbei Dioden geschaltet, und die '0'- und '1'-Bedingungen hängen von der über der Diode abfallenden Spannung ab. Im Gegensatz zu den Relaiskontakten fällt auch im durchgeschalteten Zustand über der Diode noch eine relativ große Spannung ab. Dieses Verhalten und der damit verbundene Leistungsverlust müssen durch Transistorverstärker am Diodenausgang korrigiert werden, bevor durch das Hintereinanderschalten von DTL-Stufen Systeme aufgebaut werden können. Dies erfordert aufeinander abgestimmte Ein- und Ausgangspegel der einzelnen Stufen.

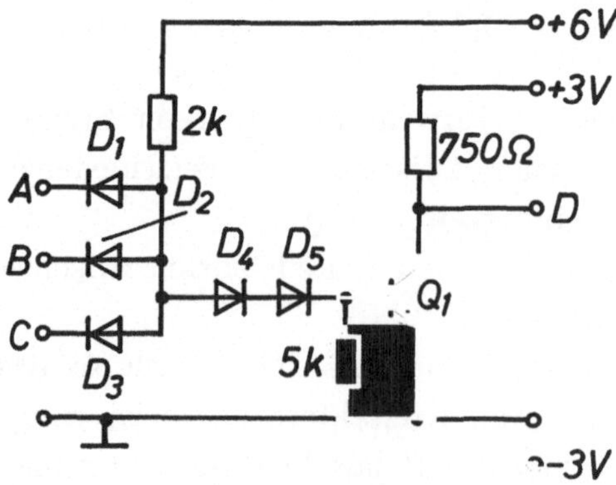

Bild 6.3

Bei der Schaltung von Bild 6.3 handelt es sich nicht um eine integrierte Schaltung in Siliziumtechnologie, obwohl sie ebenfalls vollautomatisch gefertigt wurde. Es wurden diskrete Dioden und Transistoren, sowie Dickfilmwiderstände verwendet. Wenn wir die Schaltung in Silizium integrieren wollen, fällt uns sofort eine besondere Eigenschaft ins Auge : Die p-dotierten Gebiete der vier Dioden D_1, D_2, D_3 und D_4 sind direkt miteinander verbunden. Warum sollte man diese Gebiete also nicht zu einem einzelnen p-dotierten Gebiet zusammenfassen? Die fünfte Diode D_5 muß weiterhin separat bleiben, sie hat jedoch nur die Aufgabe, sicherzustellen, daß der Basisstrom von Transistor Q_1 für eine kurze Zeit umgedreht werden kann, wenn einer der Eingänge A, B oder C auf '0' geht. Wenn wir noch etwas genauer nachdenken, stellen wir fest, daß D_5 und die negative Versorgungsspannung nicht unbedingt notwendig sind. Dies wird im nächsten Abschnitt noch deutlicher werden.

6.5 Transistor-Transistor-Logik (TTL)

In Bild 6.4 sehen wir eine aus Bild 6.3 abgeleitete TTL-Schaltung. Die Dioden D_1 bis D_4 wurden durch einen npn-Transistor ersetzt, der soviele Emitter hat, wie Eingänge benötigt werden, in unserem Fall also drei. Für

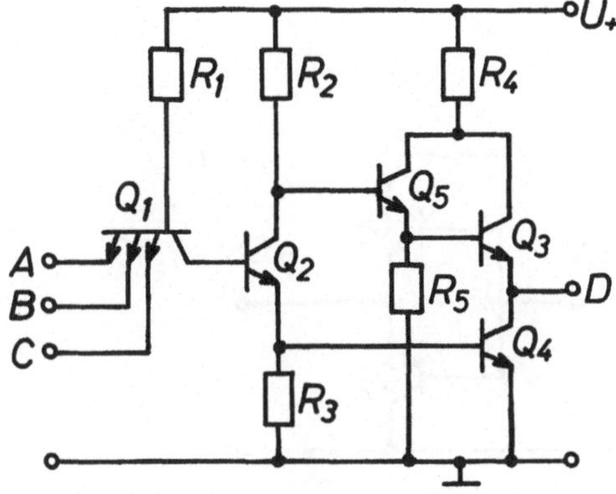

Bild 6.4

die einfachen Herstellungsprozesse integrierter Schaltungen in den 60er Jahren, war dies eine logische Entwicklung, denn die Emitter entstanden beim letzten Diffusionsschritt [5]. Wenn wir in der Schaltung von Bild 6.4 den Transistor Q_1 anstelle der Dioden in Bild 6.3 verwenden, können wir den Basisstrom von Q_2 umdrehen und Q_2 schneller und wesentlich effektiver abschalten, da der umgedrehte Basisstrom über den Kollektor des durchgeschalteten Transistors Q_1 abfließt. Wenn alle drei Eingänge A, B und C auf hohem Potential liegen, ist der Kollektorübergang von Q_1 in Durchlaßrichtung vorgespannt und Q_2 wird in der gleichen Weise durchgeschaltet, wie der Transistor Q_1 in Bild 6.3 mittels der Vorspannung der Dioden D_4 und D_5 durchgeschaltet wurde. Die Rückwärtsstromverstärkung des Transistors Q_1 ist, wie bei allen mit Standard-Bipolarprozessen gefertigten Transistoren, vernachlässigbar.

Was an den frühen TTL-Schaltungen besonders interessant ist, ist die verwendete Art von Ausgangsschaltung. Die einfache Schaltung von Bild 6.3 mit einem Transistor und einem Lastwiderstand wird in der Schaltung von Bild 6.4 und den noch folgenden Schaltungen durch eine andere einfache Schaltung ersetzt. Die entsprechende Symbolschaltung ist in Bild 6.5 zu sehen. Das '1'- oder '0'-Signal am Ausgang hängt davon ab, ob Schalter S_1 oder S_2 geschlossen ist. Die Schaltung muß so angelegt werden, daß es weder möglich ist, beide Kontakte gleichzeitig zu schließen, noch sie gleichzeitig zu öffnen. Natürlich soll die Schaltung aus Transistoren aufgebaut sein.

Eine ideale Lösung ist in Bild 6.6 gezeigt. Diese Schaltung wird meist

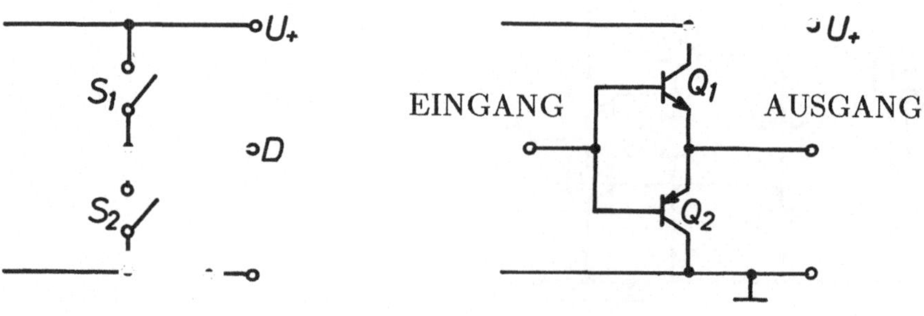

Bild 6.5   **Bild 6.6**

als komplementärer Emitterfolger bezeichnet. Sie wird jedoch nicht in integrierten TTL-Schaltungen verwendet, da der dafür benutzte Herstellungsprozeß nur Transistoren einer Polarität zuläßt. Wenn wir die Bilder 6.6 und 6.4 vergleichen, erkennen wir, daß Transistor Q_1 von Bild 6.6 in der Schaltung von Bild 6.4 als Darlingtonschaltung [6] mit Q_3 und Q_5 realisiert ist, und Transistor Q_2 von Bild 6.6 somit als npn-Transistor, nämlich Q_4 in Bild 6.4, realisiert werden muß. Q_4 bleibt nur dann gesperrt, wenn die Basis-Emitter-Spannung Null ist. Dies ist genau dann der Fall, wenn eine der drei Emitterspannungen A, B oder C auf '0' liegt. Q_5 befindet sich dann in Sättigung und Q_3 arbeitet im aktiven Bereich, da Q_5 eine Vorspannung des Kollektorübergangs in Durchlaßrichtung verhindert.

Problematisch hingegen ist der umgekehrte Fall : Q_5 und Q_3 sind gesperrt, während Q_4 durchgeschaltet ist. Die Darlingtonschaltung ermöglicht dies jedoch, da sie mit ungefähr 1,4 Volt angesteuert werden muß, um durchzuschalten. Der schwierigste Zustand für den Fall, daß Q_5 und Q_3 nicht durchgeschaltet sind, tritt ein, wenn der Ausgang D auf '0' liegt. Die Basis von Q_5 muß ein gutes Stück unterhalb von 1,4 Volt bleiben. Dies kann geschehen, indem Q_2 in die Sättigung getrieben wird, so daß nur 0,2 Volt über dem Transistor abfallen. Die Basisspannung von Q_4 wird etwa 0,7 Volt betragen. Folglich liegt der Kollektor von Q_2, und somit auch die Basis von Q_5, auf 0,9 Volt, also deutlich unter 1,4 Volt, wie oben gefordert.

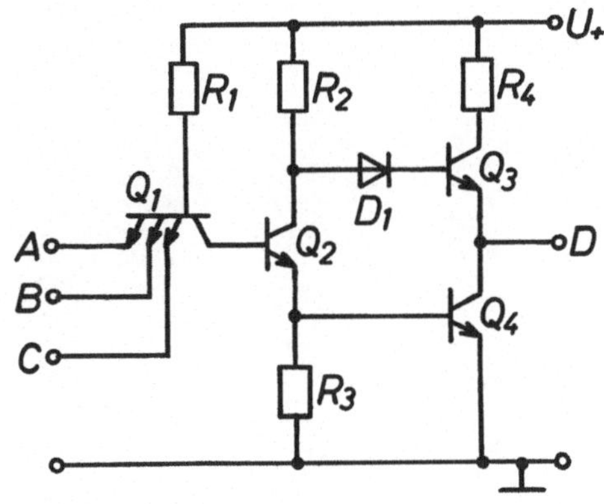

Bild 6.7

Der in Bild 6.4 gezeigte Ausgangsschaltkreis wurde in den ersten integrierten Schaltungen verwendet, die für Logik-Anwendungen hergestellt wurden [7]. Im weiteren Verlauf der Entwicklungen erschien eine andere Form der Schaltung, die in Bild 6.7 zu sehen ist. Es handelt sich um die gleiche Schaltungsgrundstruktur wie in Bild 6.4 und auch die Art und Weise, Q_3 zu sperren ist dieselbe : Die Diodendurchlaßspannung wird zur Durchlaßspannung des Emitterübergangs addiert. Die Diode verhindert jedoch das Abfliessen der Basisladung von Q_3 und somit ein schnelles Schalten des Transistors. In der Schaltung von Bild 6.4 übernahm der Widerstand R_5 diese Aufgabe. Der Transistor Q_3 in Schaltung 6.7 kann gesättigt sein, während dies in der Schaltung von Bild 6.4 durch Q_5 verhindert wird. Verglichen mit Bild 6.4 stellt die Schaltung von Bild 6.7 also keine besonders gute Lösung dar.

Betrachten wir abschließend Bild 6.8. Es handelt sich um einen der bekanntesten digitalen Schaltkreise der 60er Jahre [8]. Die Widerstandswerte sind $R_1 = 4$ kΩ, $R_2 = 1,6$ kΩ, $R_3 = 1$ kΩ und $R_4 = 130$ Ω. Als integrierte Schaltung mit etwa 6 Gattern der Art von Bild 6.8 auf einem Chip hergestellt und in verschiedenen Konfigurationen beschaltet, handelte es sich bei dieser 'Standard-TTL' für etwa zehn Jahre um eine der wichtigsten Komponenten der Elektronikindustrie. Graphik 6.9 zeigt eine Verkaufsstatistik

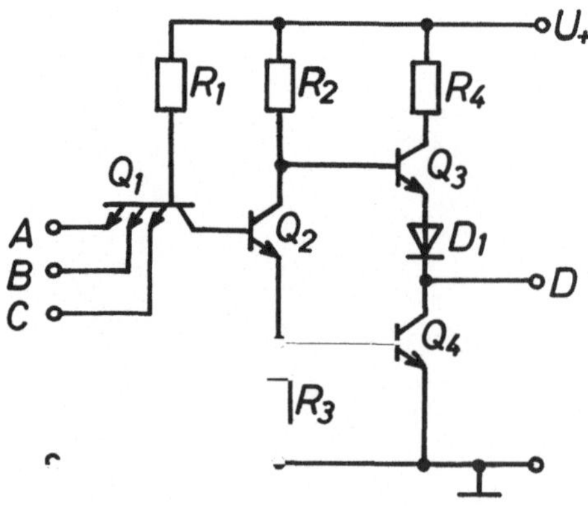

Bild 6.8

dieser Bauteile [9]. Nach einem exponentiellen Anstieg in der Startphase expandierten die Verkäufe zyklisch, entsprechend den allgemeinen wirtschaftlichen Bedingungen in den USA, um dann nach etwa zehn Jahren allmählich abzuebben.

Die Schaltung von Bild 6.8 ist trotz ihrer offensichtlichen kommerziellen Bedeutung verglichen mit den ursprünglichen Schaltungsentwürfen der TTL-Familie, wie etwa dem von Bild 6.4, keine sehr gute Lösung. Die Schaltung von Bild 6.8 läßt eine Sättigung von Q_3 zu, und obwohl Q_2 den Strom aus der Basis von Q_3 abfließen lassen kann, um ein schnelles Schalten zu gewährleisten, ist dies nur möglich, während in der Diode D_1 noch Ladung gespeichert ist. Allerdings stellt die Position der Diode D_1 in Schaltung 6.8 eine wesentliche Verbesserung gegenüber Schaltung 6.7 dar. In der Schaltung von Bild 6.8 nimmt D_1 den gesamten Emitterstrom von Q_3 auf, so daß in D_1 eine größere Ladung als in der Basis von Q_3 gespeichert sein sollte. In Bild 6.7 führt D_1 nur den Basisstrom von Q_3. Trotzdem ist das Sperren von Q_3 bei dieser Schaltung ein Problem, wie sich durch Messungen von Tizzard und Turner [10] belegen läßt. Wenn Q_2 nicht vor Q_4 gesättigt ist, können Q_3 und Q_4 gleichzeitig durchgeschaltet sein, so daß im Übergangsbereich ein extrem großer Strom fließen kann.

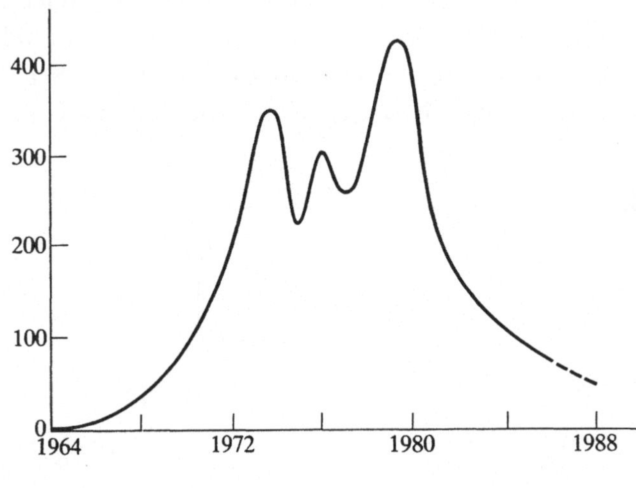

Bild 6.9

6.6 Schottky TTL

Der vorhergehende Abschnitt verfolgte die geschichtliche Entwicklung der Standard-TTL-Schaltungen mit besonderem Gewicht auf den für die Ausgangsstufe verwendeten Schaltungsgrundstrukturen. Es wurde verdeutlicht, wie aus dem recht guten Entwurf von Bild 6.4 unter dem Druck, die Schaltung zu vereinfachen, eine relativ schlechte Schaltung, Bild 6.7 bzw. 6.8, entstand, die dennoch einen unbestritten großen kommerziellen Erfolg erzielte. Dies ist ein gutes Beispiel für die Tatsache, daß Leute wohl ihre eigenen Schaltungen machen, aber nicht die Bauteile, oder besser die Prozesse bestimmen können. Die ersten integrierten Schaltungen der Mittsechziger mußten so einfach wie möglich gehalten werden.

Eine Rückbesinnung auf die Schaltungsgrundstruktur von Bild 6.4 fand in den frühen 70er Jahren statt, als ein komplexerer Herstellungsprozeß für integrierte digitale Bipolarschaltungen in Gebrauch kam. Dieser Prozeß ließ die Verwendung sogenannter Schottky-Transistoren zu. Hierbei handelt es sich um Bipolar-Transistoren, zu deren Kollektorübergang eine Schottky-Diode parallel geschaltet wird, so daß eine Sättigung des Transistors nicht mehr möglich ist. Bild 6.10 veranschaulicht die wesentlichen Details dieses Prinzips.

In Bild 6.10(b) ist ein gewöhnlicher diskreter npn-Transistor Q_1 zu sehen, zu dessen Kollektorübergang eine Schottky-Diode parallel geschaltet ist. Weiterhin befindet sich ein einfacher Lastwiderstand zwischen dem Kollektor und der positiven Versorgungsspannung. Wenn ein Eingangssignal den Transistor Q_1 durchschaltet, fällt das Kollektorpotential, jedoch nicht auf den Minimalwert $U_{CE(sat)}$ von typisch 100 mV, sondern auf ein höheres Potential $U_{BE(sat)} - U_D$, wobei U_D die Durchlaßspannung der Schottky-Diode beschreibt, die etwa 300 mV betragen kann. Ein Silizium-Transistor

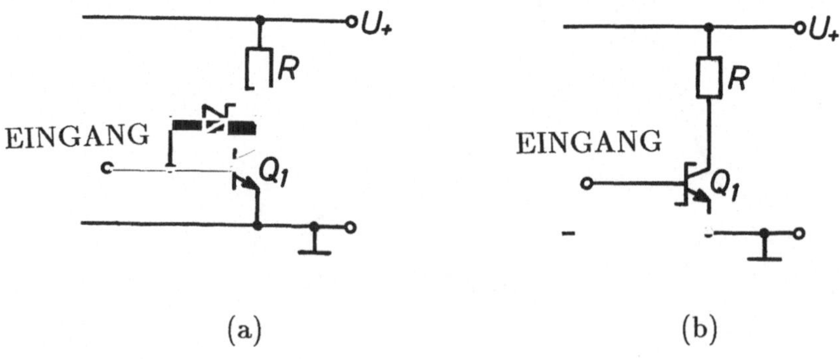

Bild 6.10

mit einer Durchlaßspannung von nur 300 mV über dem Kollektorübergang wird immer noch im aktiven Bereich arbeiten.

Bei einer Schottky-Diode [11], [A] handelt es sich um eine Metall-Halbleiter-Diode, deren Durchlaßspannung durch eine geeignete Wahl der verwendeten Materialien beeinflußt werden kann. Sehr vorteilhaft bei der Schottky-Diode ist die Leichtigkeit, mit der sie in Siliziumprozesse für integrierte Schaltungen einbezogen werden kann : Die gewöhnliche metallische Basiskontaktierung muß einfach den n-dotierten Kollektorbereich überlappen, der ionisiert sein kann, um die gewünschten Eigenschaften zu erzielen [12]. Ein derartiger 'Schottky-Transistor' wird durch das in Bild 6.10(b) gezeigte Symbol dargestellt.

Die Idee, einen Transistor wie in Bild 6.10(a) mit einer Diode zu versehen, wird gewöhnlich Baker [13] zugeschrieben. Der Grund dieser Beschaltung liegt in einer erhöhten Schaltgeschwindigkeit, da die gespeicherte Ladung in der Transistorbasis minimiert und die gespeicherte Ladung in der Diode aufgrund der hohen Ladungsträgergeschwindigkeit (*hot carrier device*) vernachlässigbar ist.

Bild 6.11 zeigt eine typische Schottky-TTL-Schaltung. Es wird wieder

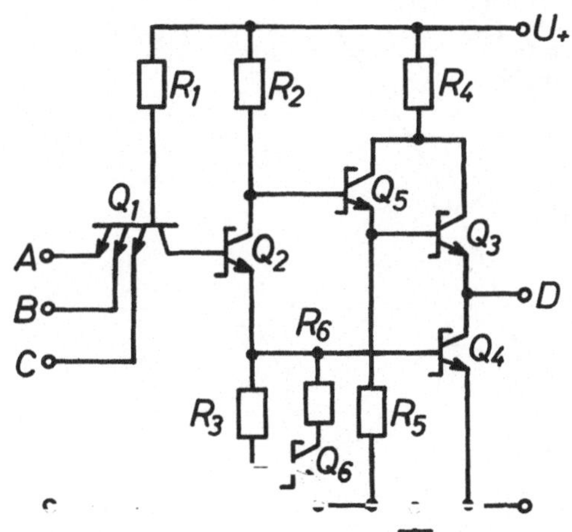

Bild 6.11

die Darlingtonschaltung mit den beiden Transistoren Q_3 und Q_5 von Bild 6.4 verwendet. Mit Q_6 und R_6 wurde eine Neuerung eingeführt, die den einfachen Widerstand R_3 der vorherigen Schaltungen ersetzt. Diese Schaltungsart ist als 'aktiver Pull-down-Widerstand' bekannt [14].

In Graphik 6.12 sehen wir das Ergebnis einiger vergleichender Messungen, die die Unterschiede zwischen R_3 und R_6 und Q_6 illustrieren. Wenn wir diesen speziellen Schaltungsteil mit diskreten Bauelementen aufbauen, $R_3 = 390\ \Omega$ und $R_6 = 330\ \Omega$ wählen, was den wirklich verwendeten Werten sehr nahe kommt, für Q_6 einen normalen npn-Transistor verwenden und diesen mit einer Schottky-Diode mit einer Durchlaßspannung von 400 mV beschalten, können wir ohne Probleme die Strom-Spannungs-Kennlinie aufnehmen. In Bild 6.12 sehen wir einen Vergleich der Messung mit der Kennlinie des linearen Widerstandes $R_3 = 1\ \text{k}\Omega$, der in der Schaltung von Bild 6.8 verwendet wurde. Für große Spannungswerte, d.h. Spannungen über $U_{BE} = 0,65V$ läßt sich die Strom-Spannungs-Kennlinie als

$$I = \frac{(U - U_{BE})}{R_3} + \frac{[U - (U_{BE} - U_D)]}{R_6} \tag{6.5}$$

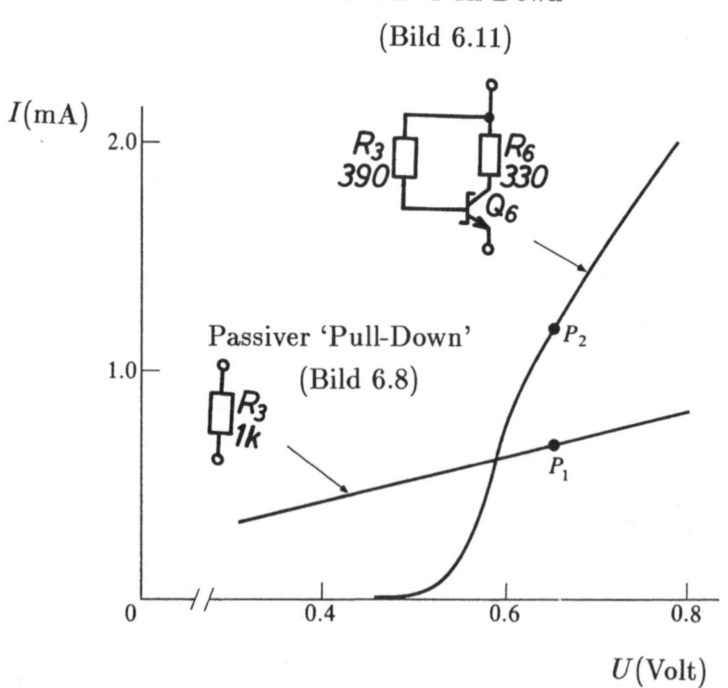

Bild 6.12

ausdrücken, was einer Geraden entspricht, die die Achse $I = 0$ bei

$$U' = U_{BE} - U_d \cdot \frac{R_3}{(R_3 + R_6)} \qquad (6.6)$$

schneidet. Für $U_{BE} = 0,65V$ und $U_D = 0,4$ ergibt sich für U' ein Wert von etwa 0,43 V, wie auch in der Graphik zu erkennen ist. Unterhalb dieser Spannung ist der durch den aktiven Pull-down-Widerstand fließende Strom vernachlässigbar.

Dies bedeutet nun, daß, wenn Q_2 in Bild 6.11 durchschaltet, scheinbar der gesamte Emitterstrom von Q_2 in die Basis von Q_4 fließt, bis sich die gesamte erforderliche Ladung eingestellt hat. Dann steigt der Strom im aktiven Pull-down-Widerstand schnell an, so daß sich ein endgültiger Zustand in der Nähe des Punktes P_2 in der Graphik 6.12 einstellt, weiterhin unter Voraussetzung einer Spannung U_{BE} von 0,65 V.

Im Gegensatz dazu läßt der Widerstand R_3 in Bild 6.8, während Q_4 durchgeschaltet ist, einen Teil des Stroms von der Basis abfließen. Das bedeutet, daß wir, um dieselbe Ladung in der Basis zu erreichen (und in Wirklichkeit ist sogar eine noch größere Ladung notwendig, da Q_4 gesättigt sein darf), den Strom durch R_3 begrenzen müssen, um schließlich den Punkt P_1 in Bild 6.12 zu erreichen.

Der Vorteil des aktiven Pull-down-Widerstandes wird aus Graphik 6.12 ersichtlich. Wenn Q_2 sperrt, hat Q_4 in beiden Schaltungen 6.8 und 6.11 einen abfließenden Basisstrom, wobei der Betrag des Stroms in der Schaltung von Bild 6.11 fast doppelt so groß ist wie in der Schaltung von Bild 6.8. Aufgrund der Tatsache, daß Q_4 in Bild 6.11 ein Schottky-Transistor ist, arbeitet Schaltung 6.11 bei gleichen fließenden Strömen wie in Schaltung 6.8 wesentlich schneller, bzw. bei erheblich reduziertem Leistungsumsatz fast genau so schnell. Wir haben somit ein Beispiel, wie das Verhalten einer nichtlinearen Schaltung durch den Einbau eines stark nichtlinearen Elementes, dem aktiven Pull-down-Widerstand nämlich, wesentlich verbessert werden kann.

6.7 Emittergekoppelte Logik (ECL)

Die Schaltungsgrundstrukturen der DTL- und TTL-Schaltungen scheinen einer Denkweise mit einfachen Schaltern als Bausteinen zu entstammen. Wenn dem so ist, muß es noch eine davon getrennte Schule für Schaltungsdesigner gegeben haben, die über Computerschaltungen in einer weit stärker linearen Weise nachdachte. Ihre Ideen scheinen den in Kapitel 3 behandelten Schaltungen zu entstammen.

Bild 6.13 zeigt ein Beispiel dieser Schaltungen. Wie bei Bild 6.3 handelt es sich um eine IBM-Schaltung, diesmal für die System/370-Computer-Serie [15]. Wir erkennen das in Kapitel 3 ausführlich besprochene 'long tailed pair', das jetzt von Q_3 auf der einen, und mehreren Transistoren, in diesem Fall nur Q_1 und Q_2 auf der anderen Seite gebildet wird. Die Schaltung hat zwei Zustände, bei denen der Strom [16] in Abhängigkeit von den Eingangspegeln entweder in Q_3 oder in einen oder mehrere der Eingangstransistoren geschaltet wird. Die Widerstände sind so gewählt, daß die Transistor-Kollektor-Spannungen nicht so klein werden können, daß der Transistor in die Sättigung gelangt. Aus diesem Grund ist diese Schaltungsart sehr schnell. Ein weiterer Vorteil der ECL-Logik ist, daß der Versorgungsstrom nahezu konstant ist, eine Eigenschaft, die das lineare Wesen der Schaltungart noch unterstreicht.

Von besonderem Interesse ist der Transistor Q_4 und die beiden mit ihm verbundenen Widerstände. Diese Kombination liefert eine konstante Spannung (*voltage clamp*), eine Schaltungsgrundstruktur, die in der linearen Schaltungstechnik wohlbekannt ist [17]. Der Strom durch den 250 Ω-

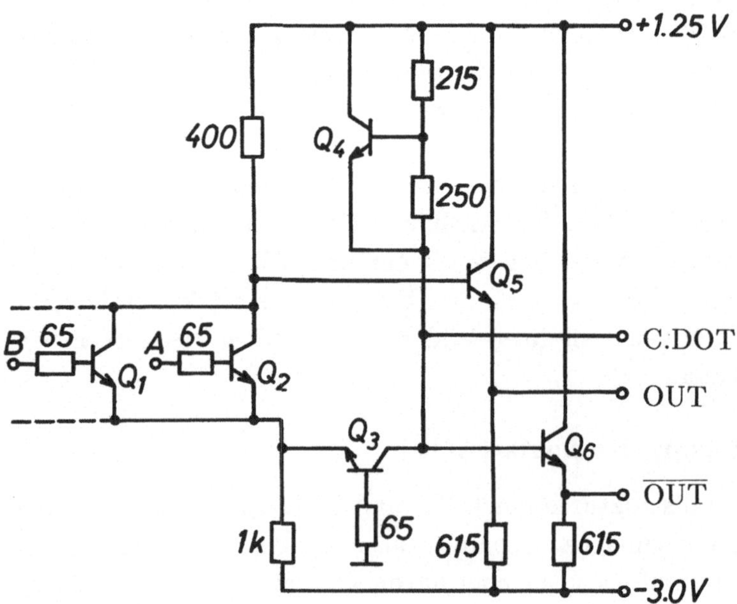

Bild 6.13

Widerstand muß immer in der Nähe von 0,65 V/250 Ω, also etwa 2,6 mA, und sehr viel größer als der Basisstrom von Q_4 sein. Folglich müssen dieselben 2,6 mA auch im 215 Ω-Widerstand fließen, womit die über dem Widerstand abfallende Spannung und damit auch die Spannung über dem gesamten Schaltungabschnitt fixiert ist. Dieser Schaltungsteil wurde eingefügt, da der Kollektor von Q_3 zu einem externen Anschlußpunkt herausgeführt wurde, um ihn für verdrahtete (*wired*) Logik nutzen zu können. Bei verdrahteter Logik werden die hinausgeführten Kollektoren (in Bild 6.13 mit 'C.DOT' bezeichnet) mehrerer getrennter Schaltungen zusammengeschaltet, so daß dieser Punkt auf '0' geht, wenn nur einer der angeschlossenen Kollektoren Strom führt [B]. Ein einfacher Lastwiderstand, wie der 400 Ω-Widerstand in Bild 6.13, würde den Anforderungen der verdrahteten Logik nicht genügen und das erforderliche Potential an den Kollektoren immer aufrechterhalten, unabhängig davon, wieviele Kollektoren Strom führen.

6.8 Höchstintegrierte Schaltkreise (VLSI)

Alle in diesem Kapitel bisher behandelten digitalen Schaltungen gehören der Art von Technologie an, die dazu verwendet wird, große digitale Systeme aufzubauen, indem eine sehr große Zahl einzelner Bausteine mit jeweils nur wenigen logischen Gattern zusammengefügt wird. Aus diesem Grund besitzen alle diese Schaltungen eine besondere letzte Stufe, die man als Ausgangsstufe bezeichen kann. Dies sind die interessante '*totem pole*'-Ausgangsstufe, die ausführlich in Abschnitt 6.5 (Bild 6.8) diskutiert wurde [C], und die Emitterfolger von Bild 6.13. Diese Ausgangsstufen sind notwendig, um die sehr niederohmigen Verdrahtungen anzusteuern, die die Schaltungen miteinander verbinden.

Es sind jedoch genau diese Schaltungsverbindungen, die bei schnelleren, kleineren und leistungsärmeren Schaltungen das Gesamtverhalten des Systems bestimmen. Irgendwo im System wird der längste Signallaufpfad sein, eine einfache Kabellänge l, mit einer Signalausbreitungsgeschwindigkeit v, die vielleicht 60 Prozent der Lichtgeschwindigkeit beträgt. Wenn diese Signalverzögerung l/v gleich der Signalverzögerung in den logischen Schaltungen ist, mit denen wir unser digitales System aufbauen wollen, dann haben wir die Grenze, d.h. die maximale Anzahl von Schaltungen, für diese spezielle Technologie erreicht.

Ein Weg, dieses Problem zu umgehen, ist, soviel wie möglich von diesem digitalen System in eine große integrierte Schaltung zu packen. Damit verändern sich natürlich die Schaltungsgrundstrukturen der logischen

Gatter, da nicht länger Ausgangsstufen zur Ansteuerung der Verbindungen benötigt werden. Als Beispiel dessen, was getan werden kann, dient uns eine Arbeit von IBM über ein Modul, das in ihren Computern der frühen 80er Jahre verwendet wurde [18]. Es handelte sich um integrierte Schaltungen in Si-Technologie mit jeweils 704 Schottky-TTL-Gattern. Jedes Modul enthielt 118 dieser Schaltungen, aufgebracht auf einen 15 cm × 15 cm großen keramischen Träger mit sechzehn Verdrahtungsebenen zur Verbindung der 118 integrierten Schaltungen [19]. Das Modul mit insgesamt 83 000 logischen Gattern benötigte eine Gesamtleistung von 300 W, somit also 3,6 mW pro Gatter. Die Gatterverzögerungszeiten lagen knapp oberhalb von 1 ns. Die ältere Schaltung von Bild 6.13, die fast ebenso schnell war, benötigte hingegen im Eingangsteil bereits eine Leistung von 11 mW und weitere 40 mW in den Emitterfolgern im Ausgangsteil des Gatters.

VLSI ist als Herstellungstechnik genauso geeignet, wenn es um höchste Geschwindigkeit geht und Schaltungsgröße kein Thema ist. Relativ langsame und recht einfach aufgebaute digitale Prozessoren können als einzelne integrierte Schaltungen hergestellt werden [20], die nicht nur billiger, sondern auch wesentlich zuverlässiger sind als Systeme, die aus mehreren kleineren integrierten Schaltungen auf einer oder mehreren Platinen aufgebaut werden.

Im Rahmen dieses Buches konzentrieren wir uns auf die Schaltkreisebene. Wie kann die Verbindung von einem Schaltkreis zu einem anderen, die vielleicht nur Bruchteile eines Millimeters voneinander entfernt sind, einen derartigen Einfluß auf die Schaltung haben? Welche anderen Veränderungen finden wir bei den Designern digitaler Schaltungen, deren Arbeit so eng mit dem eigentlichen Herstellungsprozeß integrierter Schaltungen verknüpft ist?

Um eine Antwort auf diese Fragen zu finden, wollen wir an den Anfang dieses Kapitels zurückkehren und Bild 6.1 nochmals betrachten. Es wurde die Möglichkeit aufgezeigt, logische Verknüpfungen durch Kombination einfacher Schalter zu realisieren. Um diese Art Schaltung in mikroskopischer Größe zu realisieren, denkt der Designer vermutlich zuerst an das einfachste Bauteil : Den einzelnen Transistor. Die Art und Weise, wie Bild 6.1 gezeichnet ist, läßt uns an eine Anordnung von in Reihe geschalteten Schaltern denken, die an einer *Oberfläche* placiert sind. Von dort ist es nur ein kleiner Schritt zu den *Oberflächenbauelementen*, den MOS-Transistoren.

Speziell der n-Kanal-Enhancement-Transistor und die mit diesem Bauteil hergestellten Schaltungen, die gewöhnlich als NMOS bezeichnet werden, lassen sich mit einem sehr einfachen Prozeß auf einem p-dotierten Siliziumsubstrat herstellen. Source und Drain werden als n-Gebiete eindiffundiert, danach wird polykristallines Silizium mittels Epitaxieverfahren auf die sehr dünne Oxidschicht, die sich über dem Kanal, der Source und Drain trennt, befindet, aufwachsen gelassen. Polykristallines Silizium leitet gut genug, um als Gate-Elektrode verwendet zu werden und hat darüber hinaus gegenüber Metall den enormen Vorteil, daß Siliziumdioxid (SiO_2) hervorragend darauf aufwächst. Somit lassen sich die Verbindungen zu den Gate-Anschlüssen herstellen, indem man Polysilizium aufwachsen läßt und dies anschließend zur Isolation oxidiert, so daß die abschließende Metallisierung, mit der Sources, Drains und, wo notwendig, das Polysilizium verbunden werden, auch über die Gates hinweg geführt werden kann. Eines der bekanntesten Lehrbücher über VLSI befaßt sich ausschließlich mit diesen NMOS-Schaltungen und -Systemen [21].

Völlig neue Schaltungsprinzipien lassen sich in digitalen NMOS-Schaltungen nicht finden. Die Transistoren werden meist als Schalter verwendet und die resultierenden Spannungshübe und Verlustleistungen entsprechen denen einfacher Verstärker, sehr ähnlich den in Verbindung mit Schaltung 6.3 diskutierten bipolaren Schaltungen. Neu hingegen ist die Verwendung von n-MOS-Transistoren als Last für andere n-MOS-Transistoren, die als Verstärker benutzt werden. Hierzu wird der Lasttransistor im Widerstandsbereich betrieben, indem Gate und Drain zusammengeschaltet werden. Auch für analoge Schaltungen läßt sich dieses Prinzip verwenden, so daß uns NMOS die Möglichkeit liefert, digitale und analoge Technik auf einem Chip zu kombinieren [22], [D] .

Eine Fortentwicklung von NMOS ist die komplementäre MOS-Technologie (CMOS) [23]. Hierbei finden wir eine Schaltungsgrundstruktur von Bild 6.5 wieder : zwei Schalter in Reihe zwischen Spannungsversorgung und Masse. Bild 6.14 zeigt, wie dieses Prinzip mit einem p-Kanal-Enhancement-MOS-Transistor Q_1 und einem n-Kanal-Enhancement-MOS-Transistor Q_2 realisiert werden kann. Es handelt sich um eine neue und sehr interessante Schaltungsgrundstruktur, die sich entscheidend von der bipolaren Schaltung 6.6 unterscheidet, obwohl sie auf den ersten Blick recht ähnlich erscheint. Die Schaltung von Bild 6.14 wird häufig als Ausgangsstufe in Operationsverstärkern mit MOS-Transistoren beider Polarität verwendet [24]. In Kapitel 9 wird diese Schaltung im Detail untersucht werden.

Als Teil einer Logikschaltung hat die Schaltung von Bild 6.14 den Vorteil gegenüber NMOS, daß nur während einer Zustands*änderung* ein nennenswerter Strom fließt. Die Verlustleistung von CMOS-Logik hängt somit entscheidend von der Geschwindigkeit ab, mit der die Schaltung betrieben wird. Es kann wiederum polykristallines Silizium als Gate-Elektrode verwendet werden, so daß zwei unabhängige Kontaktierungsebenen möglich sind.

Alle MOS-VLSI-Schaltungen sind von bemerkenswert einfacher Struktur und lassen sich mit sehr einfachen Prozessen herstellen. Dies ist ein wesentlicher Faktor ihres großen wirtschaftlichen Erfolgs, denn mit einfachen Prozessen lassen sich hohe Ausbeuten erzielen. Die Geschwindigkeiten, bei denen MOS-Schaltungen, insbesondere CMOS, zu arbeiten in der Lage sind, ist seit ihrer Einführung Anfang der 70er Jahre beträchtlich verbessert worden. Der Grund liegt darin, daß die Geschwindigkeit bei MOS wesentlich stärker als bei bipolarer Technologie mit der Verkleinerung durch verbesserte photolithographische Prozesse anwuchs. Verzögerungszeiten von nur 1 ns sind auch bei CMOS erreicht [25], so daß auch die Geschwindigkeit in Bereichen liegt, die bis dahin nur bipolaren und GaAs-Feldeffekt-Schaltungen vorbehalten waren.

Dennoch bleiben die bipolaren VLSI-Schaltungen für den Schaltungsdesigner interessant, da sie eine für die Weiterentwicklung integrierter Schaltungen wesentliche potentielle Eigenschaft besitzen : Die Möglichkeit des *merging*. Dies soll im nächsten Abschnitt genauer ausgeführt werden. Es ist allerdings anzumerken, daß *merging* im begrenzten Sinne auch bei MOS möglich ist [26].

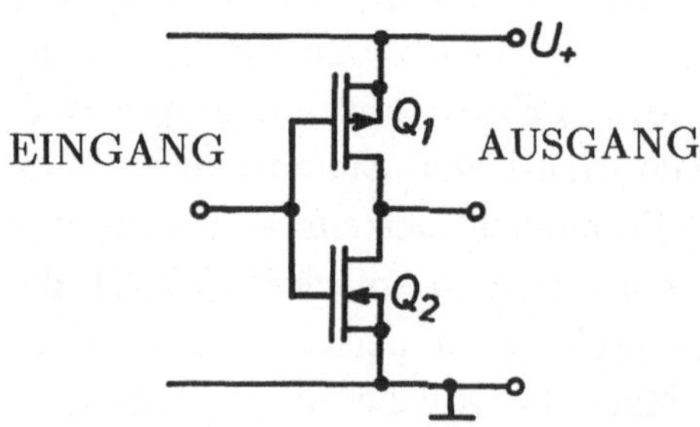

Bild 6.14

6.9 Integrated Injection Logik (I^2L)

Die im vorhergehenden Abschnitt diskutierten Schaltungen bezogen sich auf die Schaltung von Bild 6.1. Wir wollen nun von Bild 6.2 ausgehen und prüfen, wie sich die Parallelanordnung von Schaltern im mikroskopischen Rahmen verwirklichen läßt. Während für Bild 6.1 Schalter mit Transistoren an der Oberfläche günstig schienen, sind es für Bild 6.2 Schalter mit Bauelementen, die durch die Oberfläche zum Substrat hin angelegt sind. Im Gegensatz zu den seriellen Schaltern, bei denen ein Zugang zu beiden Enden des Schalters notwendig war, haben parallele Schalter jeweils ein Ende an einer gemeinsamen Masse, so daß zur Funktionsrealisierung nur die Oberflächenkontakte der Schalter geeignet zu verbinden sind.

Um die Schaltung von Bild 6.2 als VLSI-Schaltung zu realisiseren, benötigen wir also Schalter, deren Steueranschluß und jeweils ein Schalterende an der Oberfläche zugänglich sind. Wie läßt sich dies realisieren? Die Lösung, die sich förmlich aufdrängt, ist die Verwendung von Bipolar-Transistoren, die in Siliziumtechnologie ohne zusätzliche Isolation den in Bild 6.15 gezeigten Querschnitt haben.

Graphik 6.15 zeigt deutlich, wie einfach sich große Mengen von Bipolar-Transistoren mit herkömmlichen Prozessen in einer Weise herstellen lassen, so daß Basis und Emitter an der Oberfläche frei zugänglich sind, während alle Kollektoren durch das n^+-Substrat auf einem gemeinsamen Bezugspotential liegen. Lassen sich nun verwendbare Logikfunktionen nur durch geeignete Verdrahtung der Oberflächenkontakte herstellen? Es ist übrigens sehr beachtenswert, welchen Einfluß der Herstellungsprozeß mittlererweile

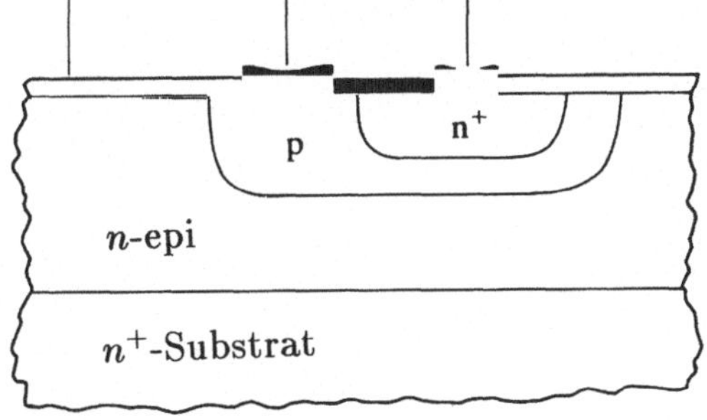

Bild 6.15

auf unsere Überlegungen bezüglich neuer Schaltungsgrundstrukturen hat.

Die Antwort auf die Frage nach verwendbarer Logik fällt leider negativ aus. Das erste offensichtliche Problem ist, daß alle Kollektoren, an denen wir das Ausgangssignal hätten abgreifen müssen, an einem gemeinsamen Punkt zusammengeschlossen sind. Das zweite Problem ist das Fehlen einer Netzversorgung. Welche Art von Quelle sollten wir für eine Parallelschaltung von Schaltern verwenden? Bild 6.2 gibt die Antwort : Eine Konstantstromquelle.

Die einfachen Schaltungselemente, die wir benötigen, sind die in Bild 6.16 gezeigten : Bipolar-Transistoren, deren *Emitter* zusammengeschaltet sind und Konstantstromquellen, deren eines Ende auf eine gemeinsame Bezugsebene gelegt ist. Unser VLSI-System könnte dann mittels einer Verbindungsmetallisierung realisiert werden. Die obere horizontale Linie in Bild 6.16 stellt die Siliziumoberfläche des Chips dar, während die untere Linie die gemeinsame Bezugsebene darstellt, die eventuell eine Epitaxieschicht oder das Substrat ist. Die Transistoren und Stromquellen sind nur symbolisch eingetragen, da wir noch nicht herausgefunden haben, wie wir diese im einzelnen herstellen können.

Der Strom in den Stromquellen soll in unserem speziellen Fall von Bild 6.16 in Aufwärtsrichtung fließen. Damit verstoßen wir gegen eine allgemeine Regel, die von den meisten Schaltungsdesigner befolgt wird : Die positive Versorgungsspannung wird nach oben, die Masse in die Mitte und die negative Versorgungsspannung nach unten gelegt. Dieser Regelverstoß hat jedoch gewisse Vorteile, da wir versuchen, eine Schaltungsgrundstruktur zu finden, die durch die Forderung bestimmt wird, daß die Schaltung in der Nähe der Oberfläche eines Siliziumwafers anzulegen ist. Wir müssen

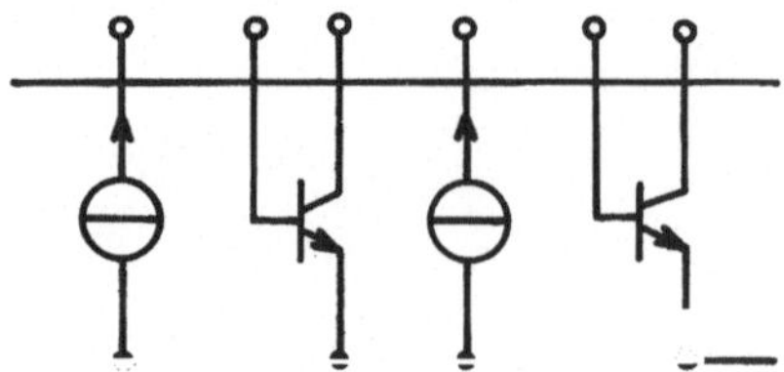

Bild 6.16

versuchen die Versorgungsspannung irgendwie unter die Oberfläche zu legen.

Wie können die in Bild 6.16 gezeigten Stromquellen nun in kompakter Weise in bipolarer Technologie hergestellt werden? Es gibt nur eine Möglichkeit : Als pnp-Transistoren, deren Kollektoren die Ausgangsanschlüsse der Stromquelle darstellen. Dies ist in Bild 6.17 veranschaulicht. Die Basen aller pnp-Transistoren können auf denselben gemeinsamen Bezugspunkt wie die Emitter der npn-Bauteile gelegt werden. Die Emitter der pnp-Transistoren können ebenfalls an einen gemeinsamen Punkt zusammengeführt und von einer einzelnen Stromquelle gespeist werden.

An dieser Stelle können wir sehen, wie sich ein vollständig integrierter Schaltkreis herstellen läßt. Wie in Bild 6.17 zu sehen, ist der Kollektor eines pnp-Transistors immer über die Verbindungsmetallisierung mit einer oder mehreren Basen von npn-Transistoren an der Oberfläche verbunden. Es gibt keinen Grund, diese Verbindung nicht wegzulassen, denn das p-Gebiet, das den Kollektor des pnp-Transistors darstellt, kann an anderer Stelle als Basis eines npn-Transistors dienen. Dies ist der am Ende des letzten Abschnittes erwähnte Gedanke des *merging*. Verkoppeln wir nun diesen Gedanken mit der Tatsache, daß alle pnp-Transistoren in Bild 6.17 zu einem großen pnp-Transistor mit mehreren voneinander getrennten Kollektoren zusammengefaßt werden können. Ein derartiger Transistor ist in Bild 6.18 zu sehen.

In Bild 6.18 arbeitet das p^+-Substrat als Emitter, eine n-Epitaxieschicht als Basis und eine weitere p-dotierte Epitaxieschicht als Kollektor des Transistors. Der Kollektor ist durch eine Matrix von tiefen n^+-Diffusionsgebieten aufgeteilt, die von der Oberfläche des Chips durch die p-Epitaxieschicht in die n-Epitaxieschicht geht. Der Anschluß dieser n^+-Diffusionsschicht stellt

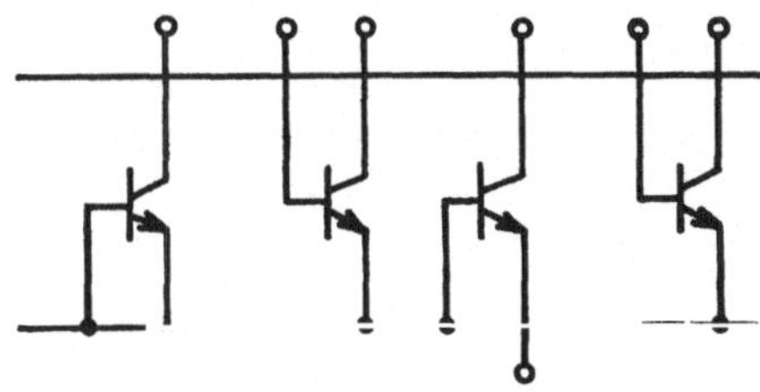

Bild 6.17

eine Verbindung zur Basis dieses großen Transistors her, während die Anschlüsse der nun isolierten p-Bereiche Verbindungen zu den verschiedenen Kollektoren schaffen. Bild 6.18 zeigt einen Querschnitt. Wenn wir auf die Oberfläche des Chips herabschauen würden, sähen wir ein rechtwinkliges Gitter von n^+-Streifen. Innerhalb dieses Gitters müßten wir nun unsere npn-Transistoren von Bild 6.17 realisieren. Dies geschieht durch eine n-Diffusion in die p-Epitaxieschicht, so daß sich der Querschnitt von Bild 6.19 ergibt. Bild 6.17 und 6.19 repräsentieren nun ein und dieselbe Schaltung, Bild 6.17 als Symbolzeichnung, 6.19 als Geometrieskizze.

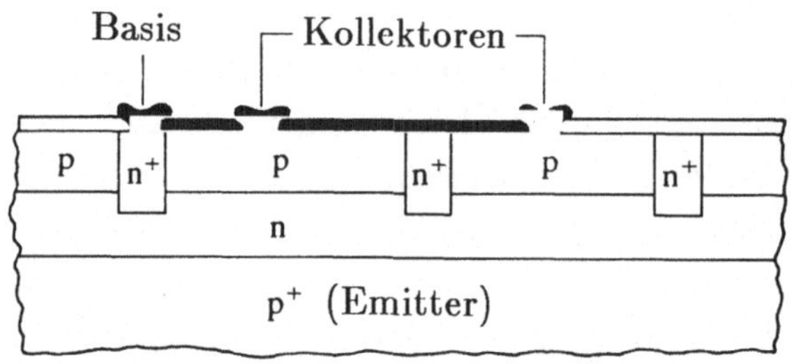

Bild 6.18

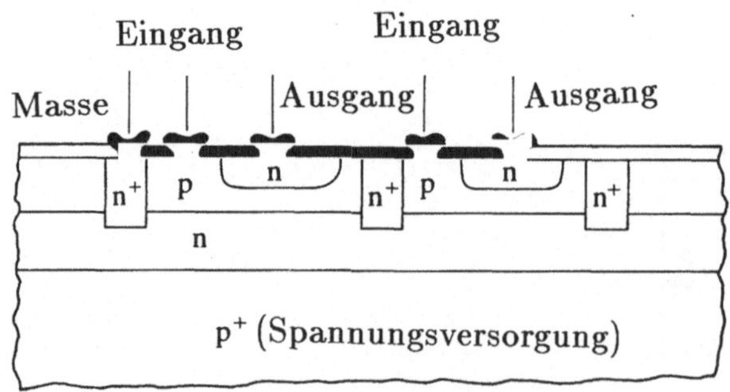

Bild 6.19

Bild 6.19 zeigt eine spezielle Form der *Integrated Injection Logic* (I^2L), die 1975 zuerst von Blatt u.a. [27] beschrieben wurde. Es handelte sich zwar nicht um die erste Art von I^2L, aber aufgrund des *merging*, d.h. der Realisierung verschiedener, miteinander verbundener Schaltungsteils durch Verwendung verschiedener Bereiche eines Dotierungsgebietes, das ein Diffusions-, Epitaxie- oder Substratgebiet des Halbleiters sein kann, um eine der interessantesten. Der hierfür notwendige Herstellungsprozeß ist komplizierter als für herkömmliche bipolare digitale Schaltungen und um einiges komplizierter als für MOS oder CMOS. I^2L wird daher nur für einige sehr spezielle Anwendungen eingesetzt, bei denen die besonderen Vorteile dieser Technik den Aufwand und die Kosten rechtfertigen. Es gibt eine ganze Anzahl interessanter Variationen von I^2L. Die in Bild 6.19 gezeigte Art beispielsweise erlaubt es, eine große Zahl von npn-Kollektoren innerhalb eines abgeteilten Teilstücks der p-Epitaxieschicht einzudiffundieren. Ein einfacher zusätzlicher Prozeßschritt ermöglicht die Realisierung mehrerer Basisanschlüsse für die npn-Transistoren über Schottky-Dioden. Diese bilden dann die verschiedenen Eingänge eines AND-Gatters. Die Schaltungsskizze einer solchen Schaltung mit drei Eingängen und drei Kollektor-Ausgängen ist in Bild 6.20 zu sehen. Eine derartige Schaltung bietet damit beachtliche Vorteile beim Aufbau eines Systems [31].

Allerdings ist I^2L eine *sättigende* Logik (die Tranistoren arbeiten in der Sättigung), die deshalb niemals so schnell wie eine nichtsättigende Logik

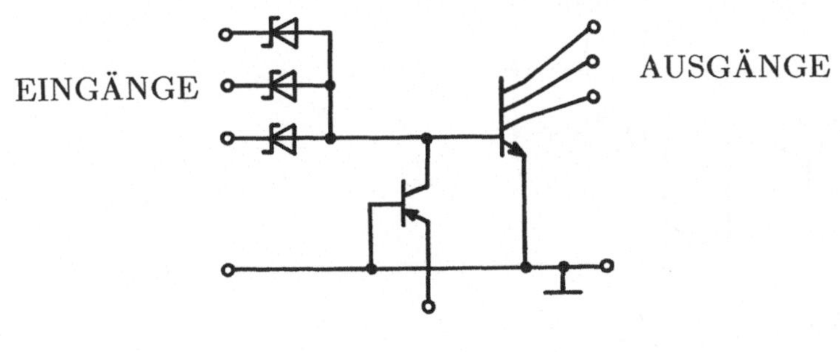

Bild 6.20

mit gleicher prozeßbedingter Strukturbreite sein kann. Ein gutes Beispiel für den vorteilhaften Einsatz von I^2L-Technik wurde von Nakazato u.a. veröffentlicht [32]. Es wird ein Frequenzteiler mit einer Eingangsfrequenz von 6 GHz beschrieben, dessen erste Stufen in ECL-Technik realisiert sind und bei dem die I^2L-Technik bei 580 MHz übernimmt und eine Frequenz von 93,75 MHz abgibt.

6.10 Eine Versuchsschaltung

Dieses Kapitel beschäftigte sich fast ausschließlich mit integrierten Schaltungen und dementsprechend schwierig ist es, einen geeigneten Versuchsaufbau vorzuschlagen, der ohne komplizierte Herstellungsprozesse auskommt. Trotzdem kann mit digitalen Schaltungen, die mit diskreten Bauelementen aufgebaut sind, experimentiert werden, vorausgesetzt allerdings, daß die Frequenzen nicht zu hoch sind. I^2L ist hier besonders geeignet, da man damit über einen breiten Frequenzbereich gut arbeiten kann, abhängig jeweils von der Größe der Ströme in den Transistoren.

In Bild 6.21 finden wir eine sehr einfache Versuchsschaltung mit fünf I^2L-

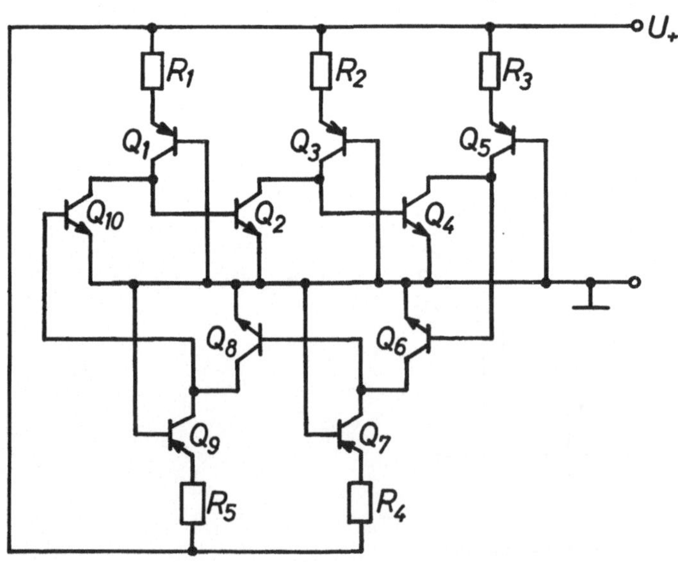

Bild 6.21

Gattern einfachster Bauart, einfache Inverter, die als Ringoszillator geschaltet sind. Der Ringoszillator besteht somit aus zehn Transistoren, fünf npn- und fünf pnp-Exemplaren, und fünf diskreten Widerständen. Die Transistoren Q_1, Q_3, Q_5, Q_7 und Q_9 fungieren als Stromquellen, während Q_2, Q_4, Q_6, Q_8 und Q_{10} die Schalter sind. Die Art der Zeichnung soll bereits einen Hinweis geben, wie das Layout am besten anzulegen ist. Die mit jedem der fünf Gatter verbundene Streukapazität sollte ungefähr gleich sein. Weitere Einzelheiten hierzu finden sich im Anhang.

Logische Gatter mit Ringoszillatoren zu testen, ist sehr vorteilhaft, da jedes Gatter mit einem Gatter desselben Typs angesteuert und belastet wird. Der Test findet in einer Systemumgebung statt. Ein einzelnes Gatter kann auch allein zum oszillieren gebracht werden, dies ist jedoch nur für Gatter sinnvoll, die Koaxialkabel ansteuern sollen [33], da für den Test eine Kabellänge verwendet werden muß, deren Verzögerungszeit die des Gatters um einiges überschreitet. Dies ist notwendig, damit der Oszillator eine Rechteckschwingung produziert und die ansteigenden und abfallenden Flanken nach jedem Übergang wieder in den jeweiligen Ruhezustand kommen können. Für einen potentiellen VLSI-Schaltkreis, wie es bei I^2L der Fall ist, ist ein Ringoszillator aus einer Schleife mit einer ungeraden Anzahl von Gattern die einzige Möglichkeit, da die Länge der Verbindungen, und damit ihre Kapazität, auf ein Minimum reduziert werden muß. Um für die oben genannten Zwecke eine gute Rechteckschwingung zu erhalten, sollten mindestens fünf, besser sieben Gatter verwendet werden [34].

Eine weitere Diskussion von Bild 6.21, zusammen mit einigen Bemerkungen über die zu beobachtenden Wellenformen, findet sich im Anhang.

6.11 Zusammenfassung

Die starken technischen Veränderungen im Schaltungsentwurf sind nirgends offensichtlicher als im Bereich der digitalen Schaltungen. Aus diesem Grund ist es umso wichtiger, die Hintergründe der in der Literatur beschriebenen Veränderungen und Entwicklungen zu verstehen. Einige Neuerungen resultieren aus einem besseren Verständnis von Schaltungen und Schaltungsdesign, andere aus dem besseren Verständnis der neuen Bauelemente. Einige Veränderungen ergaben sich auch aus der Weiterentwicklung der Herstellungsprozesse. Diese beiden Aspekte sind eng miteinander verknüpft und wir können sie mit einem Rückblick auf zwei Schaltungen dieses Kapitels illustrieren.

Wenn wir die Schaltung von Bild 6.3 mit der von Bild 6.20 vergleichen, sehen wir, daß sich die Forschungs- und Entwicklungsjahre, die die beiden Schaltungen trennen, in zwei wesentlichen Eigenschaften manifestieren, obwohl keine prinzipiellen funktionellen Unterschiede bestehen.

Der erste Punkt ist, daß es beim älteren Schaltkreis in erster Linie auf die Spannungspegel an Ein- und Ausgang ankam. Dies waren die Pegel, die eine '0' oder eine '1' ausmachten, und die die Diodenschalter 'an-' oder 'ausschalteten'. Die jüngere Schaltung von Bild 6.20 erfüllt dieselbe Funktion, wobei sie die einfache Logik von Bild 6.2 genau nachbildet. Es sind jedoch nicht die Spannungspegel, die den Designer interessieren, sondern der *Zustand* der Schaltung selbst und natürlich der Zustand der an den Eingängen angeschlossenen Schaltkreise.

Die zweite herausstechende Eigenschaft beim Vergleich der beiden Schaltungen hat mit der Komplexität und der Strukturbreite zu tun. Die Schaltung von Bild 6.3 beinhaltet neun diskrete Komponenten : Fünf Dioden, drei Widerstände und einen Transistor. Auch wenn die Schaltung von Bild 6.3 als integrierte Schaltung hergestellt würde, wogegen nichts spricht, hätte sie wenigstens sechs voneinander isolierte Gebiete : Eins für die Dioden D_1 bis D_4, eins für die Diode D_5, drei für die drei Widerstände und schließlich ein sechstes Gebiet für den Transistor Q_1. Im Gegensatz hierzu können, wie Bild 6.19 zeigt, alle Elemente von Bild 6.20 in einem einzigen p-Epitaxiegebiet, das von geerdeten n^+-Diffusionsgebieten eingeschlossen ist, realisiert werden. Das wären drei Schottky-Eingänge und drei n-Diffusionsgebiete für die Kollektorausgänge. Dies ließe sich auf einer Fläche von weniger als 100 μm^2 realisieren. Der Rest der Schaltung würde unter der Oberfläche in einer vertikalen Struktur gemäß Bild 6.19 angelegt. Im Vergleich zu den einfachen integrierten Schaltungen der vorhergehenden Kapitel dieses Buches ist dies eine technische Revolution. I^2L-Logik ist somit ein Beispiel für eine *integrierte Form* integrierter Schaltungen.

Bemerkungen

1 B.Randell, *'The Origins of Digital Computers'*, Springer Verlag, 1973, S. 287-292.

2 W.Renwick, *J.Brit. IRE*, **20**, 563-572, 1960.

3 K.-H. Czauderna, *'Konrad Zuse, der Weg zu seinem Computer Z3'*, R.Oldenbourg Verlag, 1979.

4 E.M.Davis, W.E.Harding, R.S.Schwartz und J.J.Conway, *IBM J.Res.Dev.*, **8**, 102-114, 1964. Der Text liefert viele Schaltungsphotographien, bei denen gezeigt wird,

wie die Schaltungen mit 'flip-chip'-Bauteilen hergestellt wurden. Diese Technik der automatischen Produktion wurde bei IBM forciert : Während 1964 noch Bauteile mit drei Kontakten Anwendung fanden, wurden 1971 (*IBM J.Res.Dev.*, **15**, 384-90, 1971) bereits zwanzig Kontakte für Chips mit jeweils acht Gattern verwendet. Sie wurden für das System/370 benötigt. 1982 verwendete IBM diese Technik für integrierte Schaltungen mit 704 Gattern und 132 Kontakten (*IBM J.Res.Dev.*, **26**, 2-11, 1982). Die besten Photos dieser bemerkenswerten VLSI-Schaltungen für das System/38 sind in *'Electronics'*, **52**, Nr. 6, 107, vom 15. März 1979 zu finden. Die kontinuierliche Verbesserung dieser Technik mag einer der Gründe für den immensen Erfolg dieser speziellen Organisation sein. Wie Freeman in seiner Einleitung zu G.Dosi's wichtiger Arbeit *'Technical Change and Industrial Transformation : the theory and an application to the semiconductor industry'*, Macmillan, 1984, schrieb : 'Es ist sowohl erfahrungsgemäß lächerlich, als auch vom theoretischen Standpunkt unhaltbar, davon auszugehen, daß alle wirkenden Kräfte einen gleich guten Zugang zur Technologie (Herstellungstechnik, die von *Menschen* abhängt, wie für sie gesorgt wird und wie sie ausgebildet werden, um die für hochautomatisierte Herstellungsprozesse benötigten Maschinen zu bauen) in jedem Wirtschaftszweig und in ihrer Fähigkeit zur Innovation haben'. Von diesem Standpunkt aus ist der innere Zustand einer Organisation sehr schwer zu bestimmen und Dosi's Arbeit stellt einen der interessantesten Anfänge dieses neuen Forschungszweigs dar. So weit es IBM betrifft, gibt es eine sehr interessante Arbeit von W.E.Harding, *'Semiconductor manufacturing in IBM, 1957 to the present : a perspektive'*, IBM J.Res.Dev., **25**, 647-658, 1981, das sehr detaillierte Informationen liefert und bestätigt, daß IBM bei weitem der größte Hersteller integrierter Schaltungen und der Einzige war, der eine vollautomatisierte Automation in Herstellung und Qualitätsprüfung durchführte. Der Konzern siedelte sich in den höchstentwickelten Ländern an : USA, Frankreich und Deutschland. Das Buch *'IBM and the US Data Processing Industry'* von F.M.Fischer, J.W.McKie und R.B.Mancke, Praeger, New York, 1983, S.339-341, ist eine weitere wichtige Informationsquelle, die ebenfalls die erwähnte Bedeutung von Kontinuität in einer Technik betont.

5 Eine sehr frühe Referenz ist P.M.Thompson, *'Electronics'*, **36**, Nr. 37, 25-29, 13.September 1963.

6 Siehe Kapitel 3, Bemerkung 9.

7 Eine interessante historische Arbeit, in der die Schaltungen von Bild 6.4 und 6.7 auftauchten, stammt von D.Christiansen, *'Electronics'*, **40**, Nr. 5, 149- 157, 6.März 1967. Der Artikel besticht durch hervorragende Farbphotos der Bauelemente der damaligen Zeit.

8 Es gab keine detaillierte Abhandlung des dynamischen Verhaltens der Schaltung von Bild 6.8 bis im Jan.1968 *'Microelectronics'*, **1**, Nr. 2, 28-33, von P.J.Tizzard und M.J.Turner erschien.

9 Die Daten zu Bild 6.9 stammen aus den US Marktberichten und Prognosen, die jedes Jahr im Januar von *'Electronics'* veröffentlicht werden. Es wurden unaufbereitete Daten verwendet, da der Chippreis über den Zeitraum fiel und eine Korrektur auf die Verkäufe hin die Graphik gesprengt hätte. Andererseits war auch die Inflation recht ausgeprägt. Eine diesbezügliche Korrektur hätte die Asymmetrie der Graphik 6.9 verringert.

10 Siehe Bemerkung 8.

11 1930 veröffentlichte W.Schottky seine fundamentale Arbeit über Metall-Halbleiter-Übergänge. Er arbeitete bei Siemens in Deutschland. Siehe hierzu H.C.Torrey und C.A.Whitmer, *'Crystal Rectifiers'*, McGraw Hill, 1948, S. 78.

12 M.I.Elmasry, *'Digital Bipolar Integrated Circuits'*, Wiley Interscience, 1983, Bild 2.7 und 3.1.

13 R.H.Baker, *'Electronics'*, **30**, Nr. 3, 190-193, 1.März 1957.

14 Siehe Bemerkung 12.

15 P.E.Fox und W.J.Nestorix, *IBM J.Res.Dev.*, **15**, 384-390, 1971. Siehe Bemerkung 4.

16 Die logischen Pegel am Ausgang der Schaltung betragen etwa $+ 0,6$ V und $- 0,6$ V. Infolge dessen beträgt der Strom im 1 kΩ-Widerstand etwa 3mA bzw. 2,3 mA.

17 Grundlage des *voltage clamp* ist der Gedanke, den Strom durch den Widerstand festzulegen, indem man den Emitterübergang eines aktiven Transistors parallel dazu schaltet. Dies wurde in Abschnitt 3.3 besprochen.

18 M.S.Pittler, D.M. Powers und D.L.Schnabel, *IBM J.Res.Dev*, **26**, 2-11, 1982. Siehe Bemerkung 4.

19 A.J.Blodgett und D.R.Barbour, *IBM J.Res.Dev.*, **26**, 30-6, 1982.

20 Die bekanntesten Beispiele dieser digitalen VLSI-Schaltungen sind Rechenmaschinen, Mikroprozessoren und Mikrocontroller, die Anfang der 70er Jahre in Gebrauch kamen. Ein guter Rückblick auf die Entwicklung ist *'Microprozessors in brief'* von R.C.Stanley, *IBM J.Res.Dev.*, **29**, 110-131, März 1985.

21 C.Mead und L.Conway, *'Introduction to VLSI Systems'*, Addison-Wesley, 1980.

22 Kapitel 12 der 2.Ausgabe von *'Analysis and Design of Analog Integrated Circuits'* von P.R.Gray und R.G.Meyer, John Wiley, 1984 heißt *'MOS Amplifier Design'* und befaßt sich mit analogen CMOS und NMOS-Schaltungen. Es wird ebenfalls die Switch-Capacitor-Technik angesprochen, die besonders in den Bereichen der MOS-Technik von Bedeutung ist, in denen sich Kapazitätsverhältnisse besonders genau einstellen lassen.

23 D.L.Wollesen, *'Electronics'*, **52** Nr. 19, 116-123, 13.September 1979.

24 O.H.Schade, *RCA Rev.*, **37**, 404-424, Bilder 4 und 5, 1976.

25 Y.Takayama, S.Fujii, T.Tanabe, K.Kawauchi und T.Yoshida, *IEEE ISSCC 1985 Digest of Technical Papers*, S. 196-197.

26 M.I.Elmasry, *'Digital MOS Integrated Circuits'*, IEEE Press, 1981, S. 73.

27 V.Blatt, P.S.Walsh und L.W.Kennedy, *IEEE J.Solid State Circuits*, **SC-10**, 336-342, 1975.

28 I^2L wurde 1972 von H.H.Berger und S.K.Wiedmann (*IEEE J.Solid State Circuits*, **SC-7**, 340-6,1972) und von K.Hart und A.Slob (Selbe Ausgabe des Journals, S.346-351) entwickelt. Eine Ausgabe von *'Electronics'*, (**48**, Nr. 21, 66-9, 16.Okt. 1975) enthält die Biographien der vier Entwickler und einigen Hintergrund zur Entwicklung des Prozesses.

29 *IEEE Spectrum*, **22**, Nr. 1, 26. Jan. 1985.

30 Siehe Kapitel 5, Bemerkung 12.

31 Bild 4 des in Bemerkung 27 erwähnten Papiers veranschaulicht speziell diesen Sachverhalt.

32 K.Nakazato, T.Nakamura, J.Nakagawa, T.Okabe und M.Nagata, *IEEE ISSCC 1985 Digest of Technical Papers*, S. 214-215.

33 R.F.Sechler, A.R.Strube und J.R.Turnbull, *IBM J.Res.Dev.*, **11**, 74-85, 1967.

34 R.Müller und J.Graul, *IEE Conf. Pub.*, Nr. 130, 30-31, September 1975.

A Siehe auch das Sonderheft über W.Schottky : Siemens Forschungs- und Entwicklungsberichte, Band 15, 1985, 265-318.

B Siehe z.B. U.Tietze u. Ch.Schenk, *'Halbleiter-Schaltungstechnik'*, 9.Aufl., Springer-Verlag, 1989, 207-209 und 213.

C Siehe z.B. U.Tietze u. Ch.Schenk, *'Halbleiter-Schaltungstechnik'*, 9.Aufl., Springer-Verlag, 1989, 205-206.

D Weitere interessante Bücher über integrierte analoge Schaltungen sind P.E.Allen u. D.R.Holberg, *'CMOS Analog Circuit Design'*, Holt, Rinehart and Winston, 1987, sowie M.R.Haskard u. E.C.May, *'Analog VLSI Design – NMOS and CMOS'*, Prentice Hall, 1988, und F.Riedel, *'MOS-Analogtechnik'*, R.Oldenbourg Verlag, 1988.

7 Fast-sinusförmig schwingende Oszillatoren

7.1 Ursprünge

In diesem Kapitel wollen wir uns mit Schaltungen befassen, die als sinusförmige Signalquellen dienen sollen. Sägezahnoszillatoren, die nichtsinusförmige Wellenformen generieren, wurden bereits in Kapitel 1, Bild 1.1, 1.2 und 1.3, sowie in Kapitel 6, Bild 6.21, kurz skizziert.

Die einfachsten elektronischen Oszillatoren bestehen aus einem einzelnen verstärkenden Bauelement und einem Resonanzkreis. Im allgemeinen lassen sich derartige Schaltungen auf eine Schaltungsgrundstruktur der in Bild 7.1 gezeigten Art zurückführen [A]. Das aktive Bauteil, in diesem Fall ein Bipolar-Transistor, ist mit einer Impedanz Z_1 am Eingang, einer Impedanz Z_2 am Ausgang und einer Impedanz Z_{12} beschaltet, die Eingangs- und Ausgangsimpedanz miteinander verbindet. Ein Beispiel eines solch einfachen Oszillators wurde bereits in Kapitel 2 betrachtet. Die Schaltung von Bild 2.4 ist unter gewissen Voraussetzungen in der Lage zu schwingen. In der Schaltung handelte es sich bei Z_1 und Z_2 um die Parallelresonanzkreise $L_1 \parallel C_1$ und $L_2 \parallel C_2$, während Z_{12} die Rückkopplungskapazität C_{rs} war. Bei der in Kapitel 2 beabsichtigten Verwendung als Verstärker wurde

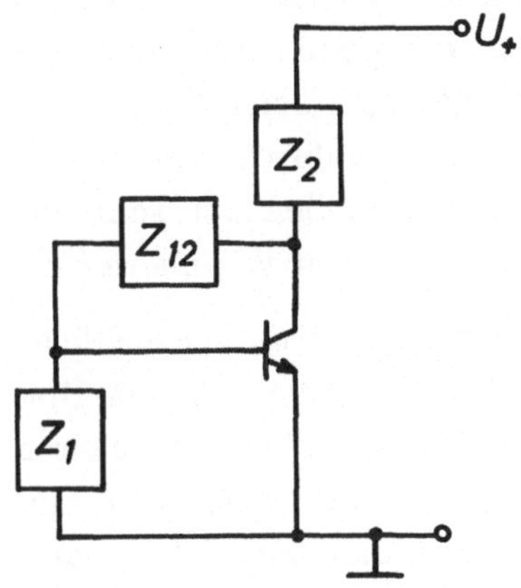

Bild 7.1

C_{rs} so klein wie möglich gemacht. Um einen Oszillator herzustellen, wird die Rückkopplung jedoch so angelegt, daß die Schaltung schwingt und die Schwingungsamplitude durch die Versorgungsspannung U_+ oder durch den maximalen Strom durch das verstärkende Bauteil begrenzt ist.

Bei einfachen Oszillatorschaltungen dieser Art können die aktiven Elemente in Basis- oder Kollektorgrundschaltung vorliegen (siehe 2.1(b) und 2.1(c)), und die Impedanzen Z_1, Z_2 und Z_{12} können rein induktiver oder kapazitiver Natur sein. Oszillatorschaltungen haben bisweilen nach den Patentinhabern spezielle Namen, wie z.B. Hartley [1], Colpitts oder Clapp, die Schaltungsgrundstruktur hat aber immer die in Bild 7.1 gezeigte Form [B]. Ein sehr guter Artikel von Baxandall [2] beschreibt die Entwicklung von diesen frühen Schaltungen zu den heute verwendeten Oszillatoren.

7.2 Oszillatoren als Systeme

Sehr einfache Oszillatorschaltungen mit einem einzelnen aktiven Bauelement oder eventuell einem einzelnen integrierten Schaltkreis, sind nach wie vor als Empfangsoszillatoren in Funk- und Fernsehempfängern weit verbreitet. Mehr und mehr jedoch finden digitale Techniken bei der Zusammensetzung von Schwingungen bestimmter Frequenz und Wellenform [3] Verwendung. Diese *Synthesizer* benötigen einen oder mehrere Quarzoszillatoren als Basiselemente. Im Zusammenhang mit Quarzoszillatoren treten einige sehr interessante Schaltungsprobleme auf, die am Ende dieses Kapitels behandelt werden sollen.

Gewöhnliche frequenzvariable Oszillatoren betrachtet man am besten als rückgekoppelte Systeme. Sie müssen nichtlinear sein, denn ein brauchbarer Oszillator sollte eine definierte Ausgangsamplitude auch beim Ändern der Frequenz beibehalten. Ein lineares System, daß sich durch eine lineare Differentialgleichung mit konstanten Koeffizienten darstellen läßt, kann nur Schwingungen erzeugen, die sich exponentiell mit der Zeit verändern [C].

Unter diesem Gesichtspunkt finden wir mindestens drei unterschiedliche Schaltungsgrundstrukturen für Oszillatoren. Die erste davon ist in Bild 7.2 zu sehen. Wir haben eine Rückkopplungsschleife mit einem linearen Element $F_1(j\omega)$, die bei kleinen Pegeln Schwingungen mit wachsender Amplitude führen kann. Die Schleife enthält darüber hinaus ein nichtlineares Element $F_2(u_1)$ mit einer Verstärkung du_2/du_1, die mit wachsendem u_1 *fällt*, und somit eine begrenzende Funktion innehat. $F_1(j\omega)$ bestimmt somit die Schwingungsfrequenz, während $F_2(u_1)$ die Amplitude regelt. Sidorowicz [4] veröffentlichte eine interessante theoretische Abhandlung über diesen Oszillatortyp, die viele Literaturhinweise enthält.

Die zweite Schaltungsgrundstruktur bzw. Systemstruktur für einen Oszillator ist in Bild 7.3 zu sehen. Hier gibt es einen positiven Rückkopplungspfad über R_1 zu $Z(j\omega)$, der das System zu Schwingungen wachsender Amplitude anregt. Außerdem gibt es einen negativen Rückkopplungspfad über R_3 zu R_2 mit einem nichtlinearen Widerstand $R_3(i)$. Der Wert dieses nichtlinearen Widerstandes fällt mit steigendem Strom. Es könnte sich beispielsweise um einen Thermistor (*Heißleiter*) [D] handeln.

Eine geeignete Wahl der vier Komponenten in Bild 7.3 wird einen Oszillator liefern, dessen Schwingungsamplitude nach dem Einschalten anwächst, um dann einen konstanten Pegel beizubehalten [E]. Diese Art Oszillator wird oft als Meacham-Brückenschaltung bezeichnet [5], da R_1, R_2, $R_3(i)$ und $Z(j\omega)$ eine klassische Brückenschaltung bilden, die von U_{out} angesteu-

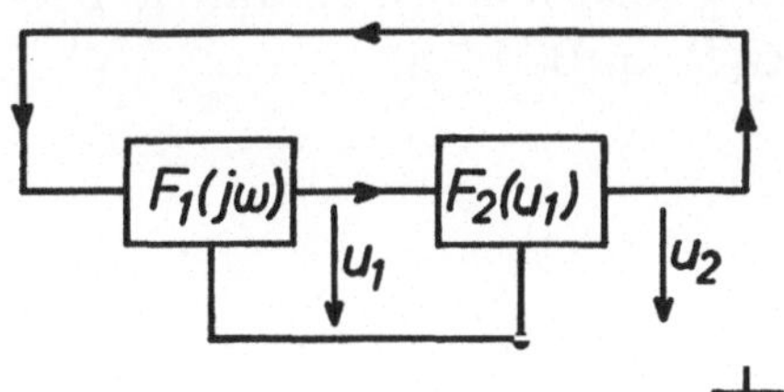

Bild 7.2

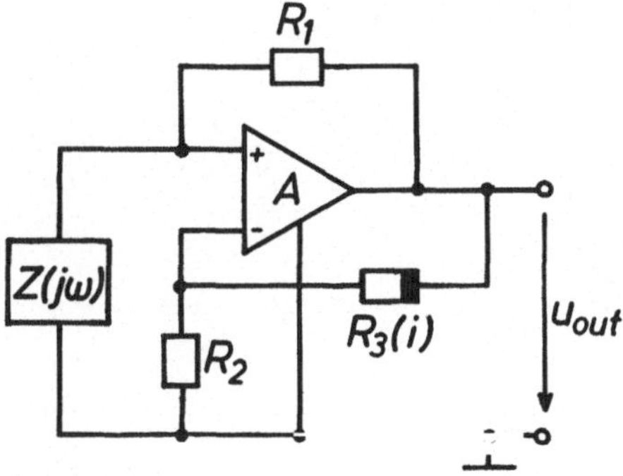

Bild 7.3

ert wird und deren Ausgangsspannung über dem Eingang des Verstärkers A abfällt. Die Schaltung kann als eine 'selbstabgleichende' Brückenschaltung betrachtet werden, was auch der Grund für die Verwendung der Struktur als Oszillator sein könnte.

Die dritte Art von Oszillator, die wir in der Praxis finden, ist etwas komplizierter und in Bild 7.4 als Blockdiagramm bzw. Systemgrundform skizziert. Wir finden dieselbe Oszillatorschleife wie in Bild 7.2, nur wird die Verstärkung du_2/du_1 des nichtlinearen Elementes $F_2(u_3)$ von einer getrennten Eingangsspannung u_3 gesteuert. Der Verstärkungsblock $F_2(u_3)$ könnte beispielsweise wie in Bild 2.4 aus einem Dual-Gate-MOS-Transistor, wie in Bild 2.4, in Source-Grundschaltung bestehen, wobei u_1 an Gate 1 und u_3 an Gate 2 anliegt. Die Steuerspannung u_3 wird von einem Verstärker A_2 in Bild 7.4 bereitgestellt, der die gleichgerichtete Ausgangsspannung des Oszillators mit einer frei einstellbaren Spannung vergleicht. Diese Schaltungsgrundstruktur ist besonders interessant, da sie eine nichtlineare Regelschleife enthält, die stabil sein und das richtige Übertragungsverhalten aufweisen muß. Diese Charakteristiken werden durch die Dimensionierung des Oszillators bestimmt. Ein wesentliches Problem der Stabilität ist hierbei die Zeitkonstante des Gleichrichters $C_1 R_1$ in Bild 7.4.

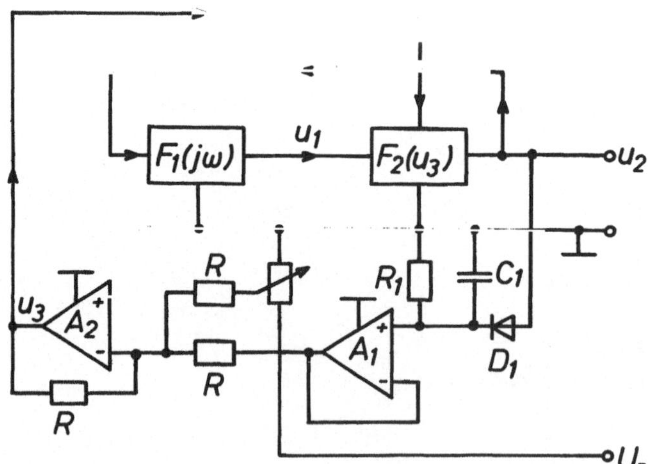

Bild 7.4

7.3 Variation der Oszillatorfrequenz

Ein Oszillator, der für Test- und experimentelle Zwecke benutzt werden soll, muß über einen weiten Bereich abstimmbar sein. Diese Forderung mag zwar auf die zu verwendende Schaltungsgrundstruktur ohne Einfluß sein, auf die Wahl der veränderbaren Komponenten ist sie es jedoch sicherlich nicht. Der sehr einfache Oszillator von Bild 7.3 soll das illustrieren.

In Bild 7.5 wurde die Schaltung von Bild 7.3 nochmals skizziert, nun jedoch mit einer geeignet gewählten Impedanz $Z(j\omega)$. Die Oszillatorschaltung ist derart einfach, daß wir die vollständige Differentialgleichung für kleine Schwingungsamplituden ohne weiteres aufstellen können. Dadurch werden wir etwas über das Anschwingen des Oszillators erfahren, und welche Bedingungen dazu erfüllt sein müssen.

Für sehr kleine Schwingungsamplituden können wir annehmen, daß $R_3(i) = \infty$ ist, und uns auf die positive Rückkopplungsschleife konzentrieren. Nehmen wir weiterhin an, daß A, und damit auch R_1/R, sehr groß ist, so fließt durch den Widerstand R_1 ein Strom

$$\frac{u_{out}}{R_1} = \frac{u}{R} + C \cdot \frac{du}{dt} + i_L \quad , \tag{7.1}$$

wobei u die Spannung über dem Verstärkereingang und i_L den Strom durch

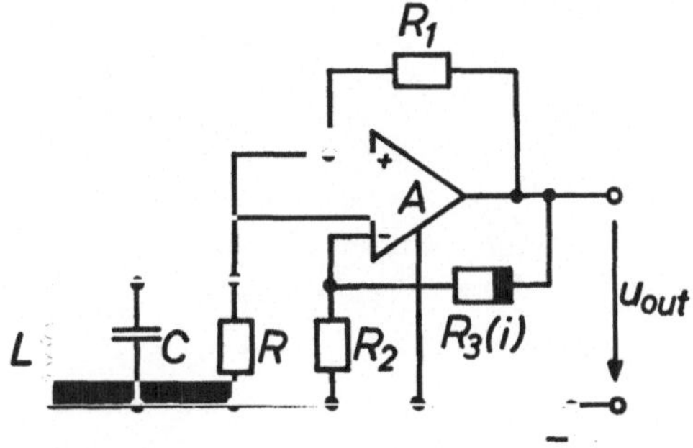

Bild 7.5

120

die Induktivität L beschreiben. Ersetzen wir in Gleichung (7.1) $u_{out} = A \cdot u$
und differenzieren anschließend nach der Zeit, erhalten wir

$$\frac{d^2u}{dt^2} + \left(\frac{1}{CR} - \frac{A}{CR_1} \right) \frac{du}{dt} + \frac{u}{LC} = 0 \quad . \tag{7.2}$$

Gleichung (7.2) ist eine einfache Differentialgleichung 2. Ordnung für u
und ihre Lösungen sind Schwingungen einer Frequenz $\omega = 1/\sqrt{LC}$ [F].
Sie schwingen exponentiell auf, vorausgesetzt, der Koeffizient von du/dt ist
negativ. Somit müssen wir sicherstellen, daß $(A/R_1) > (1/R)$ ist, damit
der Oszillator zu schwingen beginnt. Diese Bedingung hängt nicht von
der Oszillationsfrequenz ab, wir können $\omega = 1/\sqrt{LC}$ durch Variation von
L oder C verändern, ohne die Schwingungsbedingung zu beeinflussen [G].
Leider ist dieser Schluß in der Realität nicht ohne weiteres zulässig, denn R
repräsentiert die Verluste in L und C, sowie eines beliebigen Widerstandes
in der Schaltung. Diese Verluste sind jedoch von der Frequenz abhängig.

Ein weiterer Punkt, der sich anhand der Schaltung von Bild 7.5 studieren läßt, betrifft die Anordnung der variablen Komponenten. In Bild 7.5
sind das entweder L oder C, die mit einem Ende geerdet sind. Ein al-
ternativer Oszillatorschaltkreis ist in Bild 7.6 gezeigt. Er hat exakt die
gleiche Schaltungsgrundstruktur wie die Schaltung von Bild 7.5, und auch
die Differentialgleichung läßt sich ebenso leicht aufstellen, jedoch ist die
Schaltung als Oszillator mit variabler Frequenz nicht sehr gut geeignet, da
sowohl L als auch C nicht geerdet sind. Der mechanische Aufbau einer solchen variablen Komponente bedingt, daß eine Seite eine große Kapazität
gegenüber der Erde hat. Diese Seite sollte geerdet werden.

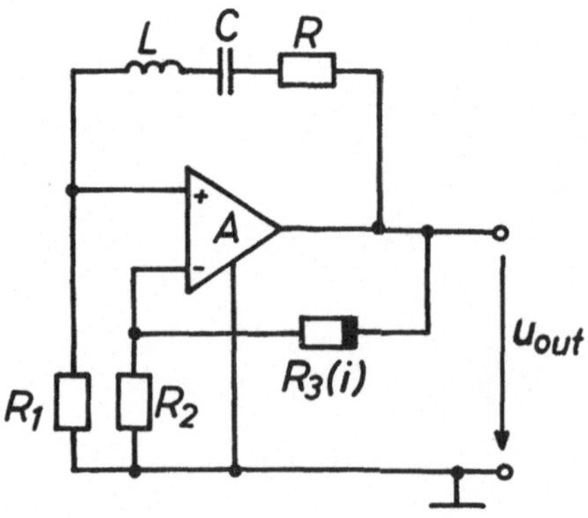

Bild 7.6

7.4 Oszillatoren mit RC-Netzwerken

Die im letzten Kapitel besprochenen Beschränkungen und Einflüsse auf die Wahl der Schaltungsgrundstruktur für einfache Oszillatoren mit RCL-Resonanzkreisen werden noch bedeutsamer, wenn wir Oszillatoren betrachten, die nur mit RC-Netzwerken aufgebaut sind. RC-Oszillatoren sind bei kleinen Frequenzen besser geeignet und bieten gewisse Vorteile, wenn ein weiter Frequenzbereich überspannt werden soll.

Eine der bekanntesten RC-Oszillatorschaltungen ist in Bild 7.7 zu sehen. Sie hat drei phasenverzögernde RC-Glieder, die durch die Pufferverstärker A_1, A_2 und A_3 getrennt sind und eine Gesamtphasenverschiebung von 180° bewirken. Die Oszillatorschleife wird durch einen invertierenden Verstärker A_4 mit einer Kleinsignalverstärkung von R_2/R_1 abgeschlossen. Die zur Festlegung der Amplitude erforderliche Begrenzung, die im Zusammenhang mit Bild 7.2 diskutiert wurde, soll in A_4 enthalten sein.

Wenn die Schaltung von Bild 7.7 oszilliert, muß jedes der drei RC-Glieder eine Phasenverzögerung von 60° liefern, und da die Übertragungsfunktion jedes RC-Gliedes $(1 + j\omega CR)^{-1}$ ist, ergibt sich eine Schwingungsfrequenz von

$$\omega_0 = \frac{\sqrt{3}}{CR} \quad . \tag{7.3}$$

Die Verstärkung jedes RC-Gliedes beträgt 1/2, so daß die Verstärkung von A_4, R_2/R_1, größer als 8 sein muß, damit die Schaltung schwingt.

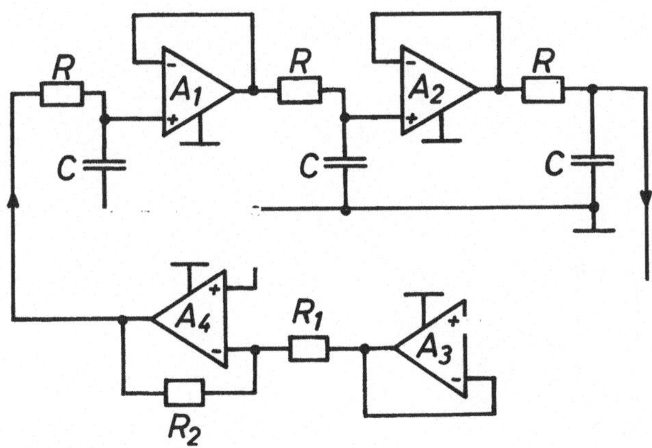

Bild 7.7

Die Frage ist nun, was alles zu tun ist, um die Frequenz des Oszillators zu verändern. Da alle Kapazitäten in Bild 7.7 mit einem Ende geerdet sind, wäre es sinnvoll, sie zu verändern. Gleichung (7.3) zeigt die Abhängigkeit der Resonanzfrequenz ω_0 von C^{-1}. Wir müssen jedoch beachten, daß *alle drei* Kapazitäten in gleicher Weise verändert werden müssen. Wird nur eine Kapazität verändert, ist die Frequenzänderung sehr klein, da ω_0 sich nur mit $C^{-1/3}$ ändert, und was noch wichtiger ist, die für A_4 geforderte Verstärkung ist dann von der Frequenz abhängig. Aus diesem Grund ist diese Schaltung in der Praxis selten zu finden.

7.5 Allpaß-Netzwerke in Oszillatoren

Ein guter RC-Oszillator benötigt ein Netzwerk, daß eine größere Phasenverschiebung als ein einfaches RC-Glied liefern kann. Eine weitere nützliche Eigenschaft wäre eine frequenzunabhängige Verstärkung. Ein Netzwerk, daß diese Eigenschaften aufweist, ist der sogenannte Allpaß.

Die Bedeutung von Allpässen für RC-Oszillatorschaltungen ist seit langem bekannt [6] und derartige Allpaßnetzwerke sind Grundlage einiger sehr interessanter Schaltungsgrundstrukturen. Die grundsätzliche Idee, die hinter Allpässen steckt, ist in Bild 7.8 veranschaulicht. Wir sehen zwei Eingangsspannungen, die entgegengesetzt gleich sind, so daß sich für die Ausgangsspannung

$$u_{out} = u_{in} \cdot \frac{(1 - j\omega CR)}{(1 + j\omega CR)} \tag{7.4}$$

ergibt. Gleichung (7.4) zeigt, daß die Phase zwischen u_{in} und u_{out} zwischen

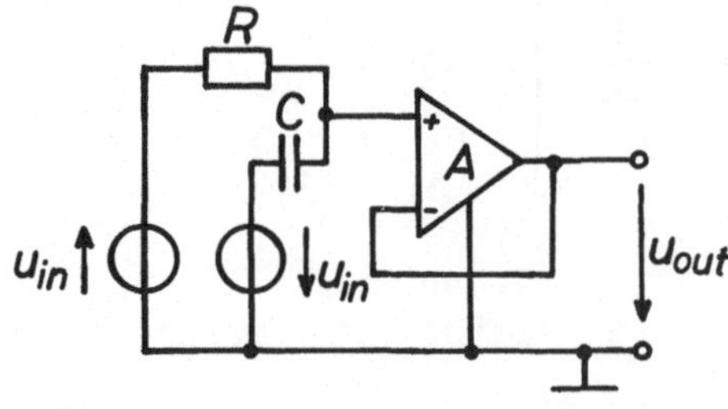

Bild 7.8

0° und 180° schwankt, wenn die Frequenz sich zwischen Null und Unendlich bewegt, während die Amplitude von u_{out} jedoch immer gleich der von u_{in} ist. Um präzise zu sein, lautet die Beziehung zwischen u_{out} und u_{in} einfach

$$u_{out} = u_{in} \cdot e^{(-2j\Phi)} \quad , \tag{7.5}$$

wobei

$$\Phi = arctan(\omega C R) \tag{7.6}$$

ist. Zwei Netzwerke der in Bild 7.8 gezeigten Art und ein invertierender Verstärker sind alles, was notwendig ist, einen RC-Oszillator für eine Schwingungsfrequenz von $\omega_0 = 1/RC$ zu bauen. Allerdings ist die Form der Schaltung von Bild 7.8 nicht sehr praktisch, besonders, da weder R noch C geerdet sind.

Bild 7.9 zeigt eine Möglichkeit, die Allpaß-Übertragungsfunktion von Gleichung (7.4) so zu realisieren, daß ein Ende des Widerstandes R geerdet ist [7]. Die anderen Komponenten dieser Schaltung sind zwei identische Widerstände R_1, sowie die beiden Operationsverstärker A_1 und A_2 mit vier gleichen Widerständen R_2. In dieser Weise beschaltet, bilden A_1 und A_2 den bekannten Differenzverstärker mit einer Differenzverstärkung von -2. Somit gilt $u_{out} = -2(u_1 - u_2)$, wobei u_1 und u_2 Bild 7.9 zu entnehmen sind. Da $u_1 = u_{in}j\omega CR/(1 + j\omega CR)$ und $u_2 = u_{in}/2$ ist, erfüllt u_{out} Gleichung (7.4).

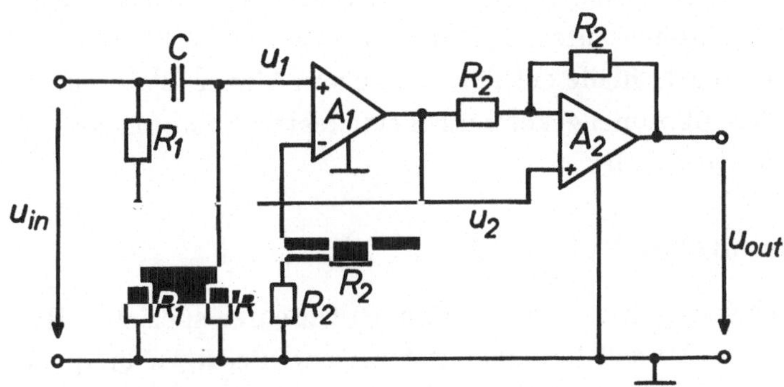

Bild 7.9

Die Entwicklung der Allpaß-Schaltung von Bild 7.9 läßt sich von seinem akademischen Prototyp in Bild 7.8 ableiten. Die Notwendigkeit, ein Ende von R zu erden, um R als Frequenzsteller zu benutzen, bedeutet, daß die Spannung an der Verbindung von R und C, die in Bild 7.8 auf Masse bezogen war, nun auf einen Bruchteil von u_{in} bezogen und invertiert werden muß. Ein Bruchteil von 1/2 läßt sich am leichtesten realisieren, und der Differenzverstärker von Bild 7.9 ermöglicht eine Übertragung der Spannung an der Verbindung von R und C, bezogen auf diesen neuen Pegel.

Ein Oszillator mit einem sehr breiten Frequenzbereich kann hergestellt werden, indem man zwei Schaltungen der Art von Bild 7.9 in Kaskade schaltet und die Oszillatorschleife mit einem invertierenden Verstärker schließt, der eine Verstärkung knapp oberhalb von eins hat. Die Abstimmung wird mittels eines Doppelpotentiometers durchgeführt. Es ist bemerkenswert, daß die Allpaßcharakteristik der Phasenschiebernetzwerke eine gleichmäßige Veränderung der variablen Komponenten wesentlich unproblematischer als im RC-Oszillator von Bild 7.7 ermöglicht. Ebenso kann auch nur eine Komponente verändert werden, um eine kleinere Frequenzverschiebung proportional zu $R^{-1/2}$ gegenüber R^{-1} zu erreichen, da sich die Verstärkung der Oszillatorschleife bei Veränderung der Frequenzsteller nicht verändert.

Eine schwierigere Aufgabe hingegen ist die Verminderung von harmonischen Oberschwingungen in der Ausgangssinuswelle von Oszillatoren mit Allpaßnetzwerken. Die Oberschwingungen sind durch die nichtlinearen Elemente bedingt, die die Amplitude des Oszillators im eingeschwungenen Zustand kontrollieren. Die Allpaßcharakteristik der Oszillatorschleife bringt mit sich, daß keinerlei Filterung dieser höheren Frequenzen erfolgt. Aus diesem Grund wird in Allpaß-Oszillatoren gewöhnlich eine Regelschleife zur Amplitudenstabilisierung verwendet, wie sie in Bild 7.4 gezeigt wurde. Eine besonders interessante Schaltung, die sowohl eine Phasen-, als auch eine Amplitudenregelschleife enthält, wurde von Mayer [8] veröffentlicht. Hierbei werden photonengekoppelte Feldeffekttransistoren als gesteuerte Widerstände verwendet.

7.6 Ein experimenteller RC-Oszillator

Als erste Versuchsschaltung dieses Kapitels wollen wir einen speziellen RC-Oszillator untersuchen. Er soll bei einer festen, sehr niedrigen Frequenz schwingen und eine möglichst reine Sinuswelle liefern [9].

Das Schaltbild ist in Bild 7.10 zu sehen, Details sind wie üblich im Anhang beschrieben. Der Oszillator entspricht dem erstmals in Bild 7.2 gezeigten

Prinzip. Die Verstärker A_1 und A_2 und die mit ihnen verbundenen Rückkopplungskomponenten bilden das Element $F_1(j\omega)$ von Bild 7.2, während das nichtlineare Element $F_2(u_1)$ von R_5 und zwei anodenseitig zusammengeschalteten Zener-Dioden gebildet wird. Der Verstärker A_3 arbeitet als Pufferverstärker.

Der in Bild 7.10 gezeigte Oszillator sollte ein recht gutes Sinussignal liefern, da die durch R_5, D_1 und D_2 bewirkte Begrenzung das am Eingangsende von R_1 ankommende Signal symmetrisch verzerrt. Aus diesem Grund dürften nur ungerade harmonische Oberwellen der Grundschwingung auftreten. Von der Eingangsseite von R_1 bis zum Ausgang von A_2 ist die Oszillatorschleife so angelegt, daß sie ein ausgeprägtes Tiefpaßverhalten mit -18 dB/Oktave aufweist. Somit sollten die durch R_5, D_1 und D_2 erzeugten dritten und höheren harmonischen Oberwellen beträchtlich abgeschwächt werden.

Um zu verstehen, wie dies genau gemacht ist, vergegenwärtigen wir uns, daß der erste Verstärker A_1 als Tiefpaß-Filter 2. Ordnung geschaltet ist. Wenn wir $R_1 = R_2 = R$ und $C_1 = 2C_2 = 2C$ wählen, ergibt sich eine maximal ebene Übertragungsfunktion [10]

$$\frac{u_2}{u_1} = \frac{1}{1 + j\sqrt{2}(\omega/\omega_0) - (\omega/\omega_0)^2} \quad , \tag{7.7}$$

mit

$$\omega_0 = 1/(\sqrt{2} \cdot CR) \quad . \tag{7.8}$$

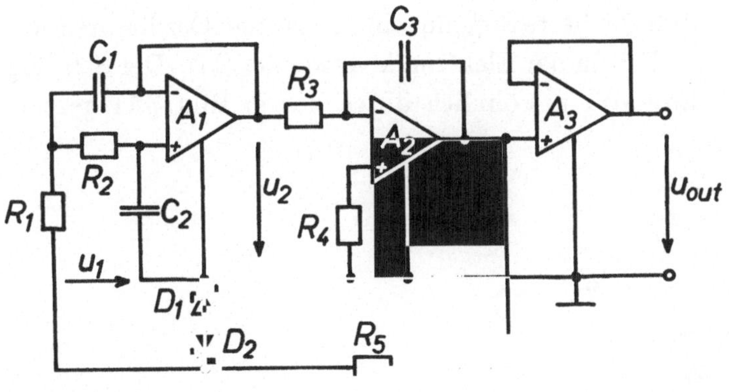

Bild 7.10

Bei dem vorliegenden Filter beträgt die Signalabschwächung bei der Frequenz ω_0, bei der die Phasenverschiebung genau 90° groß ist, exakt $\sqrt{2}$. Eine Oszillatorschleife kann nun hergestellt werden, indem man den invertierenden Integrator A_2 hinzufügt, der eine Phasenverschiebung von 270° bewirkt, und $R_3 C_3$ so wählt, daß die Verstärkung des Integrators

$$\frac{u_{out}}{u_2} = -\frac{1}{j\omega C_3 R_3} \tag{7.9}$$

einen betragsmäßigen Wert knapp oberhalb von $\sqrt{2}$ besitzt. Vorausgesetzt wird hierbei, daß $R_5 \ll R_1$ ist.

Bei der Schaltung von Bild 7.10 handelt es sich um einen besonders interessanten Versuchsschaltkreis, da die gemessene Frequenz und Amplitude bei einer sehr kleinen Betriebsfrequenz von beispielsweise 1 Hz hervorragend mit der Theorie verglichen werden können. Die vollständige Differentialgleichung 3.Ordnung kann hergeleitet werden, und die Zeitkonstanten, die den Aufbau von Schwingungen dominieren, können beobachtet und überprüft werden. Es ist darüber hinaus sehr interessant, die Schwingungsfrequenz so klein und danach so groß wie möglich zu machen, um zu verstehen, wodurch dieser Bereich in der konkreten Schaltung begrenzt wird. Diese Messungen werden im Anhang diskutiert. Die Oszillatorschaltung hat keine einfache variable Frequenzeinstellung : Die Schleifenverstärkung wurde mit Absicht stark frequenzabhängig gemacht, um eine gute sinusförmige Ausgangswellenform zu erzielen.

7.7 Allgemeines zu Schwingquarzen

Im Hochfrequenzbereich ist der Quarz-Oszillator in Hinblick auf hohe Genauigkeit und Stabilität die beste Signalquelle. Derartige Oszillatoren werden bereits seit langer Zeit in der Elektronik verwendet [11]. Der Schwingquarz wird in der Literatur gewöhnlich durch das in Bild 7.11 gezeigte

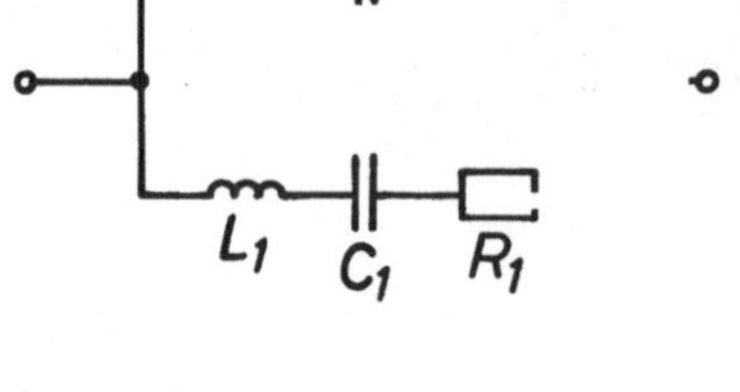

Bild 7.11

Schaltungsäquivalent beschrieben. Dabei werden einige komplexe physikalische Phänomene stark vereinfacht. Für einen typischen Schwingquarz, der in der Nähe von 1 MHz schwingt, hat die 'Induktivität' L_1 einen Wert von etwa 3 H, die 'Kapazität' beträgt ungefähr 0,01 pF und der 'Widerstand' R_1 ist etwa 100 Ω groß. Die Kapazität C_2 ist sehr nahe der einfachen elektrischen Kapazität des Quarzes, d.h. die Kapazität einer etwa 1 mm dicken Quarzscheibe mit Elektroden an beiden Seiten. C_2 beträgt daher einige pF.

Aus den obigen Überlegungen ergeben sich für den Schwingquarz zwei voneinander verschiedene Resonanzfrequenzen : Eine Reihenresonanzfrequenz nahe $\omega = 1/\sqrt{L_1 C_1}$ und eine Parallelresonanzfrequenz knapp oberhalb von $\omega = 1/\sqrt{L_1 C_1}$, die sich durch eine zusätzliche, zu C_2 hinzugefügte, äußere Kapazität in kleinen Grenzen beeinflussen läßt. Die Physik dieser beiden Resonanzfrequenzen ist äußerst interessant und die Monographie von Nye [12] hierzu ist bis heute in Bezug auf die Klarheit der Ausführungen unübertroffen. Die Funktion des Quarzes beruht darauf, daß die mechanische Spannung im Quarzkristall durch das elektrische Feld verursacht wird, während die elektrische Polarisation des Quarzes hauptsächlich durch die Deformation bestimmt ist. Unter Resonanzbedingungen verändern sich mechanische Spannung und Deformation nicht phasengleich, sondern die Deformation eilt der mechanischen Spannung aufgrund der Massenträgheit des Materials hinterher. Es ergibt sich, daß die definierte mechanische Resonanz bei sehr kleinen elektrischen Spannungen über dem Kristall auftritt, während der fließende Strom aufgrund der Veränderung der elektrischen Polarisation ein Maximum aufweist. Dies ist die Reihenresonanz des in Bild 7.11 beschriebenen Äquivalenzschaltkreises, die in den meisten Oszillatorschaltungen mit Gewicht auf hoher Stabilität verwendet wird.

7.8 Quarz-Oszillatorschaltungen

Der Entwurf von Quarz-Oszillatorschaltungen wurde von Baxandall [13] in einer Arbeit behandelt, die ein absolutes Muß für Schaltungsdesigner darstellt. Baxandall war einer der ersten, der erkannte, daß 'die Art und Weise, wie man eine Schaltung aufzeichnet, etwas darüber aussagt, wie man sich die Funktionsweise der Schaltung denkt' [14].

Der wichtigste Punkt, den ein Designer bei den Überlegungen für einen Quarz-Oszillator ständig im Hinterkopf behalten muß, ist die extrem große Güte Q eines Schwingquarzes. Sie kann oberhalb von 10^5 liegen, was zwei Konsequenzen hat : Erstens ist es nicht schwierig, den Quarz in seinen nichtlinear elastischen Bereich zu treiben, und zweitens kann eine kleine Veränderung der Phasencharakteristik der Oszillatorschaltung eine für Quarz-Oszillatorverhältnisse sehr große Veränderung der Schwingungsfrequenz nach sich ziehen.

Betrachten wir zuerst den Fall eines übersteuerten Schwingquarzes. Der Gütefaktor Q eines jeden Resonanzsystems ist ein Maß für die im System gespeicherte Energie, geteilt durch die pro Zyklus aufgewendete Energie. Betrachten wir beispielsweise einen 1 MHz-Quarz, der mit einer Verlustleistung von 10 mW betrieben wird; dies ist ein typischer Wert für viele veröffentlichte Oszillatorschaltungen [15]. Ein solcher Schwingquarz setzt demnach $10 \cdot 10^{-3} \cdot 10^{-6} = 10^{-8}$ Joule pro Zyklus um. Wenn die Güte Q des Kristalls 10^5 beträgt, bedeutet das, daß wir eine maximale gespeicherte Energie von 10^{-3} Joule im elastisch deformierten Quarz vorliegen haben. Was bedeutet dies nun genau? Eine Energie von 10^{-3} Joule, gespeichert in einem Raum von wenigen Kubikmillimetern elastisch deformierten Quarzes, ist ein eindrucksvoller Wert. Es ist fast genau soviel, wie in einem auf 50 Volt aufgeladenen Kondensator von 1 μF gespeichert ist, und es ist mehr, als die kinetische Energie eines Gewichtes von 1 g, das aus einer Höhe von 10 cm fällt. Wenn eine noch größere Verlustleistung als 10 mW umgesetzt wird, besteht die Gefahr, daß der Kristall zerbricht. Eine sorgfältig entworfene Quarz-Oszillatorschaltung wird die Quarzverlustleistung also auf einige Milliwatt begrenzen.

Das zweite Problem betrifft die Phasenverschiebung des Verstärkers für die Oszillatorschaltung. Die Schaltung von Bild 7.6 wäre beispielsweise eine geeignete Basis für einen Quarz-Oszillator, da sie einen Serienresonanzkreis verwendet, der durch einen Schwingquarz ersetzt werden könnte. Nehmen wir an, daß der Verstärker nicht ideal arbeitet, sondern bei der Arbeitsfrequenz eine kleine Phasenverschiebung $\Delta\Phi$ besitzt, die sich dazu noch mit der Temperatur und aufgrund von Versorgungsspannungsschwankungen ändern kann. Das bedeutet, daß sich auch die Schwingungsfrequenz ändern muß, um eine Gesamtphasenverschiebung der Oszillatorschleife von Null aufrechtzuerhalten. Diese Frequenzverschiebung ist durch $\Delta f = \Delta\Phi[f_0/(2Q)]$ gegeben, wobei f_0 die Resonanzfrequenz [16] ist. Von einem guten Quarz-Oszillator wird ein $\Delta f/f_0$ von weniger als 10^{-9} erwartet, so daß wir für $Q = 10^5$ den Wert für $\Delta\Phi$ unterhalb von $2 \cdot 10^{-4} rad$ bzw. $0,02°$ halten müssen. Das bedeutet, daß die Bandbreite des Verstärkers in der Oszillatorschleife wesentlich größer als die zum Einsatz kommende Quarzresonanzfrequenz sein sollte [H].

7.9   Eine Versuchsschaltung für einen Quarz-Oszillator

Für unsere Versuchsschaltung eignet sich ein von Baxandall vor einiger
Zeit veröffentlichter Quarz-Oszillator, da es sich um einen erstklassigen,
aber trotzdem einfachen Entwurf handelt.

Bild 7.12 zeigt eine Version von Baxandalls Quarz-Oszillator [17], in dem
gebräuchliche Transistoren verwendet werden. Offensichtlich basiert die
Schaltung auf dem Oszillator nach Bild 7.6. Der Verstärker A in Bild 7.6
hat zwei Eingänge : Einen invertierenden und einen nichtinvertierenden.
In Bild 7.12 haben wir hingegen einen Verstärker, der nur einen Eingang,
aber dafür zwei Ausgänge hat : Einen nichtinvertierenden Ausgang am
Kollektor von Q_2 und einen invertierenden Ausgang am Emitter von Q_2.

Die positive Rückkopplung über den Quarz wird nur von einem Teil der
Spannung des nichtinvertierenden Ausgangs über dem Spannungsteiler
$R_6/(R_6+R_7)$ abgegriffen. Die Schwingungsamplitude in der Schaltung von
Bild 7.12 wird, wenn die Schaltung anschwingt, nicht durch eine Erhöhung
der negativen Rückkopplung über R_5 gesteuert (diese Technik wurde in
Schaltung 7.6 verwendet), sondern durch eine Verminderung der positiven

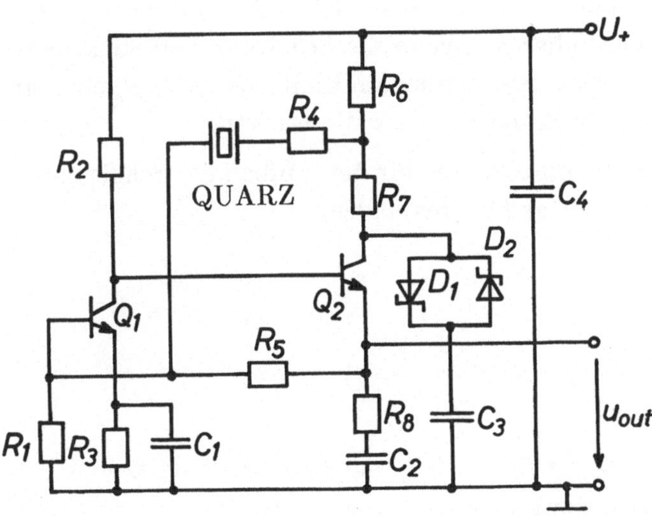

Bild 7.12

Rückkopplung. Dies geschieht mittels der beiden Schottky-Dioden D_1 und D_2, die mit dem Kollektor von Q_2 verbunden sind. Auf diese Weise wird die Amplitude am Kollektor von Q_2 auf einige hundert Millivolt begrenzt.

Die wichtigste Eigenart der Schaltung ist, daß der durch Q_1 und Q_2 gebildete Verstärker eine sehr große Bandbreite hat. Damit werden die am Ende des letzten Abschnitts aufgestellten Forderungen nach einer minimalen Phasenverschiebung durch den Verstärker erfüllt. Die Transistoren Q_1 und Q_2 sind Hochfrequenzbauteile, deren Transitfrequenz f_T oberhalb von 500 MHz liegt, und die mit Kollektorströmen von wenigen Milliampere arbeiten. Die Dioden D_1 und D_2 haben sehr kleine Kapazitäten. Somit sollte die Schaltung für den Gebrauch mit Kristallquarzen im Bereich von wenigen Hertz bis hin zu etwa 10 MHz geeignet sein.

Die Bedingungen für die Arbeitspunkte sind in dieser Schaltung sehr genau festgelegt : Die Basis von Q_2 wird auf etwa $U_+/2$ gelegt, womit R_2 bestimmt ist, wenn I_{C1} gewählt ist. Die Widerstände R_5 und R_1 legen dann die Spannung an der Basis von Q_1 fest. Damit ist auch der Wert für R_3 bestimmt. Die Verstärkung der Ausgangsstufe $(R_6 + R_7)/R_8$ kann in weiten Bereichen frei gewählt werden, wobei R_8 jedoch klein gehalten werden sollte. Hierbei haben wir den Spannungsteiler $R_6/(R_6 + R_7)$ zu beachten, damit die Spannung über dem Quarz im Vergleich zu den von D_1 und D_2 gesetzten Grenzen klein bleibt. Weiterhin liegt besonderes Augenmerk auf dem Widerstand R_4, der eingefügt wurde, um die Güte Q des Quarzes zu reduzieren und die damit verbundenen Auswirkungen auf die Ausgangswellenform zu studieren. Wenn die Schaltung korrekt arbeitet, sollte sich eine sehr gute Sinusschwingung am Emitter von Q_2 ergeben und die Verlustleistung im Kristall nur etwa 1 μW betragen.

Im Anhang finden sich alle Einzelheiten für den Aufbau der Schaltung von Bild 7.12 und einige Vorschläge für Messungen.

Bemerkungen

1 P.Horowitz und W.Hill, *'The Art of Electronics'*, Cambridge University Press, 1980, S. 166.
2 P.J.Baxandall, *Proc. IEE*, **106B**, *Ergänzung* 15-18, 748-758, 1959.
3 V.Manassewitsch, *'Frequency Synthesizer : Theory and Design'*, J.Wiley, New York, 2. Ausgabe, 1980; W.F.Egan, *'Frequency Synthesis by Phase Lock'*, J.Wiley, New York, 1981.
4 R.S.Sidorowicz, *Int .J.Circ.Theor.Applic.*, **3**, 153-148, 1975.

5 L.A.Meacham, *Proc. IRE*, **26**, 1278-94, 1938.
6 R.S.Sidorowicz, *Electronic Engineering*, **39**, 498-502 und 560-564, 1967.
7 R.S.Sidorowicz, *Proc. IEE*, **119**, 283-93 und 1283-4, 1972.
8 A.Mayer, *Int. J.Electronics*, **52**, 263-274, 1982.
9 R.J.Widlar, Application Note AN-29, National Semiconductor Corp., Dezember 1969.
10 Auch Filter mit Butterworth-Verhalten genannt. Ein gutes Nachschlagewerk über aktive Filter ist das Buch von M.E.Valkenburg, *'Analog Filter Design'*, Holt, Rinehart und Winston, New York, 1982. Das Buch hat eine sehr gute Bibliographie.
11 W.G.Cady, *Proc. IRE*, **10**, 83-114, 1922.
12 J.F.Nye, *'Physical Properties of Crystals'*, Oxford University Press, 1957, Kapitel 4 und 7.
13 P.J.Baxandall, *'Radio and Electronic Engineering'*, **29**, 229-246, 1965.
14 Siehe Bemerkung 13, S. 245.
15 Es gibt zwei jüngere Texte, die beträchtliches Detailwissen über einen weiten Bereich von Quarz-Oszillatoren beinhalten : R.J.Matthys, *'Crystal Oscillator Circuits'*, J. Wiley, New York, 1983, und M.E.Frerking, *'Crystal Oscillator Design and Temperatur Compensation*, Van Nostrand Reinhold Co., New York, 1978.
16 Dies folgt aus $Z = R_1 + j\omega L_1 [1 - (\omega_0/\omega)^2]$, wobei $\omega_0 = 2\pi f_0 = 1/\sqrt{L_1 C_1}$. Wir schreiben dann $tan\Phi = \omega L_1 [1 - (\omega_0/\omega)^2]/R_1$, $Q = \omega L_1/R_1$ und verwenden $(\omega^2 - \omega_0^2) \simeq 2\omega(\omega - \omega_0)$ zusammen mit $\Phi \simeq tan\phi$ für kleine Φ.
17 Siehe Bemerkung 13.
A Siehe R.Spence, *'Linear Active Networks'*, J.Wiley, 1970.
B Siehe J.Groszkowski, *'Frequency of Self-Oscillations'*, Pergamon Press, 1964.
C Dazu betrachten wir beispielsweise die lineare autonome Differentialgleichung mit konstanten Koeffizienten $\ddot{x} + \varepsilon\dot{x} + \omega_0^2 x = 0$: $\varepsilon > 0 \implies$ exponentiell abfallend; $\varepsilon < 0 \implies$ exponentiell ansteigend; $\varepsilon = 0 \implies$ periodische Lösung, deren Amplitude allerdings von der Anfangsamplitude abhängt. Außerdem ist die Differentialgleichung strukturinstabil (siehe z.B. W.Mathis, *'Theorie nichtlinearer Netzwerke'*, Springer-Verlag, 1987, S. 360.
D Einzelheiten bei U.Tietze u. Ch.Schenk, *'Halbleiter-Schaltungstechnik'*, 9.Aufl., Springer-Verlag, 1989, 890-891.
E Mechanismus des Anschwingens von Oszillatoren : H.Barkhausen und G.Häßler, *'Wo hat ein abklingender Schwinungsvorgang sein Ende, wo ein anklingender seinen Anfang ? '*, Hochfrequenz u. Elektroakustik **42**, 1933, 41-42, G.Häßler, *'Der Nachweis des Schroteffektes durch eine anklingende Röhrensenderschwingung'*, Hochfrequenz u. Elektroakustik **42**, 1933, 42-44, und F.Strecker, *'Die elektrische Selbsterregung'*, Hirzel-Verlag, 1947, 69-74, und F.Heilmann, *'Ein Beitrag zur Behandlung des Einschwingvorgangs von RC-Oscillator'*, Nachrichtentechnik-Elektronik 26 (DDR), 1976, 298-300, sowie A.Rusznyak, *'Start-Up Time of CMOS-Oscillators'*, IEEE Transactions on Circuits and Systems, **CAS-34**
F Gute Näherung für $A \approx R_1/R$.
G Diese wird oft auch Barkhausen-Bedingung genannt. Sie ist eine notwendige Bedingung des Satzes von Andronov-Hopf (z.B. W.Mathis, *'Theorie nichtlinearer Netzwerke'*, Springer-Verlag, 1987, 375-378).
H In diesem Fall ist die Eckfrequenz des Verstärkers von der Frequenz des Oszillators sehr weit entfernt und es ergibt sich keine nennenswerte zusätzliche Phasenverschiebung $\Delta\Phi$.

8 Translineare Schaltungen

8.1 Translinearität

Schaltungen, deren primäre Funktionsweise die proportionale Abhängigkeit der Steilheit vom Kollektorstrom bei Bipolar-Transistoren ausnutzt, wurden von Gilbert [1] als *'translinear'* bezeichnet, und diese Bezeichnungsweise soll hier übernommen werden. Translineare Schaltungen sind nur als integrierte Schaltungen realisierbar. Das Zusammenspiel bipolarer Transistoren in Bezug auf Geometrie und Temperatur spielt beim Entwurf translinearer Schaltungen eine signifikante Rolle.

Das Wesentliche an translinearen Schaltungen ist, daß der Kollektorstrom bipolarer Transistoren sich in weiten Bereichen, auch unter experimentellen Bedingungen, gemäß der Gleichung

$$I_C = I_{CB0} \cdot exp \left[\frac{U_{BE}}{(kT/e_0)} \right] \tag{8.1}$$

verhält. Gleichung (8.1) läßt sich aus der einfachen Theorie bipolarer Transistoren herleiten, und es zeigt sich im Versuch, daß die Gleichung für ein und denselben Transistor im Bereich von fünf Dekaden des Kollektorstroms von 15 pA bis zu 1,5 mA anwendbar ist [3].

In Gleichung (8.1) beschreibt I_{CB0} den Sättigungsstrom des in Sperrichtung vorgespannten Kollektor-Basis-Übergangs, der für eine konstante Temperatur ebenfalls konstant ist. Wie hinreichend bekannt ist, erhalten wir, wenn wir Gleichung (8.1) nach U_{BE} differenzieren, einen Ausdruck für die Steilheit

$$g_m = \frac{dI_C}{dU_{BE}} = \frac{I_C}{(kT/e_0)} \quad , \tag{8.2}$$

die dem Kollektorstrom proportional ist.

Bei Betrachtung der Gleichung (8.2) bietet sich unmittelbar die Verwendung von bipolaren Transistoren als Verstärker mit linear veränderbarer Verstärkung auf, die durch ein externes Steuersignal gesteuert werden können. Die Idee eines solchen variablen Verstärkers wurde bereits im vorhergehenden Kapitel als Teil der Schaltung von Bild 7.4 vorgestellt. Dort wurde ein Dual-Gate-MOS-Transistor als geeignetes Bauelement zur Realisierung einer spannungsgesteuerten Verstärkung vorgeschlagen. Dies ist zwar auch hier möglich, allerdings wäre die Verstärkung nur über einen kleinen Bereich variabel, und die Theorie des MOS-Transistors läßt Linearität nicht erwarten. Mit der Theorie des Bipolar-Transistors hingegen kann die Möglichkeit einer linearen Verstärkung über einen weiten Bereich gezeigt werden.

Als Beispiel eines solchen Verstärkers mit veränderlicher Verstärkung wollen wir die Schaltung von Bild 8.1 betrachten. Die Transistoren Q_1 und Q_2 bilden einen gewöhnlichen Stromspiegel, wie er in Kapitel 3 anhand von Bild 3.6 diskutiert wurde. Q_3 und Q_4 bilden eine symmetrische Differenzstufe mit gleichen Lastwiderständen R_2. Diese Schaltung war ebenfalls Gegenstand von Kapitel 3 (Bild 3.4(a)).

Der Steuereingang U_{cont} in Bild 8.1 legt den Strom im Stromspiegel fest, so daß

$$I_{C2} = (U_{cont} - U_{BE1} + |U_-|)/R_1 \tag{8.3}$$

ist, und wir, da es sich um eine integrierte Schaltung handelt, annehmen können, daß I_{C2} sich zu gleichen Teilen über Q_3 und Q_4 aufteilt, wenn $U_{in} = 0$ ist.

Wird eine Eingangsspannung an die Schaltung von Bild 8.1 angelegt,

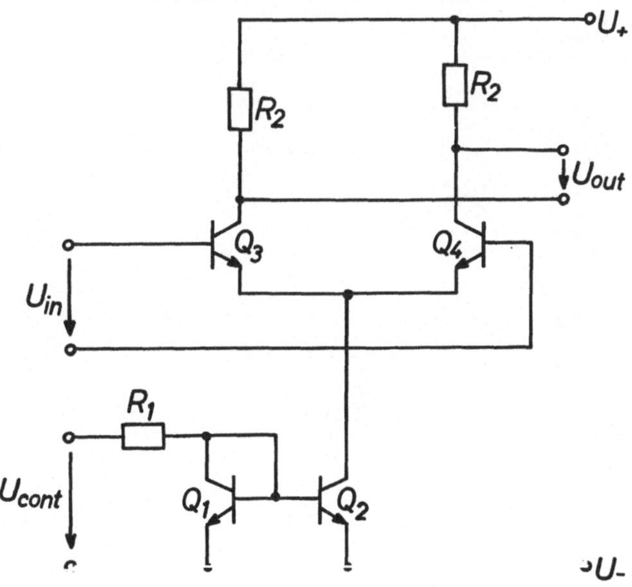

Bild 8.1

können wir Gleichung (8.1) und die Beziehungen

$$U_{out} = (I_{C3} - I_{C4}) \cdot R_2 \tag{8.4}$$

$$I_{C2} = I_{C3} + I_{C4} \tag{8.5}$$

sowie

$$tanh(x) = \frac{e^x - e^{-x}}{e^x + e^{-x}} \tag{8.6}$$

anwenden, um die Übertragungskennlinie der Schaltung

$$U_{out} = I_{C2}R_2 \cdot tanh\left[\frac{U_{in}}{(2kT/e_0)}\right] \tag{8.7}$$

zu ermitteln.

In Bild 8.2 ist die graphische Darstellung der Übertragungskennlinie für die zufällig gewählten Werte $I_{C2} = 1$ mA und $R_2 = 1$ kΩ zu sehen. Für (kT/e_0) wurde der Raumtemperaturwert von 25 mV angenommen. Wie Bild 8.2 zeigt, hat die Schaltung von Bild 8.1 für Eingangsspannungen unterhalb von etwa 20 mV eine praktisch konstante Verstärkung dU_{out}/dU_{in} von ungefähr 20. Dies entspricht dem erwarteten Wert von $g_m R_2$, wobei g_m durch Gleichung (8.2) gegeben ist. Der Verstärker sättigt bei Eingangsspannungen von mehr als etwa 100 mV, die Kleinsignalverstärkung sollte jedoch in weiten Bereichen proportional zu I_{C2}, und damit gemäß Gleichung (8.3) auch zu U_{cont} sein.

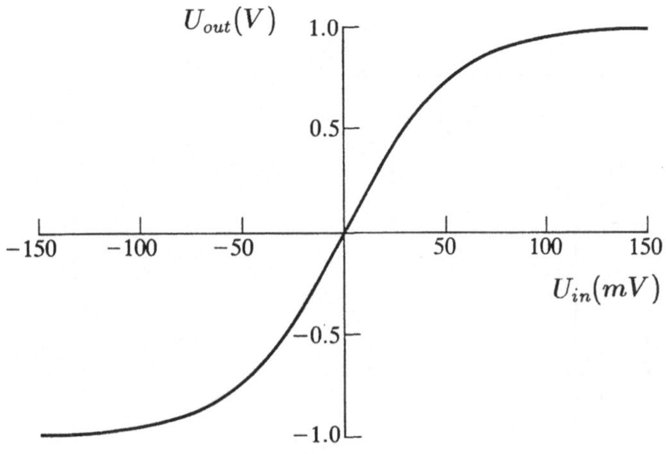

Bild 8.2

8.2 Der Operational Transconductance Amplifier (OTA)

Die Schaltung von Bild 8.1 ist keine gute Schaltungsgrundstruktur, denn jeder Versuch, daraus eine brauchbare Schaltung zu machen, führt uns zu Kapitel 3 und den Problemen des *level shifting* zurück, die in den Abschnitten 3.3 und 3.7 diskutiert wurden. Bei Schaltung 8.1 haben wir nicht nur das Problem, daß beide Ausgangspotentiale sich mehrere Volt oberhalb der Eingangspotentiale befinden müssen, sondern wir müssen zusätzlich beachten, daß dieser Pegelunterschied nicht konstant ist. Wird U_{cont} vermindert, um die Verstärkung zu reduzieren, bewegt sich der Spannungspegel an beiden Ausgängen auf U_+ zu. Bei einem vernünftigen variablen Verstärker sollten sich die Ausgänge jedoch bei einem Mittelwert von Null befinden. Weiterhin wäre ein unsymmetrischer (*single ended*) Ausgang zweckmäßiger.

Eine sehr elegante Lösung dieses Problems wurde 1969 von Wheatley und Wittlinger [4] veröffentlicht. Es handelte sich um einen sogenannten 'Operational Transconductance Amplifier' (OTA). Eine vereinfachte Version der OTA-Schaltung ist in Bild 8.3 zu sehen. Wir finden wiederum die Eingangsanordnung von Bild 8.1 : Eine symmetrische Differenzeingangsstufe

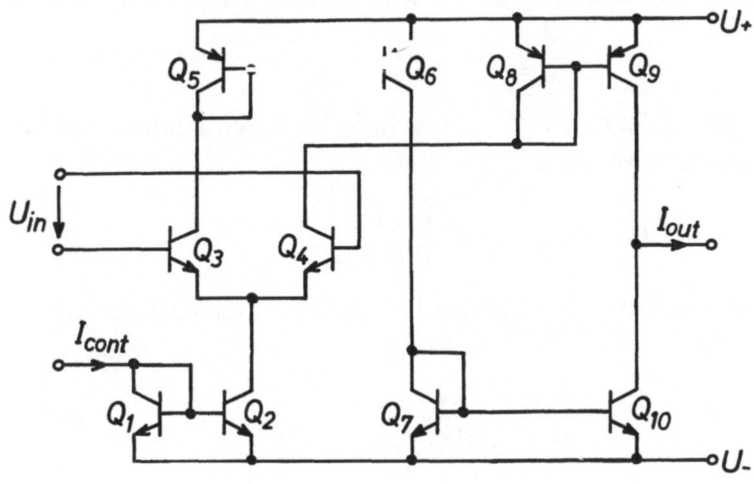

Bild 8.3

mit einem Stromspiegel, der von Q_1 und Q_2 gebildet wird. Der Spiegelstrom wird von einem externen Steuerstrom I_{cont} anstelle der Steuerspannung U_{cont} kontrolliert. Bild 8.3 beschreibt eine integrierte Schaltung, und wir wollen im folgenden annehmen, daß alle Transistoren eine identische Geometrie haben und isothermisch arbeiten.

Anstelle der mit R_2 bezeichneten identischen Lastwiderstände hat der OTA zwei Stromspiegel mit den Transistoren Q_5 und Q_6, sowie Q_8 und Q_9. Diese spiegeln die Ströme I_{C3} und I_{C4} als I_{C6} und I_{C9}, wobei jedoch zu beachten ist, daß die Kollektorströme I_{C6} und I_{C9} *aus* der Quelle U_+ kommen (Quellenstrom), während die Kollektorströme von Q_3 und Q_4 in die Quelle U_- *hineinfließen* (Senkenstrom).

Der Strom I_{C6} fließt in einen weiteren Stromspiegel, der von Q_7 und Q_{10} gebildet wird. Der Strom I_{C10}, der aufgrund des Stromspiegels I_{C6} entspricht, fließt wiederum direkt in U_-. Führen wir den Quellenstrom I_{C9} mit dem Senkenstrom I_{C10} an den Ausgang, so ergibt sich der Ausgangsstrom zu

$$I_{out} = I_{C4} - I_{C3} \quad , \tag{8.8}$$

da I_{C4} als I_{C9} und I_{C3} über I_{C6} als I_{C10} gespiegelt wurden. Der Ausgang hat die bemerkenswerte Eigenschaft, immer denselben Strom $(I_{C4} - I_{C3})$ zu liefern, unabhängig davon, auf welchem Potential er liegt, vorausgesetzt allerdings, dieses Potential befindet sich zwischen U_+ und U_-.

In der Schaltung von Bild 8.3 liegt nun im Vergleich zu Gleichung (8.3) eine Identität zwischen I_{cont} und I_{C2} vor. Gleichung (8.5) der vorhergehenden Analyse lautet nun

$$I_{cont} = I_{C4} + I_{C3} \quad , \tag{8.9}$$

so daß wir nun die Gleichungen (8.1) und (8.6) benutzen können, um die Übertragungsfunktion des OTA

$$I_{out} = I_{cont} \cdot tanh \left[\frac{U_{in}}{2(kT/e_0)} \right] \tag{8.10}$$

aufzustellen. Dies entspricht genau dem in Bild 8.2 skizzierten Verhalten, wobei für kleine Werte von U_{in} die Steilheit

$$\frac{dI_{out}}{dU_{in}} = \frac{I_{cont}}{2(kT/e_0)} \tag{8.11}$$

ist.

Wenn wir uns auf Gleichung (8.7) beziehen, wird deutlich, daß sich der OTA durch Anschließen eines einfachen Lastwiderstandes R_2 am Ausgang in einen Spannungsverstärker umwandeln läßt. Die Kleinsignalverstärkung läßt sich dann durch Variation von I_{cont} einstellen, ohne daß sich das Gleichspannungspotential am Ausgang verändert. Darüber hinaus kann das Gleichspannungspotential an den beiden Eingängen jeden Wert zwischen $(U_+ - 700mV)$ und $(U_- + 1,4V)$ annehmen. Die Transistoren Q_3 und Q_4 werden somit im Kleinsignalbetrieb stets im aktiven Bereich arbeiten. Alles in allem ist die Schaltung von Bild 8.3 eine bemerkenswerte neue Schaltungsgrundstruktur mit beträchtlichen Möglichkeiten [5].

8.3 Linearisierung der Translinearität

In Bild 8.4 sehen wir eine interessante Weiterentwicklung des im vorigen Kapitel beschriebenen OTA. Über die Eingänge der Schaltung von Bild 8.3 wurden die beiden Transistoren Q_{15} und Q_{16} geschaltet. Beide arbeiten aufgrund der Verbindung von Basis und Kollektor im aktiven Bereich und ihnen wird durch die Stromspiegel Q_{11}, Q_{13}, Q_{17} und Q_{19}, Q_{12}, Q_{14} und Q_{18} ein Strom I_D eingeprägt.

Der Grundgedanke hinter Schaltung von Bild 8.4 ist, die Nichtlinearität

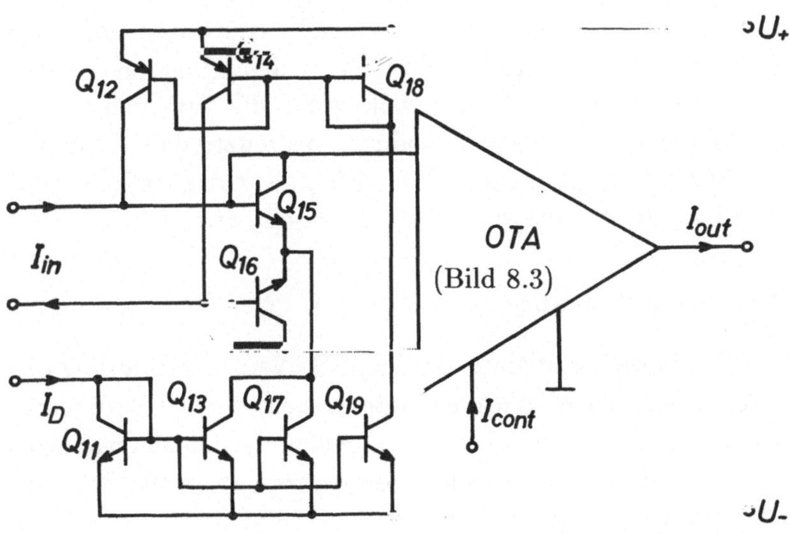

Bild 8.4

der Übertragungsfunktion des OTA gemäß Graphik 8.2 zu beseitigen, und die in Gleichung (8.10) ersichtliche Temperaturabhängigkeit zu eliminieren. Der Ursprung dieser Idee findet sich in einer Arbeit von Gilbert [6] und wurde von Kaplan und Wittlinger [7] im einzelnen diskutiert.

Die Wirkungsweise der neuen Idee können wir erkennen, wenn wir Gleichung (8.1) als

$$U_{BE} = (kT/e_0) \cdot ln(I_C/I_{CB0}) \tag{8.12}$$

hinschreiben. Gleichung (8.12) kann nun benutzt werden, um die Tatsache zu beschreiben, daß die Summe der Basis-Emitter-Spannungen von Q_{15} und Q_{16} immer gleich der Summe der Basis-Emitter-Spannungen der beiden Eingangstransistoren Q_3 und Q_4 des OTA von Bild 8.3 sein muß. Die Kollektorströme von Q_{15} und Q_{16} betragen $(I_D + I_{in})$ und $(I_D - I_{in})$, so daß sich bei Auslöschung des gemeinsamen Terms (kT/e_0) und unter Annahme eines für alle vier Transistoren identischen Wertes für I_{CB0} ergibt :

$$\frac{I_D + I_{in}}{I_D - I_{in}} = \frac{I_{C3}}{I_{C4}} \tag{8.13}$$

Unter Verwendung von Gleichung (8.8) und (8.9) läßt sich Gleichung (8.13) als

$$I_{out} = I_{in} \cdot \frac{I_{cont}}{I_D} \tag{8.14}$$

schreiben. Gleichung (8.14) ist eine einfache, temperaturunabhängige Beziehung zwischen dem Eingangs- und dem Ausgangsstrom der neuen Schaltung von Bild 8.4. Die I_{in} und I_{out} verbindende Konstante (I_{cont}/I_D) läßt sich wie vorher durch Variation von I_{cont} in demselben weiten Bereich verändern. Eine Steuerung ist ebenfalls durch die Variation von I_D möglich, diese Möglichkeit ist jedoch dadurch begrenzt, daß I_D immer größer als I_{in} sein muß. Experimentell läßt sich eine sehr gute Linearität zwischen I_{out} und I_{in} im Bereich von $-I_D < I_{in} < +I_D$ ermitteln [8].

8.4 Eine Versuchsschaltung

Als Beispiel für die Anwendung eines OTA und als Versuchsschaltung dieses Kapitels wollen wir die Möglichkeit untersuchen, einen nichtlinearen Schwingkreis bzw. ein Filter aufzubauen, um einige der bemerkenswerten Sprungphänomene und subharmonischen Resonanzen zu beobachten, die solchen Schaltungen eigen sind [9], [A].

Ein einfaches schwingungsfähiges System können wir uns als Masse m vorstellen, die an einer Feder hängt, welche eine Rückstellkraft von Kx ausübt, wobei x die Auslenkung des Gewichtes aus der durch die Gravitation bestimmten Gleichgewichtslage beschreibt. Die Differentialgleichung eines solchen Systems lautet

$$m \cdot \frac{d^2 x}{dt^2} + K \cdot x = 0 \tag{8.15}$$

und sagt uns, daß das System bei einer konstanten Frequenz $\omega = \sqrt{K/m}$ schwingt, welche Amplitude auch immer durch die Anfangsbedingungen vorgegeben sein mag.

Betrachten wir nun die Möglichkeit, ein schwingungsfähiges System mit einer nichtlinearen Feder aufzubauen. Wir wollen dazu eine Feder mit einer stark nichtlinearen Funktion der Rückstellkraft benutzen. Eine Skizze einer solchen Funktion sehen wir in Bild 8.5. Hierbei repräsentiert y die auf die Feder ausgeübte Kraft, wenn sie um eine Strecke x gedehnt oder gestaucht wird. Es handelt sich hierbei um eine Feder, bei der die Rückstellkraft bei kleinen Auslenkungen sehr klein ist, und bei der diese Kraft mit wachsender Auslenkung im Gegensatz zur linearen Feder überproportional anwächst. Die in Bild 8.5 gezeigte Funktion läßt sich durch

$$y = K \cdot x \cdot |x| \tag{8.16}$$

beschreiben, wobei K in der Skizze zu eins gemacht wurde. Wenn wir ein elektrisches Netzwerk herstellen können, dessen Übertragungskennlinie

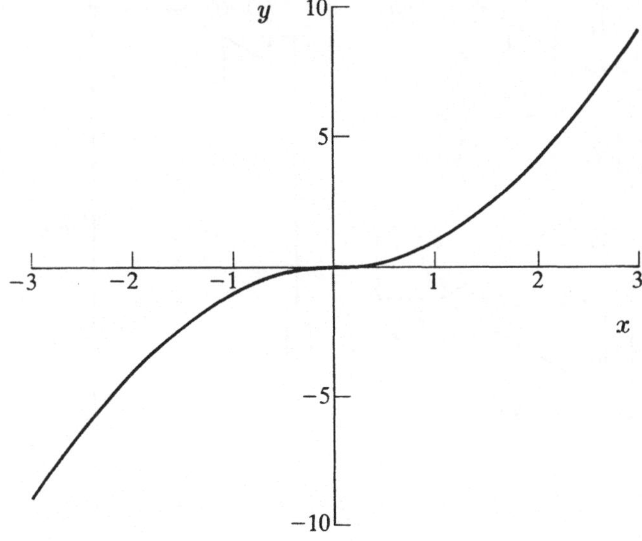

Bild 8.5

140

Gleichung (8.16) gehorcht, ist es eine einfache Sache, ein elektrisches Analogon des nichtlinearen Schwingkreises mit der Differentialgleichung

$$m \cdot \frac{d^2x}{dt^2} + Kx|x| = 0 \qquad (8.17)$$

aufzubauen [B].

Bild 8.6 zeigt die Schaltung eines Systems, dessen Übertragungskennlinie für *positive* Werte von x die Form von Gleichung (8.16) aufweist. Für negative Werte von x wird später ein ähnliches System besprochen werden.

In der Schaltung von Bild 8.6 wird das Bauteil CA3280 benutzt. Hierbei handelt es sich um eine integrierte Schaltung mit zwei der in Bild 8.4 gezeigten linearisierten OTAs. Da die Schaltung von Bild 8.6 Teil der Versuchsschaltung dieses Kapitels ist, wurde die Anschlußbelegung des CA3280 in der Skizze eingetragen.

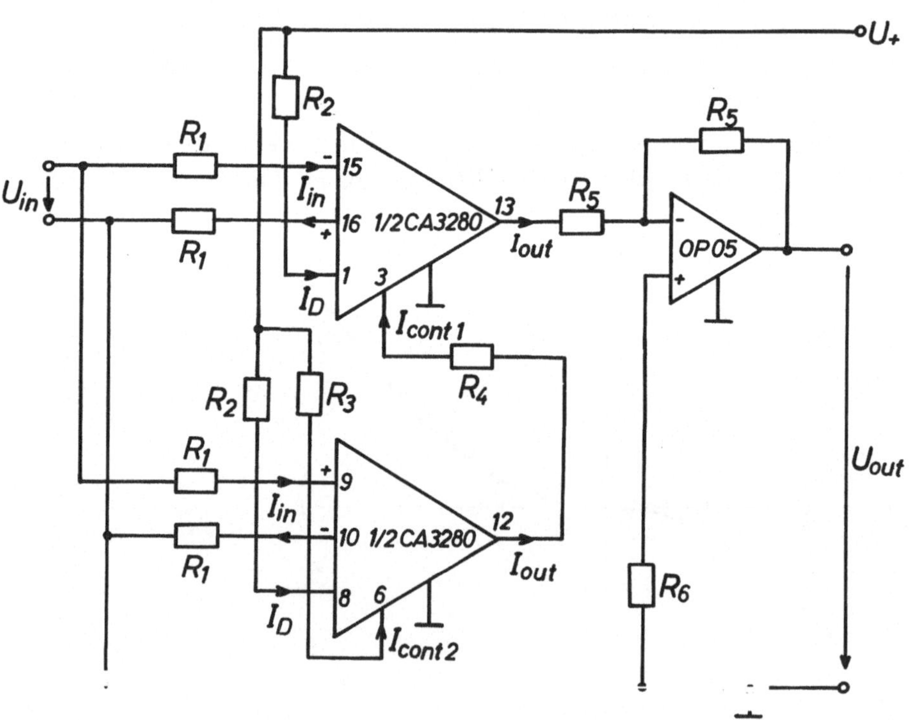

Bild 8.6

Was an der Schaltung zunächst ins Auge fällt, ist, daß vier identische Widerstände R_1 benutzt werden, zwei für jede Hälfte eines CA3280. Ihre Aufgabe besteht darin, eine Eingangsspannung U_{in} in einen Eingangsstrom I_{in} zu konvertieren. Da die Spannung zwischen den Eingängen des CA3280 in einer sinnvollen Schaltung nicht über 50 mV hinausgeht, können wir annehmen, daß

$$I_{in} = \frac{U_{in}}{2R_1} \tag{8.18}$$

gilt.

Die zweite bemerkenswerte Eigenschaft der Schaltung ist, daß ein Operationsverstärker dazu benutzt wird, den Ausgangsstrom der oberen Hälfte des CA3280 in eine Spannung umzuwandeln. Unter Beachtung der Vorzeichen in Bild 8.6 können wir die Gleichungen (8.18) und (8.14) kombinieren und erhalten

$$U_{out} = U_{in} \cdot \frac{R_5}{2R_1} \cdot \frac{I_{cont1}}{I_D} \tag{8.19}$$

Die Schaltung ist so abgestimmt, daß in beide Hälften des CA3280 derselbe Strom I_D fließt. In der oberen Hälfte wird der Strom I_{cont} variiert, da es sich um den Ausgangsstrom der unteren Hälfte handelt. In der unteren Hälfte hat der Strom I_{cont} einen konstanten Wert I_{cont2} und es ergibt sich aus den Gleichungen (8.14) und (8.18), daß

$$I_{cont1} = \frac{U_{in}}{2R_1} \cdot \frac{I_{cont2}}{I_D} \tag{8.20}$$

ist. Eine Kombination der Gleichungen (8.19) und (8.20) liefert dann die benötigte Beziehung für die positive Hälfte der Graphik 8.5 :

$$U_{out} = U_{in}^2 \cdot \frac{I_{cont2}R_5}{(2I_D R_1)^2} \ \cdot \tag{8.21}$$

Macht man U_{in} negativ, wird der Ausgang der Schaltung 8.6 zu Null, da die untere Hälfte des CA3280 versucht, I_{cont1} negativ zu machen, wodurch die obere Hälfte des CA3280 vollständig gesperrt wird. Um auch die negative Hälfte der in Bild 8.5 gezeigten Funktion zu realisieren, muß eine zu Bild 8.6 praktisch identische Schaltung aufgebaut werden, wobei die Anschlußverbindungen jedoch zu vertauschen sind.

In Bild 8.7 ist die vollständige Versuchsschaltung zur Realisierung des elektrischen Analogons des durch Gleichung (8.17) beschriebenen Federschwingers dargestellt.

Schreiben wir Gleichung (8.21) in der Form

$$U_{out} = K \cdot U_{in}^2 \tag{8.22}$$

folgt die Schaltung von Bild 8.7 der Bewegungsgleichung

$$(C_7 R_7)^2 \cdot \frac{d^2 u}{dt^2} + K u |u| = -U sin(\omega t) \quad , \qquad (8.23)$$

wobei u die Spannung am Ausgang von A_1 beschreibt und $U sin(\omega t)$ am Eingang anliegt. Für experimentelle Arbeiten ist es notwendig, eine Dämpfung in das dynamische System einzuführen, was sich sehr einfach durch Einfügen eines Widerstandes parallel zur Kapazität über A_2 bewerkstelligen läßt. Im Anhang wird dies zusammen mit einigen weiteren Modifikationen für einen brauchbaren Versuchsschaltkreis beschrieben. Das Verhalten dieses hochgradig nichtlinearen Systems ist äußerst bemerkenswert und steht den interessanten Problemen des Entwurfs der Schaltung nicht nach.

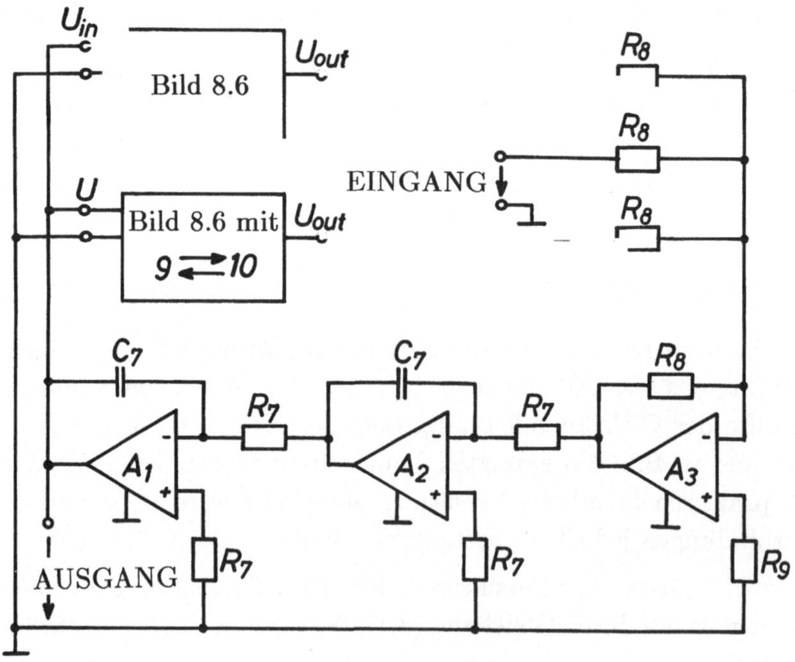

Bild 8.7

8.5 Weitere Anwendungen des OTA

OTAs, sowohl die im vorherigen Abschnitt besprochene linearisierte Variante, als auch die einfache Version von Bild 8.3, sind in breiten Anwendungsbereichen von Nutzen.

Eine hervorragende Sample-and-Hold-Schaltung, die mit dem OTA-Baustein CA3080 arbeitet, findet man in [10]. Hierbei wird ein Verstärker der Art von Bild 8.3 zum Aufladen der Sample-Kapazität verwendet. Der Ausgangsverstärker von Bild 8.3 ist für diesen Zweck offensichtlich ideal geeignet, da der Ausgang eine extrem hohe Impedanz aufweist, wenn $I_{cont} = 0$ und damit die beiden Transistoren Q_9 und Q_{10} abgeschaltet sind. Für weitere Sample-and-Hold-Anwendungen läßt sich der OTA auch mit einem maximalen Strom I_{cont} betreiben, wodurch ein maximaler Ausgangsstrom und eine schnelle Aufladung der Kapzität erreicht werden. Darüber hinaus nimmt bei einem maximalen Strom I_{cont} auch die Bandbreite des OTA ein Maximum an.

Für Anwendungen als Verstärker mit regelbarer Verstärkung in NF-Systemen und spannungsgesteuerten Verstärkern ist der OTA praktisch prädestiniert. Im vorhergehenden Abschnitt wurde ein OTA von einem anderen kontrolliert, so daß eine quadratische Funktion realisiert werden konnte. Eine einfache Erweiterung dieser Idee besteht darin, unterschiedliche Signale an die Eingänge des OTA anzulegen, um einen analogen Multiplizierer zu erhalten, der in zwei (x,y)-Quadranten arbeitet [11]. Eine Multiplikation in allen vier Quadranten ist ebenfalls möglich [12], obwohl sich dies besser mittels eines speziell für diesen Zweck entworfenen translinearen Bauteils realisieren läßt [13].

8.6 Absolute Temperaturmessung und Spannungsreferenzen

Eine andere Anwendung der Translinearität nutzt die Tatsache aus, daß der Unterschied zwischen den Basis-Emitter-Spannungen zweier bis auf die Kollektorströme identischen Transistoren linear mit der absoluten Temperatur variiert.

Betrachten wir zwei gleiche Transistoren Q_1 und Q_2, die sich nebeneinander in einer monolithischen Schaltung befinden, so daß für beide eine identische Temperatur T angenommen werden kann. Der Kollektorstrom von Q_1 sei I_{C1}, der Kollektorstrom von Q_2 entsprechend I_{C2}. Da wir annehmen können, daß Q_1 und Q_2 einen identischen Wert für I_{CB0} haben, ergeben sich

$$U_{BE1} = (kT/e_0) \cdot ln(I_{C1}/I_{CB0}) \qquad (8.24)$$

und

$$U_{BE2} = (kT/e_0) \cdot ln(I_{C2}/I_{CB0}) \tag{8.25}$$

aus Gleichung (8.12). Somit folgt, daß

$$\Delta U_{BE} = U_{BE1} - U_{BE2} = (kT/e_0) \cdot ln(I_{C1}/I_{C2}) \tag{8.26}$$

ist.

Gleichung (8.26) ist die Grundlage für zwei nützliche elektronische Schaltungen. Bei der ersten handelt es sich um einen Sensor zur Messung der absoluten Temperatur, der aus einem Paar sehr sorgfältig aufeinander abgestimmter Transistoren besteht, die mit den Strömen I_{C1} und I_{C2} in einem speziellen Verhältnis gespeist werden. Die Differenzspannung ΔU_{BE} liegt dann am Eingang eines Differenzverstärkers, wie er beispielsweise in Kapitel 4 (Bild 4.3) behandelt wurde, dessen Ausgangsspannung Maß für die absolute Temperatur T ist. Ein derartiges elektronisches Thermometer enthält jedoch keine neuen Schaltungsgrundstrukturen oder interessante Problemstellungen [14], so daß an dieser Stelle auf eine eingehendere Diskussion verzichtet werden soll.

Ein Aspekt der Gleichung (8.26), der uns auf neue und interessante Schaltungsgrundstrukturen führt, ist der Gedanke, temperaturkonstante Spannungsreferenzen durch die Kombination der mit der Temperatur linear ansteigenden Spannung nach Gleichung (8.26) und entsprechenden, mit der Temperatur fallenden Spannungsfunktionen herzustellen. Die bekannteste Spannungsgröße in der Festkörperelektronik, die sich mit der Temperatur verkleinert, ist die Basis-Emitter-Spannung U_{BE} eines bipolaren Transistors : Wird der Kollektorstrom konstant gehalten, verändert sich die Spannung U_{BE} um etwa 2,1 mV/$^\circ$C.

Der positive Temperaturkoeffizient von ΔU_{BE} ergibt sich aus Gleichung (8.26) und ist um einiges kleiner als 2,1 mV/$^\circ$C. Um eine temperaturunabhängige Spannungsreferenz zu realisieren, müssen wir die durch Gleichung (8.26) beschriebene Spannungsdifferenz ΔU_{BE} verstärken und zu der Spannung U_{BE} eines der beiden angepaßten Transistoren addieren. Dies ist ein sehr interessantes Problem, um neue Schaltungsgrundstrukturen zu erfinden und eine Lösung läßt sich auf verschiedenen Wegen erreichen. Das Prinzip wurde erst vor einiger Zeit veröffentlicht [15], mittlererweile sind jedoch schon hervoragende Spannungsreferenzen erhältlich [16].

Ein Beispiel einer solchen Spannungsreferenz soll hier angegeben werden. Die Schaltung ist in Bild 8.8 skizziert [C]. Die Differenz zwischen den Basis-Emitter-Spannungen von Q_1 und Q_2 wird näherungsweise um R_3/R_1

verstärkt und zum absoluten Wert U_{BE} addiert, so daß sich die temperaturunabhängige Referenzspannung U_{out} ergibt. Dies ist ein Ergebnis der Grundlagen von Schaltung 8.8. Eine einfache Analyse erläutert die Vorgänge im einzelnen.

Wenn wir den Operationsverstärker A in Bild 8.8 als ideal annehmen, folgt

$$I_{C1}R_1 + (kT/e_0) \cdot ln(I_{C1}/I_{CB0}) = (kT/e_0) \cdot ln(I_{C2}/I_{CB0}) \quad , \qquad (8.27)$$

wenn die tatsächliche Eingangsspannung des Verstärkers gleich Null gesetzt wird. Nehmen wir weiterhin einen Eingangsruhestrom von Null an, muß

$$I_{C1}R_3 = I_{C2}R_2 \qquad (8.28)$$

sein, damit Gleichung (8.27) und (8.28) eine Lösung für I_{C2}, nämlich

$$I_{C1} = (kT/(e_0 R_1)) \cdot ln(R_3/R_2) \qquad (8.29)$$

liefern.

Die Ausgangsspannung lautet somit

$$U_{out} = I_{C1}(R_1 + R_3) + (kT/e_0) \cdot ln(I_{C1}/I_{CB0}) \quad . \qquad (8.30)$$

Eine Differentiation nach der Temperatur ergibt

$$\frac{dU_{out}}{dT} = (k/e_0)\left[1 + \left(1 + \frac{R_3}{R_1}\right) \cdot ln(R_3/R_2)\right] - \frac{U_{BG} - U_{BE1}}{T} \quad , \qquad (8.31)$$

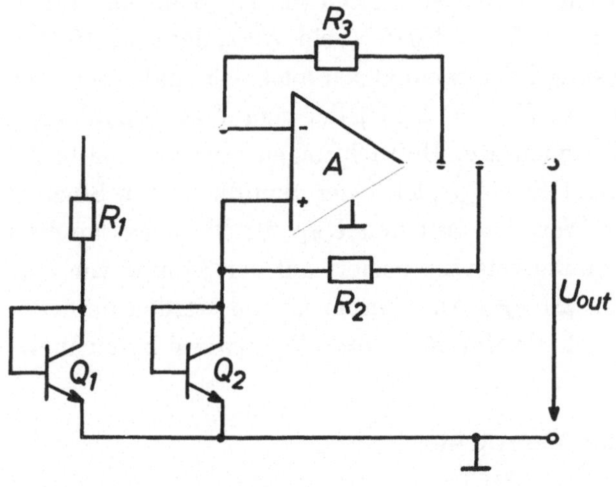

Bild 8.8

wobei die Gleichungen (8.29) und (8.12) und die Näherung

$$I_{CB0} \approx I_0 \cdot exp\left[\frac{-U_{BG}}{(kT/e_0)}\right] \tag{8.32}$$

die starke Temperaturabhängigkeit von I_{CB0} ausdrücken. In Gleichung (8.32) ist I_0 eine Konstante, $U_{BG} = E_g/e_0$ die Bandabstandsspannung für Silizium bei Raumtemperatur von etwa 1,1 V und E_g die Energiebandlücke von Silizium [D]. Eine weitere vereinfachende Annahme in Gleichung (8.31) ist, daß U_{BE} als Konstante behandelt wird. Diese Näherungen sollten in einer vollständigen Analyse des Problems nicht gemacht werden [17], an dieser Stelle geht es jedoch nur um ein Verständnis der Funktionsweise der Schaltung.

Gleichung (8.31) zeigt, daß die von Schaltung 8.8 erzeugte Referenzspannung U_{out} von der Temperatur unabhängig ist, wenn wir

$$1 + \left(1 + \frac{R_3}{R_1}\right) ln(R_3/R_2) = \frac{U_{BG} - U_{BE1}}{(kT/e_0)} \tag{8.33}$$

erfüllen.

Wir wählen beispielsweise $R_3/R_2 = 4,7$ und nehmen, Raumtemperatur vorausgesetzt, $U_{BG} = 1,1V$, $U_{BE1} = 650mV$ und $(kT/e_0) = 25mV$ an. Gleichung (8.33) liefert dann eine Verstärkung $(1 + R_3/R_1) = 11,0$. Nun können die Werte für R_1, R_2 und R_3 geeignet gewählt werden, beispielsweise $R_1 = 470\ \Omega$, $R_2 = 1\ k\Omega$ und $R_3 = 4,7\ k\Omega$. Mit diesen Werten läßt sich die Ausgangsspannung mit den Gleichungen (8.29), (8.30) und (8.12) berechnen. Das Ergebnis lautet $U_{out} = 1,076$ V, ein Wert, der etwa 10 Prozent unter der exakten Lösung liegt, wenngleich auch sehr nahe dem von uns angenommenen Wert von $U_{BG} = 1,1V$, der temperaturunabhängig sein sollte. Wie aufgrund elementarer Betrachtungen erwartet, sollte der temperaturunabhängige Wert für U_{out} gleich der Bandlücke von Silizium bei 0°K sein, da dies der Wert ist, auf den U_{BE} für T→0 extrapoliert werden kann. Unsere Spannungsreferenz basiert auf der Summe von U_{BE} und einem Mehrfachen von ΔU_{BE}. Aus diesem Grund werden derartige Spannungsreferenzen oft auch als '*Bandabstands-Referenzen*' bezeichnet.

8.7 Der logarithmische Verstärker

Es gibt wenigstens zwei verschiedene Interpretationen der Bezeichnung '*logarithmischer Verstärker*' im Entwurf elektronischer Schaltungen. Die

verbreiteste Deutung des Begriffes meint die Art von Zwischenfrequenzverstärker, die sich in Radarsystemen findet. Dies sind Hochfrequenz-
Breitband-Verstärker, die Signale über große Amplitudenbereiche verarbeiten müssen. Diesen Verstärkertyp wollen wir an dieser Stelle jedoch nicht
betrachten. Bei der zweiten Interpretation des Begriffes handelt es sich
um direktgekoppelte Meßverstärker, die Eingangsspannungen und -ströme
über Bereiche von mehreren Dekaden verarbeiten müssen und deren Ausgangspegel geeignet ist, übliche analoge Anzeigeinstrumente anzusteuern.
Eine typische Anwendung wäre die Messung des Neutronenflusses in einem
Atomreaktor bei maximaler Betriebsleistung.

Ein derartiger logarithmischer Meßverstärker könnte aufgebaut werden,
indem man einen Operationsverstärker nimmt und den Ausgang über
einen bipolaren Transistor auf den invertierenden Eingang zurückkop-
pelt [E]. Wie Gleichung (8.12) zeigt, sollte ein derart auf die virtuelle
Masse des Operationsverstärker zurückfließender Strom eine Ausgangs-
spannungsänderung bewirken, die sich proportional dem Logarithmus eines
beliebigen weiteren Stroms verhält, der zusätzlich auf die virtuelle Masse
zufließt. Hierzu existiert eine ganze Reihe von Schaltungsgrundstrukturen, über die es eine Übersicht von Dobkin [18] gibt. Die Verwendung
eines einzelnen bipolaren Transistors ist allerdings nicht befriedigend, da
die Offsetspannung ein Problem darstellt. Es sollte daher ein zweiter Transistor eingebracht werden, der mit konstanten Strömen arbeitet, so daß die
Differenz der Basis-Emitter-Spannungen verstärkt werden kann, um den
gewünschten logarithmischen Ausgang zu erhalten.

Bild 8.9 zeigt die Schaltung eines solchen logarithmischen Verstärkers. Da
der Operationsverstärker A_1 ideal sein soll, kann der invertierende Eingang
als virtuelle Masse aufgefaßt werden, an die der Kollektor von Q_1 ange-

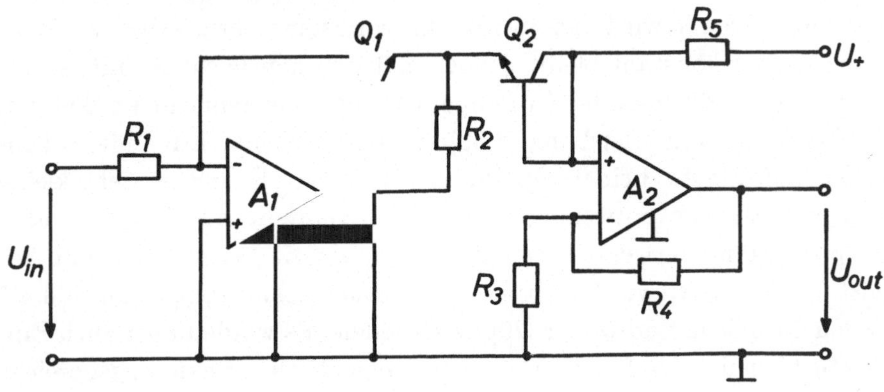

Bild 8.9

schlossen ist. Die Basis von Q_1 ist ebenfalls geerdet, so daß der Transistor im aktiven Bereich arbeitet. Die Basis-Emitter-Spannung U_{BE} von Q_1 ist durch den Strom U_{in}/R_1 durch den Widerstand R_1 festgelegt, da dieser gleich dem Kollektorstrom von Q_1 auf den Ausgang von A_1 hin ist. Der Widerstand R_2 wurde eingefügt, um die Schleifenverstärkung des Rückkopplungspfades herunterzusetzen, da die Stabilität bei allen logarithmischen Verstärkern ein gewisses Problem darstellt. Aus Gleichung (8.12) ergibt sich, daß

$$U_{BE1} = (kT/e_0)ln\left[\frac{U_{in}/R_1}{I_{CB01}}\right] \quad . \tag{8.34}$$

Der Transistor Q_2 in Bild 8.9 führt einen konstanten Strom, der in dieser Schaltung etwa U_+/R_5 beträgt und mit ein wenig Aufwand noch exakter zu berechnen ist. Es folgt, daß

$$U_{BE2} = (kT/e_0)ln\left[\frac{U_+/R_5}{I_{CB02}}\right] \quad . \tag{8.35}$$

Nun sind Q_1 und Q_2 die zwei Hälften eines sehr sorgfältig abgestimmten Paars von npn-Transistoren [19]. Das bedeutet, daß die Temperaturen in den Gleichungen (8.34) und (8.35) als gleich angenommen werden können und somit $I_{CB01} = I_{CB02}$ gilt. Die Eingangsspannung des Verstärkers A_2 ist dann durch $U_{BE2}-U_{BE1}$ gegeben, und da A_2 als rückgekoppelter Verstärker mit der Verstärkung von $(R_4 + R_3)/R_3$ beschaltet ist, ergibt sich für die Ausgangsspannung der Schaltung von Bild 8.9 schließlich

$$U_{out} = -(kT/e_0) \cdot \frac{(R_4 + R_3)}{R_3} \cdot ln\left(\frac{U_{in}R_5}{U_+R_1}\right) \quad . \tag{8.36}$$

Die Ausgangsspannung ist Null, wenn $U_{in} = U_+(R_1/R_5)$ ist, und verändert sich linear mit dem Logarithmus von U_{in}, wenn U_{in} bezüglich $U_+(R_1/R_5)$ erhöht oder gesenkt wird. Die Schaltung wird nur richtig arbeiten, wenn die Temperatur konstant bleibt, jedoch läßt sich hier leicht Abhilfe schaffen, indem entweder R_3 oder R_4 temperaturabhängig gemacht werden, um den Term (kT/e_0) in Gleichung (8.36) zu kompensieren. Ein anderes Problem ist, daß für die beiden Operationsverstärker A_1 und A_2 sehr kleine Eingangsruheströme notwendig sind, so daß Bauteile mit Eingangsruhestromauslöschung verwendet werden sollten, wie sie beispielsweise in Abschnitt 3.8 diskutiert wurden. Eine gute Versuchsschaltung gemäß Bild 8.9 wird von Nicholson und Miller [20] beschrieben. Es werden dort auch Einzelheiten über durchgeführte Messungen angegeben : Spannungsbereiche von fünf Dekaden wurden problemlos verarbeitet.

8.8 Trigonometrische Funktionen

Dieses Kapitel schließt mit einem kurzen Hinweis auf einige neuere Arbeiten über translineare Schaltungen, die die Realisierung trigonometrischer Funktionen ermöglichen. Der Grundgedanke basiert auf der in Bild 8.2 gezeigten Funktion : $y = tanh(x)$.

Indem 'long tailed pair'-Schaltungen gemäß Bild 8.1 verwendet werden, lassen sich eine ganze Reihe von Funktionen der Form $y = \pm tanh(x \pm na)$ realisieren. Diese Funktionen sehen prinzipiell aus wie die Funktion von Bild 8.2, sie sind jedoch um ein Vielfaches von a auf der x-Achse verschoben und haben eine negative oder positive Steigung.

Der Gedanke, mehrere derartige Funktionen zusammenzuschalten, um eine annähernd sinusförmige Funktion zu erzeugen, wurde 1977 von Gilbert [21] vorgeschlagen. Er hob heraus, daß sich durch eine geeignete Wahl des Verschiebungsparameters a in einem begrenzten Bereich für x eine recht akkurate Synthese der Funktion $A \cdot sin(x)$ realisieren läßt. Die Begrenzung des Bereichs für x hängt von der Anzahl der verwendeten 'long tailed pairs' ab.

In einer späteren Arbeit [22] erweiterte Gilbert diese Gedanken noch und beschrieb Schaltungen, mit denen Funktionen der Form

$$A \cdot \frac{sin(u - v)}{sin(x - y)}$$

synthetisiert werden können, wobei u, v, x und y variable Eingänge der Schaltung sein können. Eine solche Flexibilität ermöglicht in gewissen Grenzen eine Synthese nahezu jeder trigonometrischen Funktion. Diese jüngste Entwicklung im Feld der translinearen Schaltungen sollte Schaltungsdesigner, die Zugang zu Herstellungsprozessen integrierter Schaltungen haben, dazu anregen, auf diesem Gebiet zu experimentieren.

Bemerkungen

1 B.Gilbert, 'Electronic Letters', **11**, 14-16 und 136, 1975.
2 Allerdings ist beim Umgang mit bipolaren Transistoren für sehr hohe Frequenzen Vorsicht geboten. Ein wichtiger Überblick über die Transistormodellierung, der dieses Thema behandelt, ist das Papier von P.Rohr und F.A.Lindholm, *IEEE J.Sol.St.Circ.*,**SC-10**, 65-72, 1975.
3 RCA CA3280 : Datenblatt Nr. 1174, Bild 6.

4 C.F.Wheatley und H.A.Wittlinger, *Proc. Nat. Electronics Conf.*, **25**, 152-157, 1969.

5 Es ist eine Anzahl von Bauteilen gemäß Bild 8.3 erhältlich. Beispielsweise der CA3080, RCA Datenblatt Nr. 475, der CA3060, ein Dreifach-Bauelement, Datenblatt Nr. 537, und der CA3094, ein Bauteil mit Leistungscharakteristik, RCA Datenblatt Nr. 598. Der CA3094 wird im unter Bemerkung 7 aufgeführten Text diskutiert. Die in Bild 8.3 dargestellten Stromspiegel sind die einfachst möglichen. In realen Bauelementen bestehen Stromspiegel aus mehr als jeweils zwei Transistoren, um über weite Temperaturbereiche eine hohe Genauigkeit zu gewährleisten. Dies wurde in Abschnitt 3.7 besprochen, wo auch entsprechende Quellen angegeben sind.

6 B.Gilbert, *IEEE J. Sol. St. Circ.*, **SC-3**, 353-365, 1968.

7 L.Kaplan und H.A.Wittlinger, *IEEE Trans. Broadcast and Television Receivers*, **BTR-18**, 164-175, 1972.

8 RCA CA3280: Datenblatt Nr.1174, Bild 12(a).

9 N.Minorsky, *'Non-linear Oscillations'*, Van Nostrand, Princeton, 1962.

10 Der Entwurf ist Teil des Datenblatt für den CA3140 Operationsverstärker, RCA Datenblatt Nr. 957, Bild 34.

11 H.A.Wittlinger, RCA Application Note ICAN-6668.

12 H.A.Wittlinger und D.Nissman, RCA Application Note ICAN-6818.

13 B.Gilbert, *IEEE J. Sol. St. Circ.*, **SC-3**, 365-373, 1968.

14 Ein sehr guter Sensor zur Messung der absoluten Temperatur wird von J.Simmons und D.Soderquist, *'Temperature measurement method based on matched transistor pair requires no reference'* beschrieben, Precision Monolithics Inc. Apllication Note Nr. 12, 1981. Die Schaltung hat eine Genauigkeit von $\pm$ 1°K über den gesamten Nutzungsbereich von 218°K bis 398°K

15 US-Patent Nr.3617859 vom 2.November 1971, vergeben an R.C.Dobkin und R.J.Widlar bei der National Semiconductor Corp.

16 Eine integrierte Schaltung, die eine Spannungsreferenz erzeugt, die im Bereich von -25°C bis +85°C auf 0,5 ppm/°C genau ist, wird von G.C.M.Meijer, P.C.Schmale und K.van Zalinge, *IEEE J. Sol. St. Circ.*, **SC-17**, 1139-1143, 1982, beschrieben.

17 R.J.Widlar, *IEEE J. Solid State Circ.*, **SC-6**, 2-7, 1971; K.E.Kuijk, *IEEE J.Sol.St. Circ.*, **SC-8**, 222-226, 1973.

18 R.C.Dobkin, Application Note AN-30, National Semiconductor Corp., Dezember 1969.

19 Zum Beispiel der von Precision Monolithics hergestellte MAT-01.

20 P.F.Nicholson und S.Miller, *'The Bifet Design Manual'*, Texas Instruments, Bedford, England, ohne Datum.

21 B.Gilbert, *'Electronics Letters'*, **13**, 506-508, 1977.

22 B.Gilbert, *IEEE J.Sol.St.Circ.*, **SC-17**, 1179-1191, 1982.

A Siehe auch W.Mathis, *'Theorie nichtlinearer Netzwerke'*, Springer-Verlag, 1987. Sprungphänomene bei aktiven Filtern werden z.B. behandelt bei W.E.Heinlein und W.Holmes, *'Active Filters for Integrated Circuits'*, R.Oldenbourg Verlag, Prentice-Hall-Intern. und Springer-Verlag 1974, S. 585.

B Hierbei handelt es sich um ein Problem der Synthese nichtlinearer Netzwerke (E.Philippow, *'Taschenbuch der Elektrotechnik'*, Band 2 : Grundlagen der Informationstechnik, Carl Hauser Verlag, 1987, Abschnitt 9.6).

C U.Tietze u. Ch.Schenk, *'Halbleiter-Schaltungstechnik'*, 9.Aufl., Springer-Verlag, 1989, Abschnitt 18.4.2.

D In der englischen Originalfassung wird die Bandabstandsspannung und nicht die Energiebandlücke mit E_g bezeichnet.

E Einzelheiten siehe U.Tietze u. Ch.Schenk, *'Halbleiter-Schaltungstechnik'*, 9.Aufl., Springer-Verlag, 1989, Abschnitt 12.7.1.

9 Leistungsverstärker

9.1 Leistungsverstärkung

Die besondere Bedeutung der Leistungsverstärkung für den Entwurf elektronischer Schaltungen wurde bereits mehrfach in diesem Buch hervorgehoben : In Kapitel 2 in Verbindung mit selektiven Kleinsignalverstärkern und in Kapitel 5 zusammen mit Kleinsignalproblemen bei Schaltungen mit Photodioden. In beiden Beispielen war das sehr kleine Eingangssignal Träger einer Information und mußte auf einen Pegel hochverstärkt werden, der geeignet war, weiterverarbeitet zu werden.

In diesem Kapitel sollen Schaltungen betrachtet werden, die den Prozeß der Leistungsverstärkung noch fortführen. Das Eingangssignal wird nun als Informationsträger betrachtet, der die Regelung eines Leistungsflusses von einer Versorgungsquelle zu einer Last hin übernimmt, an der nützliche Arbeit verrichtet werden soll. In Bild 9.1 ist ein Blockdiagramm zu sehen, das das allgemeine Problem der Leistungsverstärkung veranschaulicht.

Die Verstärkung, bzw. Leistungsverstärkung betrifft den Pfad vom Steuer- bzw. Regelsignal über den Leistungsverstärker zur Last. Der Pfad von der Versorgungsquelle zur Last muß aufgrund verschiedener Forderungen an das vollständige System einen beträchtlichen *Leistungsverlust* beinhalten. Diese Forderungen können beispielsweise die Bandbreite oder Linearität betreffen.

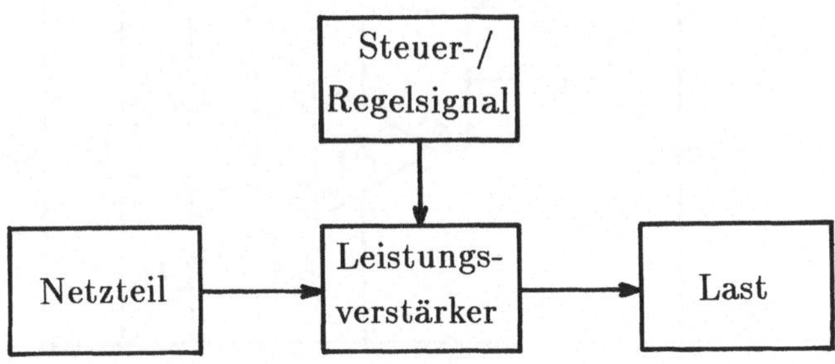

Bild 9.1

Vom generellen Standpunkt gemäß Bild 9.1 aus ist eine ganze Zahl verschiedener elektronischer Systeme denkbar. In diesem Kapitel sollen jedoch nur drei davon behandelt werden. Das erste läßt sich als das Problem des 'stabilisierten Netzteils' bezeichnen, wobei die Versorgungsquelle in Bild 9.1 eine einfache Gleich- oder Wechselleistungsquelle ist, die Rauschen und Schwankungen unterliegt. Bei derartigen Netzteilen stellt das Regelsignal einige spezielle Anforderungen bezüglich der an die Last abgegebenen Leistung, beispielsweise eine konstante Spannung über der Last. Das zweite Leistungsverstärkerproblem, mit dem wir uns befassen wollen, ist das eines Niederfrequenz-Leistungsverstärkers (oft auch Audio-Leistungsverstärker genannt, im folgenden mit NF-Verstärker abgekürzt), bei dem die Versorgungsquelle eine einfache Gleichspannungsquelle, das Steuersignal eine durch Sprache oder Musik übertragene Information und die Last ein Lautsprecher ist. Das letzte und schwierigste Problem der Leistungselektronik soll nur kurz angesprochen werden : Das Problem der Leistungsverstärkung im HF-Bereich. Die technischen Kapitel dieses Buches, die mit den Eingangsschaltungen eines Hochfrequenzsenders begannen, enden somit mit den Ausgangsschaltungen derartiger Sendeanlagen.

9.2 Das klassische stabilisierte Netzteil

Die weitaus überwiegende Zahl neuer Schaltungsentwürfe geht davon aus, daß positive und negative Versorgungsspannungen zur Verfügung stehen. Die klassische Lösung zur Bereitstellung stabilisierter Spannungen besteht darin, eine Schaltung der in Bild 9.2 gezeigten Art zu verwenden [A].

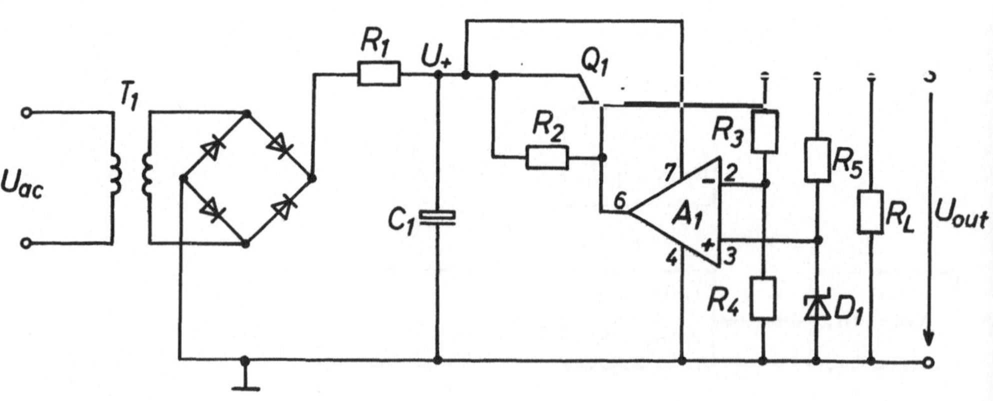

Bild 9.2

Dies soll unsere erste Versuchsschaltung sein, zu der sich im Anhang wiederum einige praktische Hinweise finden.

In Bild 9.2 wird die eingehende Wechselspannung transformiert, gleichgerichtet und grob gefiltert, um über der Kapazität C_1 eine unbelastete Gleichspannung von etwa 30 V aufzubauen. Diese Versorgungsspannung von 30 V speist einen Verstärker, der die Aufgabe hat, das Rauschen und Schwankungen zu unterdrücken und ansonsten einfach ein Vielfaches der Führungsgröße [B] abzugeben. In unserem Beispiel wird die Führungsgröße als Spannung an der Zenerdiode D_1 erzeugt und beträgt etwa 12 V.

Von einem wissenschaftlichen Standpunkt aus könnte die Schaltung von Bild 9.2 als einfacher rückgekoppelter Verstärker betrachtet werden. Es ist zweckmäßig, sich dies für einen Moment klarzumachen, da einige wichtige Punkte deutlich werden, die durch die spezielle Zeichnungsweise von Bild 9.2 bereits angedeutet wurden.

Bild 9.3 zeigt die Schaltung von Bild 9.2 noch einmal, nun in der Form eines rückgekoppelten Verstärkers. Wir sehen sofort, daß $U_{out} = U_z (R_3 + R_4)/R_4$ ist, wohingegen sich dieses Ergebnis aus der Darstellungsweise in Bild 9.2 erst bei genauerem Hinsehen ergibt. Allerdings werden in Bild 9.3 einige spezielle Probleme eines klassischen stabilisierten Netzteils ignoriert, die

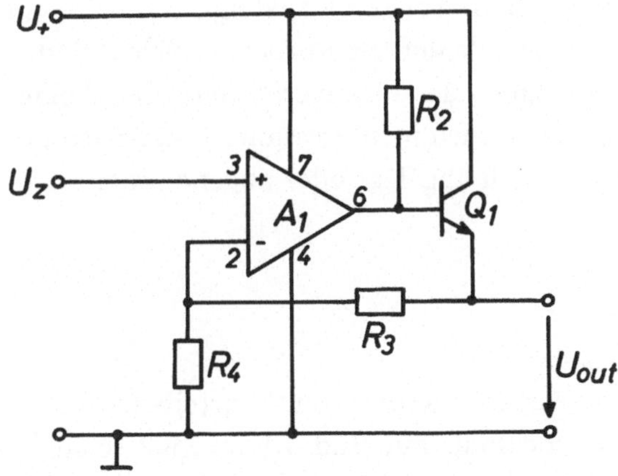

Bild 9.3

zu Beginn betrachtet werden sollen. Listen wir einige der offensichtlicheren einmal auf :

1) Die eigentliche Leistungsversorgungsquelle steckt in Bild 9.3 in dem einfachen Symbol 'U_+'. Tatsächlich aber hat U_+ eine sehr große Wechselspannungskomponente bzw. Welligkeit, und sowohl diese, als auch die Gleichspannung selbst variieren mit der Last.

2) Die tatsächliche Variable in beiden Schaltungen ist R_L. Dies ist in Bild 9.3 nicht zu erkennen.

3) In Bild 9.2 ist die Führungsspannung U_z so gezeichnet, daß sie vom Ausgang, also der stabilisierten Spannung der Schaltung abgeleitet wird. Führt dies nicht zu Problemen, wenn der Schaltkreis gerade eingeschaltet wird? Es wäre jedenfalls keine gute Idee, die Zenerdiode mit einer schwankenden Spannung U_+ zu speisen.

Diese Probleme machen die einfache Schaltung von Bild 9.2 für unsere experimentellen Zwecke sehr geeignet. Einzelheiten der Versuchsschaltung finden sich wie üblich im Anhang. Es ist wichtig, einen Operationsverstärker auszuwählen, dessen Ausgangsstufe geeignet ist, die sehr kleine Impedanz der Basis von Q_1 anzusteuern. Der Operationsverstärker sollte außerdem eine hohe Unempfindlichkeit gegen Betriebsspannungsschwankungen (*power supply rejection ratio*) haben. Der Widerstand R_2 spielt eine wichtige Rolle dabei, sicherzustellen, daß die Schaltung in Bild 9.2 richtig anschaltet. Dazu führt R_2 dem Basis-Emitter-Übergang von Q_1 und damit dem nichtinvertierenden Eingang von A_1 eine Spannung zu, die, solange D_1 nicht leitet, größer als die Spannung am invertierenden Eingang ist, so daß die Ausgangsspannung von A_1 zunächst ansteigt. Es wäre ein Fehler, eine Kapazität über D_1 zu legen, da der angesprochene Effekt damit zunichte gemacht würde. Die Messungen des Regelverhaltens, der Welligkeit und des Rauschens am Ausgang, sowie die interessante Frage nach der Sprungantwort, wenn eine Last plötzlich angelegt oder abgenommen wird, werden im Anhang diskutiert.

9.3 Geschaltete Netzteile

Ein wesentlicher Nachteil der klassischen stabilisierten Netzteile ist ihr geringer Wirkungsgrad. Wenn wir nochmals auf Bild 9.1 und 9.2 schauen, sehen wir, daß der Leistungsfluß von der Versorgung zur Last über den in Reihe liegenden '*Regler*' Q_1 gehen muß. Wenn die unbearbeitete Versorgungsspannung, die sich über C_1 abgreifen läßt, um mehrere Volt schwankt, oder wenn der aufgrund von Lastwechseln erwartete Spannungsabfall über C_1 größeren Schwankungen unterliegt, sind auch über Q_1 starke Spannungsabfälle möglich, so daß die in Q_1 umgesetzte Verlustleistung größer sein kann, als die an die Last R_L abgegebene.

Die Entwicklung sowohl bipolarer als auch von MOS-Leistungstransistoren mit hervorragenden Schalteigenschaften bei Frequenzen im kHz-Bereich und Leistungen von einigen hundert Watt führte zu einer neuen Art von stabilisierten Netzteilen, den Schaltnetzteilen [1], [C]. Diese können in vielerlei Form auftreten und das einfache Beispiel von Bild 9.4 soll uns das Konzept vorstellen.

In der Schaltung von Bild 9.4 wird dieselbe nichtstabilisierte Gleichspannungsquelle bis hin zu C_1 wie in Bild 9.2 verwendet. Nehmen wir nun an, daß die Schaltung zum ersten Mal eingeschaltet wird. Da C_3 ungeladen ist, wird die Referenzspannung U_{ref} über der Zenerdiode D_1 mit einer kleinen Abschwächung (wegen $R_3 \gg R_4$) auf den nichtinvertierenden Eingang von A_1 gegeben. Damit wird der Ausgang von A_1 positiv und schaltet den Transistor Q_1 an, so daß der Strom durch die Induktivität L gemäß $di_L/dt = U_+/L$ ansteigt. Da ein Teil des Stromes in die Kapazität C_3 fließt, wächst auch die Spannung an C_3 an, bis U_{out} einen Wert von

$$U_{out} = U_{ref} + (U_+ - U_{ref}) \cdot \frac{R_4}{(R_3 + R_4)} \tag{9.1}$$

erreicht, der nahe U_{ref} liegen kann, wenn $U_+ \gg U_{ref}$ und $R_3 \gg R_4$ erfüllt sind. Der Transistor Q_1 schaltet nun ab, da sich das Vorzeichen der Spannung am Ausgang von A_1 umgedreht hat und der Strom in L, der nun durch die Diode D_2 fließt, annähernd exponentiell mit der Zeitkonstante

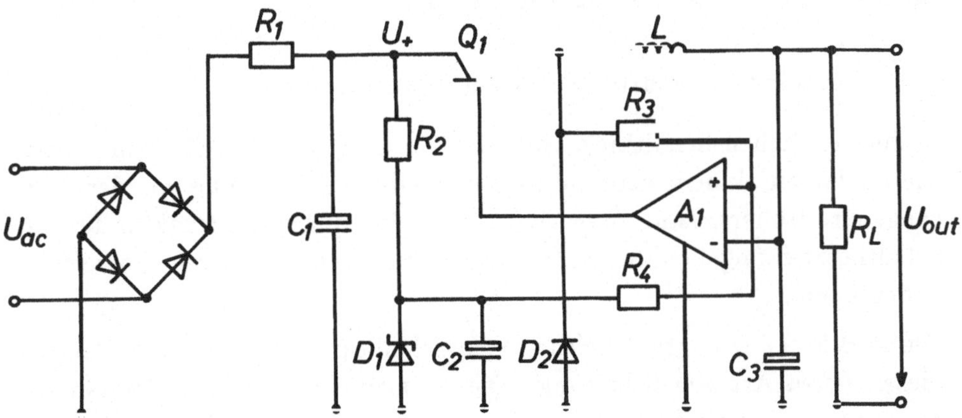

Bild 9.4

L/R_L abfällt. Bemerkenswert ist, daß sich die Spannung am nichtinvertierenden Eingang von A_1 nicht länger auf dem durch die rechte Seite von Gleichung (9.1) gegebenen Wert befindet, sondern einen niedrigeren Wert $U_{ref} - (U_{ref} - U_F)R_4/(R_3 + R_4)$ angenommen hat, wobei U_F die in Vorwärtsrichtung über D_2 abfallende Spannung beschreibt. Damit bleibt Q_2 ausgeschaltet, bis die Ausgangsspannung auf

$$U_{out} = U_{ref} - (U_{ref} - U_F) \cdot \frac{R_4}{R_3 + R_4} \qquad (9.2)$$

abgefallen ist. Ist dieser Punkt erreicht, öffnet Q_1 wieder und der Zyklus beginnt von neuem.

Die Schaltung von Bild 9.4 stellt somit ein einfaches selbstoszillierendes Schaltnetzteil dar, das mit hohem Wirkungsgrad arbeiten kann, sogar wenn U_+ sehr viel größer als U_{out} ist, denn der Schaltungsteil, der den seriellen Regler des klassischen Netzteils ersetzt, hat eine nur geringe Verlustleistung. Der Grund für den relativ kleinen Leistungsverlust ist, daß Q_1 als Schalter fungiert und die abfallende Spannung nur $U_{CE(SAT)}$ beträgt, wenn der Schaltstrom den Transistor durchläuft. Wird das Netzteil stärker belastet, steigt auch der Wert, bei dem U_{out} nach Gleichung (9.2) auf den niedrigen Pegel fällt. Damit steigen sowohl die Schaltfrequenz als auch die Pulsbreite, weil weniger des geschalteten Stroms in die Kapazität fließt und mehr in die Last R_L geleitet wird.

Vom Standpunkt von Bild 9.1 aus, ist das Regelsignal eines Schaltnetzteils also das Signal, das die Schaltfrequenz und die Schaltdauer des Schalters bestimmt. In dem sehr einfachen Schaltkreis von Bild 9.4 ist dies der Ausgang von A_1. In höherentwickelten Schaltnetzteilen wird das Regelsignal auf eine kompliziertere Art erzeugt [2], [D].

9.4 Vorzeichenwechsel der Ausgangsspannung

In dem einfachen Schaltkreis von Bild 9.4 muß U_{out} dasselbe Vorzeichen wie U_+ haben. Indem man die Eingangsseite der Schaltung von der Ausgangsseite isoliert, kann man eine neue Schaltungsgrundstruktur für ein Schaltnetzteil angeben, bei der U_{out} auch ein entgegengesetztes Vorzeichen haben kann.

Die in Bild 9.5 gezeigte Schaltungsgrundstruktur ist ein einfaches Beispiel dieser neuen Art von Schaltung. Die Kapazität C_1 bewirkt eine Gleichspannungsentkopplung zwischen den beiden Seiten und der Steuerstrom an der Basis von Q_1 schaltet den Transistor für eine Dauer τ mit einer

Periodendauer T schlagartig ein. Wenn Q_1 anschaltet, baut sich an der Induktivität L_1 eine Spannung U_+ auf, und der Strom durch die Induktivität steigt mit U_+/L_1 an. Wird Q_1 abgeschaltet, fließt dieser Strom über die Diode D_1 in die Kapazität C_1. Schließlich muß C_1 auf eine bestimmte Spannung U_C aufgeladen werden, und wir können die beiden Gleichungssysteme der Schaltung aufschreiben. Das erste Paar ist gültig, wenn Q_1 angeschaltet ist, und lautet

$$U_+ = L_1 \cdot \frac{di_1}{dt} \tag{9.3}$$

$$U_c = L_2 \cdot \frac{di_2}{dt} + i_2 \cdot R_L, \tag{9.4}$$

wobei die Richtung von U_c in Bild 9.5 festgelegt ist, während das zweite Paar

$$U_+ - U_c = L_1 \cdot \frac{di_1}{dt} \tag{9.5}$$

$$0 = L_2 \cdot \frac{di_2}{dt} + i_2 \cdot R_L \tag{9.6}$$

zur Anwendung kommt, wenn Q_1 sperrt. Wir haben hierbei die Spannungsabfälle über Q_1 und D_1 im Vergleich zu den anderen Spannungen vernachlässigt und die Kapazität C_1 als sehr groß angenommen.

Aus den Gleichungen (9.3) und (9.5) läßt sich entnehmen, daß i_1 während

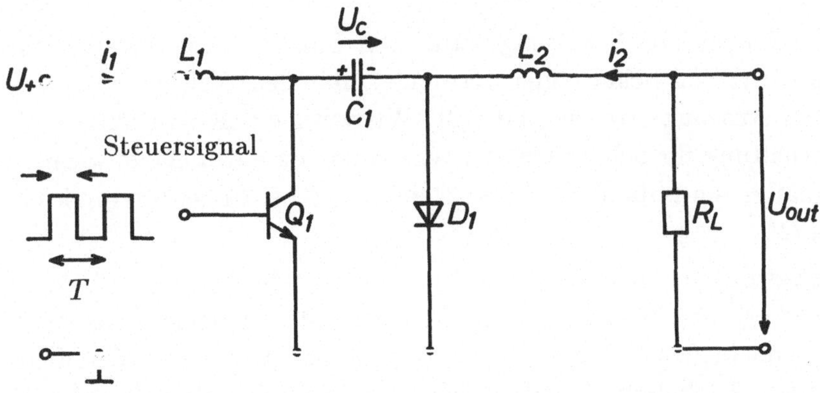

Bild 9.5

158

der Zeit τ mit U_+/L_1 linear ansteigt, um dann für den Rest der Periode $(T - \tau)$ linear mit $(U_+ - U_c)/L_1$ zu fallen. Daraus folgt, daß die Kapazität auf einen Wert U_c größer als U_+ aufgeladen werden muß, da anderenfalls $(U_+ - U_c)/L_1$ nicht negativ werden könnte und i_1 nicht über einen Mittelwert hinaus schwanken könnte, so daß

$$\frac{U_+}{L_1} \cdot \tau + \frac{(U_+ - U_c)}{L_1} \cdot (T - \tau) = 0 \quad , \tag{9.7}$$

was bedeutet, daß

$$U_c = U_+ \frac{T}{(T - \tau)} \quad . \tag{9.8}$$

ist.

Wir können $\overline{U_{out}}$ ermitteln, indem wir argumentieren, daß für große Werte von L_1 und L_2 die Schwankungen der Ströme i_1 und i_2 um ihren Mittelwert nicht sehr groß sind und weiterhin $\overline{U}_{out} = -\bar{i}_2 R_L$ gilt. Wenn i_2 nun um einen Mittelwert $\bar{i}_2$ schwankt, erhalten wir aus den Gleichungen (9.4) und (9.6) die Beziehung

$$\left[(U_c - \overline{U}_{out})/L_2\right] \tau + (\overline{U}_{out}/L_2)(T - \tau) = 0 \tag{9.9}$$

und durch Einsetzen in Gleichung (9.8)

$$\overline{U}_{out} = -U_+ \cdot \frac{\tau}{(T - \tau)} \quad . \tag{9.10}$$

Gleichung (9.10) läßt erkennen, daß $\overline{U}_{out}$ mit der Pulsweite des Steuersignals an der Basis von Q_1 in Bild 9.5 ansteigt und $\overline{U}_{out} = -U_+$ wird, wenn das Steuersignal eine symmetrische Rechteckfunktion ist. Dies ist die Grundlage des Steuersignals, wie es in Bild 9.1 vereinbart wurde. Mit der Erhöhung des Tastverhältnisses des Steuersignals steigt auch $\overline{U}_{out}$.

9.5 Eine Versuchsschaltung

Die in Bild 9.5 gezeigte Schaltung wurde von Čuk als Basis für eine sehr interessante Art von Schaltregler verwendet, mit dem sich ein von Welligkeit freier Ausgang erreichen läßt [3]. Wir werden Čuk's Schaltung als Versuchsschaltung für Schaltnetzteile verwenden, da darin einige wichtige Ideen enthalten sind, die den ganzen Bereich der Leistungselektronik beeinflußten [4].

Bild 9.6 zeigt die Versuchsschaltung. Sie unterscheidet sich in zwei Punkten vom vorhergehenden Schaltkreis. Erstens wurde ein idealer Übertrager T_1 zwischen die beiden Seiten der Schaltung plaziert. Er soll ein Windungsverhältnis von 2:1 haben. Zweitens dürfen die Induktivitäten L_1 und L_2 verkoppelt sein, so daß es zwischen ihnen eine Kopplungsinduktivität M gibt. Die Kapazitäten C_1 und C_2 sollen identisch und sehr groß sein.

Untersuchen wir das Verhalten der Schaltung bei Einwirkung eines Rechtecksteuersignals, das Q_1 für die Zeit $\tau = T/2$ anschaltet. In der vorhergehenden Schaltung bewirkte dieses Steuereingangssignal, daß U_c gemäß Gleichung (9.8) gleich $2U_+$ wurde. In der neuen Schaltung gilt $C_1 = C_2$ und beide Kapazitäten werden aufgrund des Übertragers auf eine Spannung von $2U_+/3$ aufgeladen [5].

Es ergeben sich nun

$$U_+ = L_1 \cdot \frac{di_1}{dt} + M \cdot \frac{di_2}{dt} \tag{9.11}$$

$$U_+ = M \cdot \frac{di_1}{dt} + L_2 \cdot \frac{di_2}{dt} + i_2 R_L \quad , \tag{9.12}$$

wenn Q_1 leitet, und

$$-U_+ = L_1 \cdot \frac{di_1}{dt} + M \cdot \frac{di_2}{dt} \tag{9.13}$$

$$0 = M \cdot \frac{di_1}{dt} + L_2 \cdot \frac{di_2}{dt} + i_2 R_L \quad , \tag{9.14}$$

wenn Q_1 sperrt.

Anhand dieser Gleichungen zeigt sich, daß wir die interessantesten Vorgänge innerhalb dieser Schaltung beobachten können, wenn wir den Wert der Kopplungsinduktivität M verändern. Dies läßt sich leicht bewerkstelligen, indem man L_1 und L_2 als einfache Luftspulen wickelt und sie zur besseren

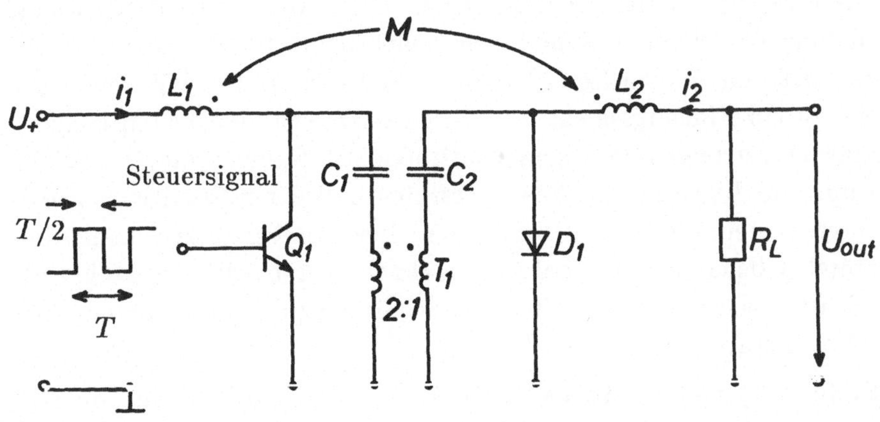

Bild 9.6

Kopplung ineinander schiebt. Wenn wir die Kopplung zunächst gering halten und U_{out} auf dem Oszilloskop sichtbar machen, sehen wir einen mittleren Gleichspannungspegel, dem ein dreieckförmiges welliges Signal der Frequenz des Steuersignals überlagert ist.

Wird die Kopplung der beiden Induktivitäten nun erhöht, indem die beiden Spulen näher zueinander gebracht werden (wobei die Wicklungsrichtung, in Bild 9.6 durch die Punkte markiert, beachtet werden muß), können wir beobachten, daß die Amplitude des dreieckförmigen Signal kleiner wird. Wenn wir die Kopplung groß genug machen, verschwindet das überlagerte Signal schließlich ganz, um dann bei noch weiter steigender Kopplung mit umgekehrter Phase zum rechteckförmigen Steuersignals wieder zu erscheinen.

Es muß also für die Gleichungen (9.11) und (9.12) mit (9.13) und (9.14) eine Lösung geben, wenn wir $di_2/dt = 0$ setzen und mit $L_1 = L_2 = L$ nach M auflösen, d.h. wir nehmen zwei gleichgroße gekoppelte Induktivitäten an, so daß $M = k\sqrt{L_1 L_2} = kL$ gilt, wobei k der Kopplungsfaktor ist. Es läßt sich leicht nachprüfen, daß dies zutrifft, wenn $U_{out} = -U_+(M/L) = -U_+(1 - M/L)$ ist, da sich diese Gleichung nur mit $M/L = 1/2$ bzw. $k = 0,5$ erfüllen läßt [6]. Die Einzelheiten des Schaltungsaufbaus von Bild 9.6 für experimentelle Arbeiten sind im Anhang zu finden. Es gibt dabei einige interessante Probleme mit den in der Schaltung verwendeten Übertragern zu untersuchen [7].

9.6 Ausgangsschaltungen für NF-Verstärker

NF-Verstärker liefern im allgemeinen nur einige Watt Ausgangsleistung, im Fall einiger größerer Anwendungen vielleicht um 100 W, in einem Frequenzbereich von einigen Hertz bis maximal 100 kHz. Der NF-Verstärker muß hierzu ein Eingangssignal im Mikrowattbereich verarbeiten können, ohne daß Verzerrungen des Signals auftreten. Im Rahmen dieses Kapitels sollen uns allerdings nur die Ausgangsstufen und deren Schaltungsprinzipien interessieren, da die anderen Stufen eines NF-Verstärkers denen der in Kapitel 3 behandelten Schaltungen ähneln. Auch die Ausgangsstufe eines Operationsverstärkers beinhaltet Schaltungsprinzipien, die den hier behandelten stark ähneln.

Die Einführung von Leistungs-FETs [8] gab der Entwicklung von NF-Leistungsverstärkern einen starken Anstoß. Ein neuerer Überblick [9] beschäftigt sich mit dem Entwurf von NF-Verstärkern, die mit Leistungs-FETs aufgebaut sind, und anderen speziellen Entwurfsproblemen. Der

Artikel diskutiert ebenfalls, was im einzelnen konkret benötigt wird, um eine Schaltung zu dimensionieren. Hier, wie in allen Teilen des Buches geht es jedoch um die verwendeten Schaltungsgrundstrukturen und -prinzipien, bzw. um die Gründe für die Verwendung bestimmter Schaltungsgrundstrukturen, um einen guten Entwurf zu erzielen.

Die Schaltungsgrundstrukturen für NF-Verstärker werden traditionell in drei Klassen eingeteilt : A, AB und B [E]. In der Klasse A ist der von der Gleichspannungsquelle (siehe 9.1) gelieferte Strom und damit auch die gelieferte Leistung konstant. Dies hat beachtliche Vorteile bezüglich der Minimierung von Verzerrungen, bedeutet aber auch einen sehr kleinen Wirkungsgrad, da die konstante Leistung der Gleichspannungsquelle stets um einiges größer als die maximale Ausgangsleistung sein muß. In NF-Anwendungen ist die Forderung nach maximaler Ausgangsleistung dagegen sehr selten.

Bei einem Verstärker der Klasse B handelt es sich um eine Schaltungsgrundstruktur, wie wir sie schon in Bild 6.6 angesprochen haben. Die Schaltung ist in Bild 9.7 nochmals gezeigt, nun allerdings unter Verwendung von Enhancement-Leistungs-MOS-Transistoren, da diese Wahl die besonderen Eigenschaften der Schaltung noch deutlicher zeigt, als eine Version mit Bipolar-Transistoren. Q_1 ist ein n-Kanal-Transistor, Q_2 ist ein p-Kanal-Typ.

Typische Kennlinien für Q_1 und Q_2 sind in Bild 9.8 skizziert, und es ist auf den ersten Blick zu erkennen, daß in der Schaltung nach Bild 9.7 nicht

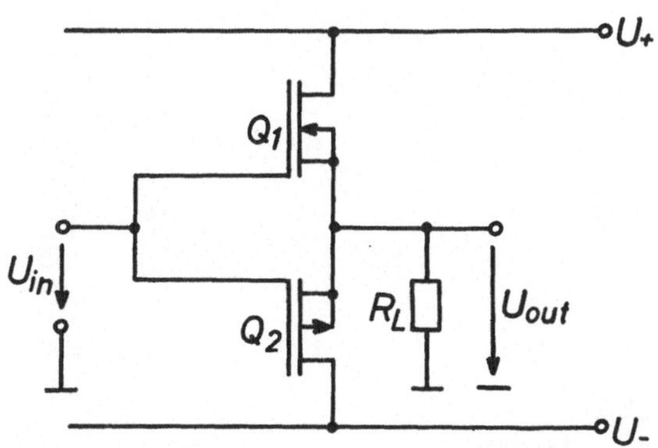

Bild 9.7

durch beide Transistoren gleichzeitig Strom fließen kann. U_{in} muß einige Volt größer als U_{out} sein, damit Q_1 Strom von der Versorgungsspannung U_+ in den Lastwiderstand R_L fließen läßt. Umgekehrt muß U_{in} einige Volt kleiner als U_{out} sein, damit Strom vom Lastwiderstand durch Q_2 auf die negative Versorgungsspannung U_- zufließt. Wenn $U_{in} = U_{out} = 0$ ist, fließt aus keiner Richtung Strom durch die Schaltung.

Die Schaltung von Bild 9.7 ist keine besonders gute Basis für einen Verstärker, der einen sehr großen Signalpegelbereich bearbeiten können soll, ohne dabei merkliche Verzerrungen zu erzeugen. U_{in} muß mehrere Volt betragen, damit die Ausgangsstufe von Bild 9.7 überhaupt ein Ausgangssignal produziert. Ein weiteres großes Problem ist, daß man U_{in} über U_+ erhöhen, bzw. unter U_- erniedrigen muß, um U_{out} in die Nähe von U_+ oder U_- zu bringen.

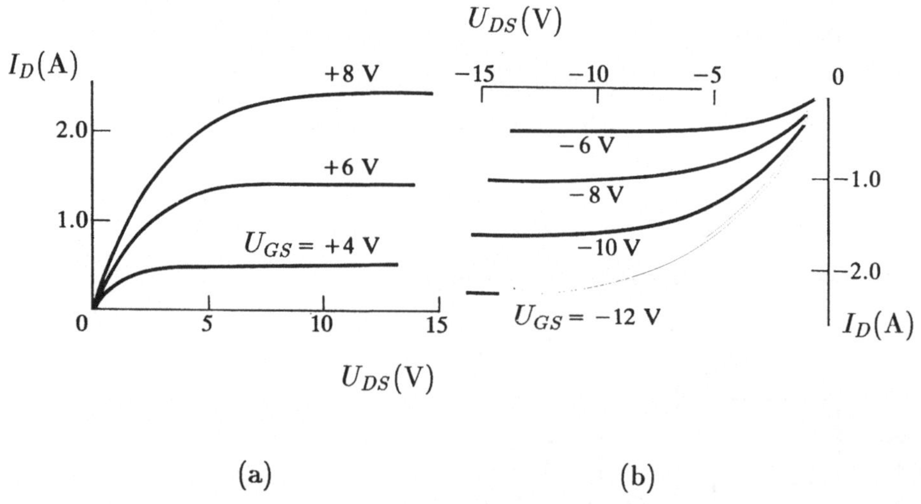

Bild 9.8 : Typische Kennlinien eines
  (a) n-Kanal-Enhancement Power MOSFET
  (b) p-Kanal-Enhancement Power MOSFET Spezifikationen : 30 Volt, $U_{DS(max)}$-Typen mit 1 Watt Verlustleistung [10].

9.7 Der Ausgangsverstärker der Klasse AB

Eine Schaltungsgrundstruktur, die sich als Ausgangsstufe eines NF-Verstärkers besser als die Schaltung von Bild 9.7 eignet, ist in Bild 9.9 gezeigt.
In dieser Schaltung sind die Gates der beiden Ausgangstransistoren nicht
mehr verbunden. Eine Ruhestromschaltung, die wir bereits in Bild 6.13
kennengelernt haben und die aus dem Transistor Q_1 und den beiden Widerständen R_1 und R_2 besteht, wird benutzt, um die beiden Ausgangstransistoren Q_2 und Q_3 vorzuspannen, so daß ein kleiner Ruhestrom zwischen
U_+ und U_- fließt, wenn $U_{out} = 0$ ist. Bild 9.8(a) zeigt, daß U_{in} unter diesen
Bedingungen im Ruhezustand leicht positiv sein muß [11].

Eine Ausgangstufe der in Bild 9.9 gezeigten Art wird als Klasse AB bezeichnet, da sie einen Mittelweg zwischen der Klasse A, bei der die Ströme
aus der Spannungsquelle konstant sind, und der Klasse B darstellt, bei der
die Ströme bei einer Ausgangsspannung von Null ebenfalls Null sind und
sich linear mit der Ausgangsleistung verändern.

Eines der Hauptprobleme beim Entwurf einer Ausgangsstufe der Klasse AB

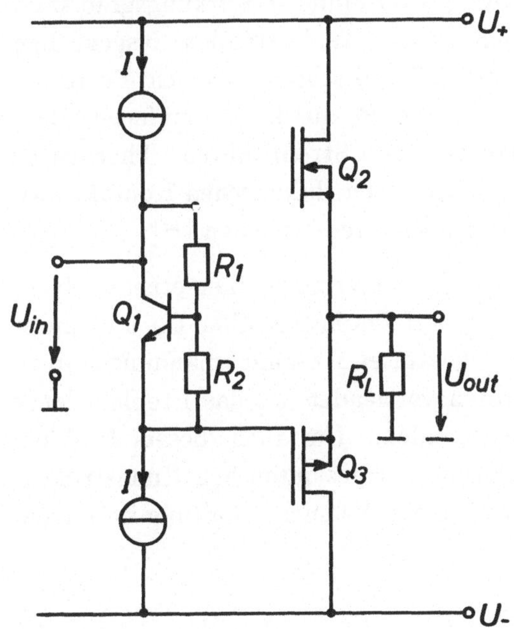

Bild 9.9

ist die Festlegung des Ruhestroms und seine Stabilität gegenüber Temperaturschwankungen. Wenn die Ausgangsstufe, beispielsweise bei der Wiedergabe von Musik, plötzlich veranlaßt wird, eine sehr große Leistung abzugeben, arbeiten die Ausgangstransistoren eventuell für einige Minuten mit maximaler Verlustleistung und werden heiß. Kehrt der Verstärker dann in seinen Ruhezustand zurück, oder folgt eine sehr leise Passage in der Musik, kann die Ruhestromabstimmung, die für Q_2 und Q_3 in kaltem Zustand optimal war, nun völlig danebenliegen. Dieses Problem ist bei Verwendung von MOS-Transistoren nicht so schlimm, da der Temperaturkoeffizient der Gate-Source-Spannung für einen konstanten Drainstrom nahezu konstant ist. Er ist bei kleinen Strömen negativ, wirkt also destabilisierend, ändert aber bei höheren Strömen das Vorzeichen. Bei Verwendung bipolarer Bauteile ist das Problem wesentlich ernster, da der Temperaturkoeffizient in allen Strombereichen mit -2,1 mV/°C sehr groß ist und die Schaltung destabilisiert, da die Ströme mit steigender Temperatur ebenfalls steigen.

Um das Problem der Temperaturstabilität des Ruhestroms zu lösen, muß die Schaltungsgrundstruktur von Bild 9.9 nicht verändert werden. Die Schaltung von Widerständen zwischen Ausgang und Sources von Q_2 und Q_3 kann die thermische Instabilität der Schaltung verhindern. Der durch das Einbringen der Widerstände bedingte verminderte Wirkungsgrad kann durch Parallelschaltung von Dioden zu den Widerständen ausgeglichen werden [G]. Bei Verwendung bipolarer Transistoren läßt sich die Ruhestromschaltung in Bild 9.9 aus Q_1, R_1 und R_2 durch zwei einfache Siliziumdioden ersetzen, die einen geeignet großen Strom führen. Thermische Stabilität läßt sich dann durch möglichst guten thermischen Kontakt zwischen den Dioden und den Ausgangstransistoren erreichen [H].

Die Schaltung von Bild 9.9 hat allerdings immer noch einen ernsten Nachteil, indem die Gates von Q_2 und Q_3 auf Potentiale über U_+ und unter U_- gebracht werden müssen, um den gesamten Ausgangsspannungshub zu nutzen. Werden bipolare Transistoren verwendet, ist das Problem nicht ganz so schlimm, aber dennoch vorhanden. Um auch diesem Problem abzuhelfen, ist eine drastische Änderung der gesamten Schaltungstruktur notwendig, die im Rahmen unserer nächsten Versuchsschaltung im folgenden Abschnitt besprochen werden soll.

9.8 Eine Versuchsschaltung eines NF-Verstärkers

Um eine Versuchsschaltung aufzubauen, wollen wir uns zunächst an die in

Bild 6.14 vorgestellte Schaltung erinnern. Sie ist, mit leichten Veränderungen, noch einmal in Bild 9.10 zu sehen.

In der Schaltung 9.10 sind zwei MOSFETs als Ausgangstransistoren eines Leistungsverstärkers geschaltet, die auf eine Last R_L arbeiten. Die Drains der beiden MOS-Transistoren sind zusammengeschaltet. Als die Schaltung in Bild 6.14 vorgestellt wurde, waren auch die Gates der Transistoren zusammengeschaltet. Dadurch ergaben sich bei kleinen MOS-Transistoren Ruheströme, die von der Versorgungsspannung und der Temperatur abhingen. In einem sehr erfolgreichen Operationsverstärker wurde eine derartige Ausgangsstufe verwendet [12]. Der Ruhestrom läßt sich leicht ermitteln, indem man eine entsprechende Berechnung wie für Bild 9.8 durchführt. Bei MOS-Leistungstransistoren würde sich allerdings ein viel zu großer Ruhestrom ergeben, der dazu noch sehr stark temperaturabhängig wäre. Es muß also eine andere Möglichkeit zur Einstellung des Ruhestroms gefunden werden.

In der neuen Schaltung von Bild 9.10 sind die in der Schaltung von Bild 9.9 verbliebenen Probleme gelöst. Um den Ausgangspegel U_{out} in die Nähe von U_- zu bringen, muß U_{in2} auf Null gelegt werden, während U_{in1} nur auf etwa U_+ gelegt werden muß. Um U_{out} entsprechend auf U_+ zu ziehen, muß dann U_{in1} auf Null und U_{in2} in die Nähe von U_- gebracht werden. Die Eingangspegels bewegen sich damit jedoch immer im Bereich zwischen den Versorgungsspannungen U_+ und U_-.

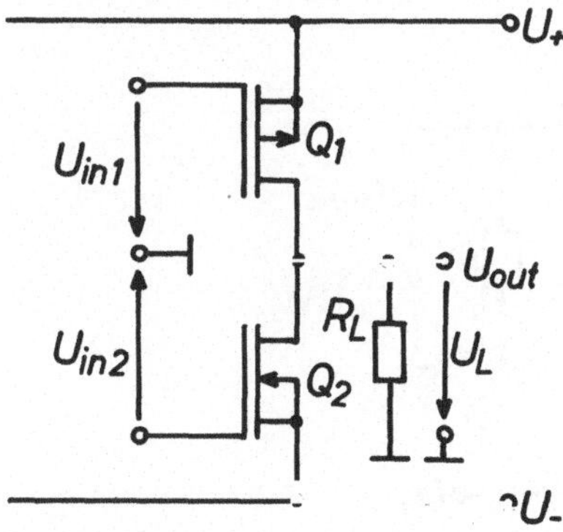

Bild 9.10

Ein Problem der Schaltung von 9.10 gegenüber 9.9 ist, daß sowohl die Verstärkung als auch die Ausgangsimpedanz sehr groß sind. Schaltung 9.9 hatte eine 100 %ige negative Rückkopplung vom Ausgang zurück auf den Eingang, die interner Bestandteil der Schaltungsgrundstruktur war, da Schaltung 9.9 auf dem Prinzip des Sourcefolgers basierte. Damit war die Verstärkung der Schaltung gleich eins und die Ausgangsimpedanz sehr klein. Es wäre gut, dies auch in Schaltung 9.10 zu erreichen.

Wenn wir also die Schaltung 9.10 mit ihrer großen Ausgangsdynamik verwenden wollen, müssen wir die Rückkopplung zwischen Ausgang und Eingang wiederherstellen, die beim Übergang von Schaltung 9.9 zu 9.10 verloren ging. Einen Schritt in diese Richtung zeigt Bild 9.11, wobei allerdings nur die obere Hälfte der Schaltung gezeigt ist. Für die untere Hälfte steht vorerst noch ein Fragezeichen. Bild 9.11 ist somit ein Stein auf dem Weg zu der Schaltung, die wir letztendlich benutzen wollen.

In Schaltung 9.11 wird das Gate des p-Kanal Transistors Q_3 von einem einfachen npn-Transistor Q_1 in Emitter-Grundschaltung angesteuert. Diese Wahl ist einsichtig, da sie die notwendige Pegelverschiebung von U_{in} von Null auf einen positiven Wert am Gate von Q_3 bewirkt. Die Basis von Q_1 ist ein nichtinvertierender Eingang, so daß eine negative Rückkopplung

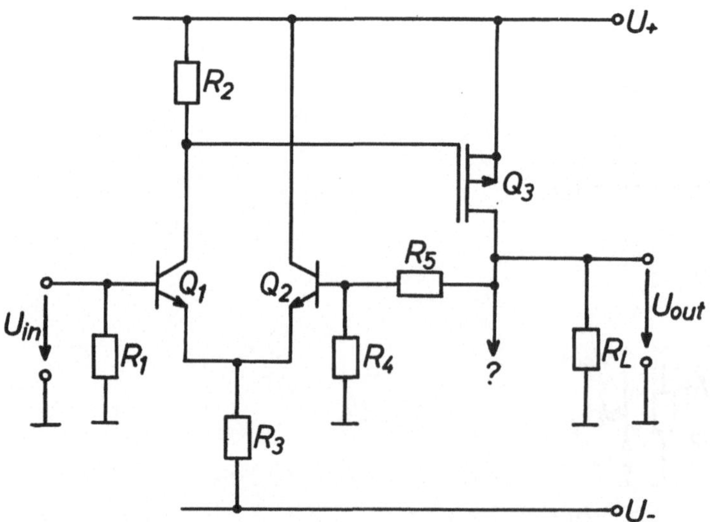

Bild 9.11

vom Ausgang von Q_3 auf den Emitter von Q_1 geführt werden muß. Die beste Lösung hierfür ist es, Q_1, wie in Bild 9.11 zu sehen, als einen Zweig eines 'long tailed pairs' anzulegen. U_{in} und U_{out} können nun beide auf Null liegen, wenn kein Eingangssignal anliegt. Die Verstärkung der Schaltung von Bild 9.11 beträgt $(R_4 + R_5)/R_4$.

Die Ausgangsimpedanz der neuen Schaltung läßt sich ermitteln, indem R_L entfernt und nach dem Strom ΔI gefragt wird, der eine Spannungsänderung ΔU am Ausgang bewirkt. Da die Verstärkung der Differenzstufe mit $I_{C1}R_2/(2kT/e_0)$ gegeben und $I_{C1}R_2$ gleich der Spannung U_{GS} von Transistor Q_3 ist, ist eine einfache Näherung für $R_{out} = \Delta U/\Delta I$ durch

$$R_{out} = 2(kT/e_0)(R_4 + R_5)/(U_{GS3}g_{m3}R_4) \qquad (9.15)$$

gegeben. In allen praktischen Anwendungen ist dies nur ein Bruchteil eines Ohms. Der Lastwiderstand R_L wird in jedem Fall wesentlich größer als R_{out} sein [13].

Das letzte zu lösende Problem ist die Einstellung des Ruhestroms in den beiden Ausgangstransistoren. Schaltung 9.11 schlägt hierzu eine Möglichkeit vor, bei der die Basis von Q_2 als virtuelle Masse eines rückgekoppelten Verstärkers betrachtet wird. Wenn aus diesem Punkt ein Strom I eingeprägt wird, muß ein identischer Strom durch R_5 fließen. Fügen wir nun die untere Hälfte der Schaltung 9.11 hinzu und betrachten die neue Schaltung.

Bild 9.12 zeigt die Versuchsschaltung, die letztlich verwendet werden soll. Zwei kleine Widerstände R_{18} und R_{19} sind eingefügt, um den Ruhestrom zu begrenzen. Der erwähnte Strom I wird erzeugt, indem der Widerstand R_{13} mit der negativen Versorgungsspannung verbunden wird. Damit fließt ein gleichgroßer Strom durch R_{16}, so daß, wenn in der Schaltung symmetrische Zustände herrschen und $U_{out} = 0$ ist, der Ruhestrom durch Q_5

$$I_Q = |U_-| \cdot \frac{R_{16}}{R_{18} \cdot R_{13}} \qquad (9.16)$$

beträgt. Derselbe Strom fließt dann weiter durch Q_6 auf die negative Versorgungsspannung zu, indem $R_{19} = R_{18}$, $R_{17} = R_{16}$ und $R_{12} = R_{13}$ eingestellt werden. Die beiden Versorgungsspannungen werden dabei als betragsmäßig gleich vorausgesetzt.

Eine interessante und möglicherweise unerwartete Ergänzung ist in der neuen Schaltung 9.12 noch zu bemerken. Der Transistor Q_2 hat nun eine Kollektorlast R_{10}, die eigentlich überflüssig zu sein scheint. Gleichermaßen hat Q_4 eine Last R_{11}. Der Grund dafür ist, daß in unserer Versuchsschaltung diskrete Transistoren verwendet werden und die Verlustleistung so weit wie möglich symmetrisch verteilt werden muß. Ist dies nicht gewährleistet, verändert sich die Offsetspannung der Differenzstufe mit der Ausgangsspannung und der Ruhestrom ist nicht mehr exakt definiert.

Die Spannungsverstärkung der Ausgangsstufe beträgt $(R_{16}+R_{14})/R_{14}$ und ist damit identisch zu $(R_{17}+R_{15})/R_{15}$. R_{12} und R_{13} sind zu groß, um die Verstärkung zu beeinflussen, während R_{18} und R_{19} zu klein sind. Wird die Verstärkung der Ausgangsstufe gleich zehn gemacht, ist der Signalpegel, der notwendig ist, um die Ausgangsstufe anzusteuern, sehr klein. Eine Gesamtverstärkung von 100 läßt sich dann durch Verwendung eines gewöhnlichen Operationsverstärkers, A_1 in Bild 9.12, als Eingangsstufe erreichen. Eine Rückkopplung des gesamten Systems wird durch den Widerstand R_2

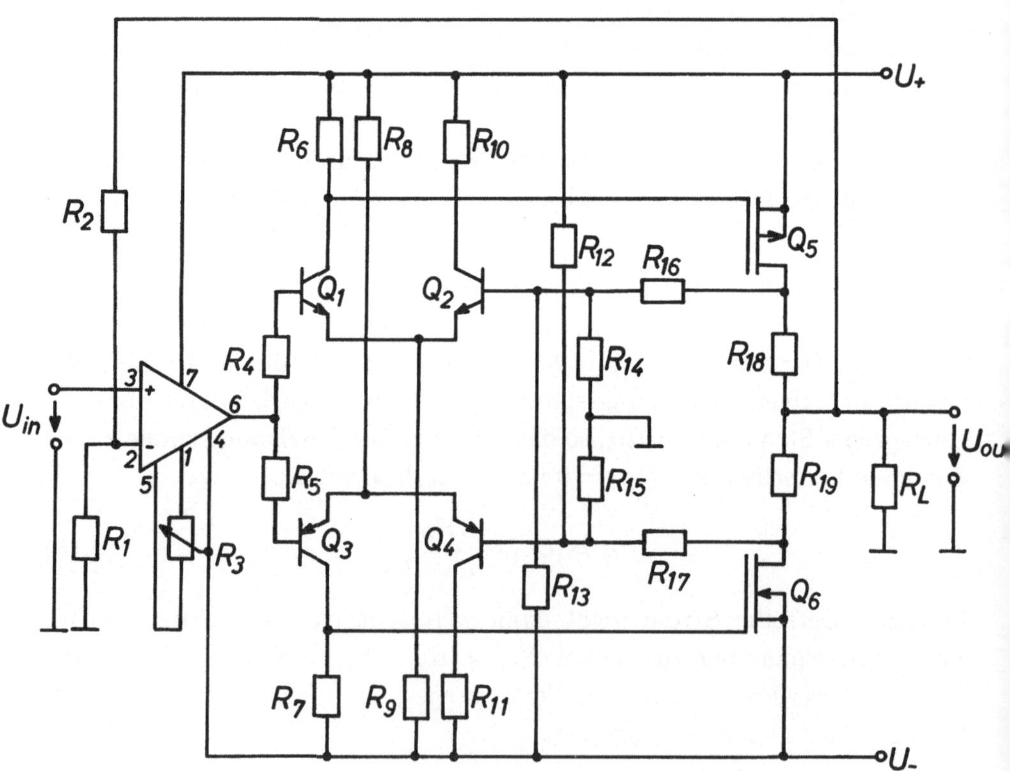

Bild 9.12

bewirkt. Die Schleifenverstärkung für kleine Frequenzen ist sehr groß und die Bedingung $U_{out} = 0$ für $U_{in} = 0$ läßt sich durch Justieren von R_3 erfüllen und kann auch bei nicht unbeträchtlichen Schwankungen der Arbeitstemperatur aller sechs Transistoren recht genau eingehalten werden. Auch die thermische Stabilität des Ruhestroms ist gut und kann durch Verwendung aufeinander abgestimmter Doppeltransistoren in der Differenzstufe noch verbessert werden [14]. Hinweise zu Herstellung und experimentellen Tätigkeiten mit dieser Schaltung werden im Anhang gegeben.

9.9 Hochfrequenz-Leistungsverstärker

Dieses Kapitel endet mit einer kleinen Zusammenfassung der Schaltungsprinzipien, die bei hohen Frequenzen Verwendung finden. Dies sind beispielsweise die Arten von Schaltungen, die als Ausgangsstufen in Funkübertragungsanlagen und Hochfrequenzheizungen benutzt werden.

Der Wirkungsgrad von Hochfrequenz-Verstärkern mit hoher Ausgangsleistung ist von entscheidender Bedeutung, denn Rundfunksender oder industrielle Hochfrequenz-Heizöfen arbeiten mit Ausgangsleistungen von bis zu einigen hundert Kilowatt. Ein hoher Wirkungsgrad geht fast immer mit einer relativ schmalen Bandbreite einher, die meist nur einige Prozent der Trägerfrequenz beträgt. Die schmalbandigen Leistungsverstärker wurden in die Klassen C, D, E, F, G, H und S eingeteilt [15]. Einige davon werden im nächsten Abschnitt angesprochen.

Eine schmale Bandbreite ist keine spezielle Eigenschaft aller Hochfrequenz-Verstärker und sie wird in den Stufen niedriger Leistung eines Radiosenders nicht gefordert. Die Stufen niedriger Leistung, d.h. die Stufen, die den anschließenden Leistungsverstärker ansteuern, sind üblicherweise breitbandig angelegt, damit bei einer Änderung der Übertragungsfrequenz nur die letzte Stufe neu abgestimmt werden muß. Diese Innovation wurde Ende der 50er Jahre eingeführt, und ihr Stellenwert zur damaligen Zeit wird von Baker diskutiert [16].

Breitband-Leistungsverstärker für Funksender gewannen in jüngerer Zeit an Bedeutung, da bestimmte Modulationssysteme sehr lineare Leistungsverstärker notwendig machten, die dazu gewöhnlich breitbandig sein müssen. In vielen mobilen und leistungsarmen Kommunikationssystemen, wie z.B. Funktelephonen, muß die Arbeitsfrequenz sehr oft geändert werden, was am einfachsten ist, wenn nur der erste Oszillatorkreis neu abgestimmt werden muß. Die letzten beiden Abschnitte dieses Kapitels beschäftigen sich kurz mit den Schaltungsgrundstrukturen, die man in Breitband-Leistungsverstärkern findet.

9.10 Schmalband-Leistungsverstärker mit großem Wirkungsgrad

Die klassische Lösung eines Ausgangsleistungsverstärkers ist die Klasse C. In einem Verstärker der Klasse C liegen die aktiven Bauelemente in Reihe mit einem Resonanzkreis als Last und ein Strompuls fließt durch die Transistoren, wenn die Spannung über ihnen minimal ist [I]. Bild 9.13 zeigt eine typische Schaltungsgrundstruktur eines Verstärkers der Klasse C mit Bipolar-Transistoren.

Die erste auffallende Tatsache ist, daß sich alle Potentialverschiebungsprobleme (*level shifting*) der vorhergehenden Schaltungen in Schmalband-Verstärkern mit Hilfe von Transformatoren lösen lassen. Bei einer Verwendung der Schaltung von Bild 9.13 als Ausgangsstufe eines VHF-Senders würden L_1 und L_2, sowie L_3 und L_4 jeweils aus wenigen Windungen auf einem einfachen zylindrischen Kern bestehen.

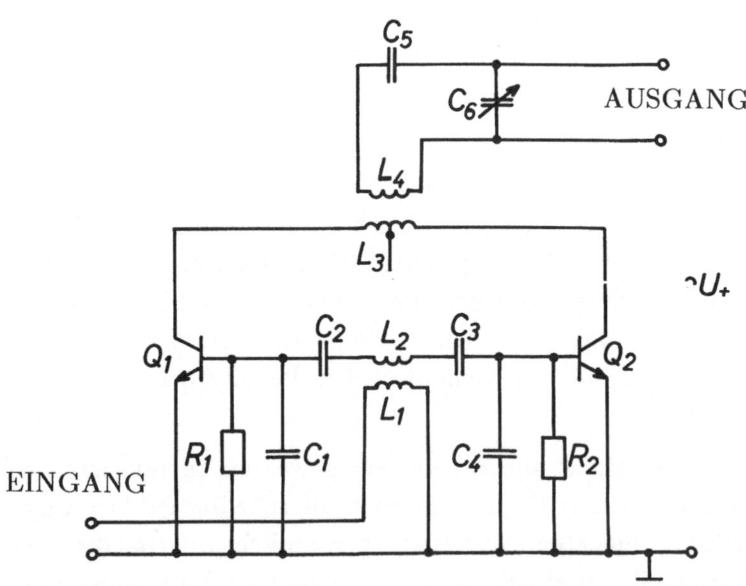

Bild 9.13

Der Verstärker der Klasse C von Bild 9.13 arbeitet mit Kollektorspannungen für Q_1 und Q_2, die bis auf etwa 2 U_+ steigen. Die Eingangsspannung muß auf einen Pegel eingestellt werden, der dies ermöglicht, so daß jegliche Amplitudenmodulation der Ausgangsstufe durch Variation von U_+ passiert. Durch Q_1 fließt dann ein Strompuls, während Q_2 sperrt, und umgekehrt. Wenn dieser Strom in Q_1 oder Q_2 fließt, beträgt die Spannung U_{CE} jeweils etwa ein Volt und die Verlustleistung ist sehr gering. Wirkungsgrade von über 90 Prozent lassen sich mit diesen Schaltungen erzielen, vorausgesetzt, die Arbeitsfrequenz ist niedrig genug, um die An- und Ausschaltzeiten der Transistoren vernachlässigen zu können.

Der mittlere Basisstrom von Q_1 und Q_2 in Schaltung 9.13 fließt durch R_1 und R_2, so daß sich eine mittlere negative Vorspannung über den Basis-Emitter-Übergängen der beiden Transistoren ergibt. Die Kapazitäten C_1 und C_2, sowie C_3 und C_4 führen eine einfache Impedanztransformation zwischen dem treibenden Eingang und der Eingangsimpedanz der Transistoren durch. Diese Eingangsschaltung hat eine ausgesprochen große Bandbreite. Die Kapazitäten C_5 und C_6 bewirken eine entsprechende Transformation zwischen der Ausgangsimpedanz und der Last.

Eine Alternative zur Klasse C ist die Klasse D. Ein hoher Wirkungsgrad wird bei Verstärkern der Klasse D erreicht, indem die aktiven Bauteile als Schalter benutzt werden, wobei es zwei Möglichkeiten gibt : Es wird entweder der Strom oder die Spannung geschaltet.

Ein spannungsschaltender Verstärker der Klasse D könnte prinzipiell wie Schaltung 9.10 aufgebaut sein. Die beiden Eingänge U_{in1} und U_{in2} werden mit einem Übertrager gekoppelt und so eingestellt, daß Q_1 und Q_2 wechselseitig an- und ausschalten. Damit würde über R_L eine Rechteckspannung entstehen; allerdings ist die Last eines Hochfrequenzverstärkers keine rein resistive Last, sondern ein Reihenresonanzkreis mit L, C und R_L, der auf die anliegende Eingangsfrequenz abgestimmt wird. Damit wird der Strom durch R_L sinusförmig und hat einen Spitzenwert von $(4/\pi)U_+/R_L$. Ein Wirkungsgrad von mehr als 90 Prozent läßt sich mit dieser Verstärkerklasse ohne Probleme erreichen [17].

Der stromschaltende Verstärker der Klasse D ist besonders interessant, da er einen sehr frühen Ursprung hat [18] und wohl eine der ersten elektronischen Schaltungen war, bei dem von den Prinzipien einer konstanten Spannungsquelle abgerückt wurde und man statt dessen eine konstante Stromquelle verwendete. Das Schaltungsprinzip ist in Bild 9.14 veranschaulicht.

Auf den ersten Blick sieht Schaltung 9.14 dem Verstärker der Klasse C von Bild 9.13 sehr ähnlich. Beim Verstärker der Klasse D werden Q_1 und Q_2 allerdings nicht nur für den Bruchteil einer Periode mit einem Impuls geschaltet, sondern leiten und sperren jeweils eine halbe Periode lang. Damit ist es praktisch unmöglich, die Mittelanzapfung der Spule L mit einer konstanten Spannung zu versorgen. Die konstante Stromquelle I_{dc} erlaubt es der Spannung an der Mittelanzapfung periodisch auf den Wert $\hat{U}_L/2$ anzusteigen, wobei sie in jeder Hälfte der Periode einer halben Kosinuswelle folgt. Es ist sehr hilfreich, sich die Wellenformen der verschiedenen Größen in dieser recht einfachen Schaltung, insbesondere die des Stroms durch die Kapazität, einmal zu skizzieren.

Abschließend sollen im Rahmen der Schmalband-Leistungsverstärker mit hohem Wirkungsgrad noch die Klassen E und F erwähnt werden. Der Ursprung dieser Schaltungen wurde von Tylor beschrieben [19]. Der Grundgedanke hierbei ist, die Spannung an den aktiven Bauelementen rechteckförmig zu machen, während die Spannung an der Resonanzlast natürlich sinusförmig bleiben muß, was erreicht wird, indem zwischen den schaltenden Transistoren und dem Resonanzkreis Filter eingefügt werden. Der durch das Schalten bedingte hohe Wirkungsgrad kann somit in einer besser definierten Art und Weise als bei einem Verstärker der Klasse D erreicht werden, da die Schaltgeschwindigkeit der Transistoren durch ein korrekt dimensioniertes Filternetzwerk noch gesteigert werden kann [20].

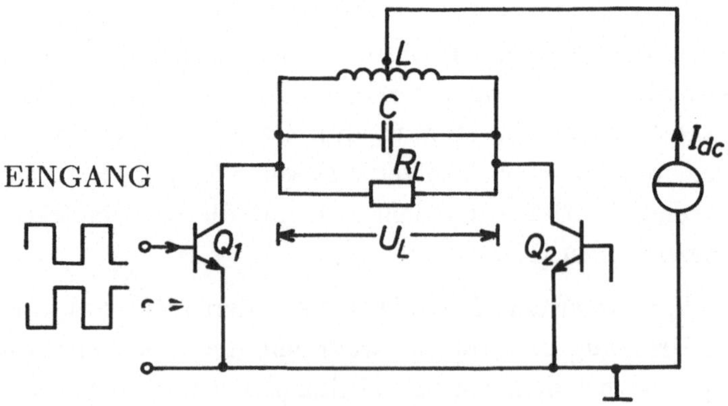

Bild 9.14

9.11 Breitband-Hochfrequenz-Leistungsverstärker

Im Zusammenhang mit den in Abschnitt 9.9 diskutierten Breitband-Leistungsverstärkern lassen sich Schaltungsgrundstrukturen finden, die denen der in Abschnitt 9.7 und 9.8 besprochenen Verstärker der Klasse AB sehr ähnlich sind. Mit diesen Schaltungen sind bei kleinen Frequenzen Wirkungsgrade um die 70 Prozent möglich. Meier [21] beispielsweise beschreibt einen Verstärker mit einer Bandbreite von 1,6 MHz bis 30 MHz, der 300 W Ausgangsleistung abzugeben in der Lage ist. In diesem Schaltungsentwurf werden n-Kanal-Enhancement-Leistungs-MOSFET verwendet. Bei hohen Frequenzen ist es sehr schwierig, einen breitbandigen oder linearen Leistungsverstärker mit einem Wirkungsgrad von besser als etwa 50 Prozent herzustellen, seit jedoch weiterentwickelte Modulationsmethoden die Kommunikation im VHF- und UHF-Bereich mit Übertragungsleistungen von nur wenigen Watt ermöglichen, ist dieses Problem nur noch von geringer Bedeutung.

Die im NF-Bereich verwendeten Verstärker der Klasse AB, beispielsweise die Schaltungen von Bild 9.9, 9.10 und 9.12, arbeiten mit komplementären Transistoren in der Ausgangsstufe. In Hochfrequenz-Breitband-Verstärkern der Klasse AB oder B finden sich hingegen häufiger Bauelemente nur einer Polarität, gewöhnlich sind dies npn-Bipolar-Transistoren oder n-Kanal-Enhancement-MOS-Leistungstransistoren, da Bauteile dieser speziellen Polarität ein besseres Leistungs-, Strom-, Spannungs- und Frequenzverhalten ermöglichen.

Besonders interessant sind Schaltungsgrundstrukturen für Verstärker der Klasse AB, bei denen Paare identischer Transistoren verwendet werden. Ein Beispiel hierfür ist in Bild 9.15 zu sehen. Die Transistoren Q_1 und Q_2 führen beide einen Ruhestrom, der etwa 10 Prozent von $I_{C(max)}$ beträgt. Dieser Zustand wird durch eine separate Ruhestromschaltung eingestellt, die in Bild 9.15 nicht gezeigt ist und die eine Art Temperatursensor enthält, etwa eine Diode, der ein integrierter Bestandteil des Leistungstransistors ist [22]. Der Eingangstreiber wird dann so eingestellt, daß Q_1 in der ersten Halbperiode und Q_2 in jeder zweiten Halbperiode angesteuert wird, wobei sichergestellt sein muß, daß die Spannung U_{CE} der beiden Transistoren auf minimal 1 V absinkt und auf ein Maximum nahe $2U_+$ ansteigt, wenn der Transistor sperrt. Es ist entscheidend, daß alle Verstärker dieses linearen Typs die ganze Zeit mit voller Leistung laufen, da anderenfalls die Verlustleistung in Q_1 und Q_2 zu hoch werden könnte. Diese Verstärker verarbeiten Eingangssignale, die entweder frequenz- oder einseitenbandmoduliert sind, Modulationssysteme also, bei denen von einem Sender eine konstante Übertragungsleistung abgegeben wird.

Die Induktivitäten L_1 und L_2 in Schaltung 9.15 haben eine Reaktanz, die wesentlich größer als die von Q_1 und Q_2 gesehene Last ist, die in unserem speziellen Beispiel $R_L/2$ beträgt. Natürlich muß in einer praktischen Anwendung der ohmsche Widerstand von L_1 und L_2 sehr viel kleiner als der von $R_L/2$ sein. Diese spezielle Forderung für L_1 und L_2 muß im gesamten Frequenzbereich erfüllt sein.

Hinter einer einfachen Gleichspannungsisolation durch C_1 und C_2 gelangen die Ausgänge von Q_1 und Q_2 auf einen Übertrager T_1, der die beiden Signale kombiniert und eine Impedanztransformation von 1:2 durchführt. In der englischen Sprache hat sich für derartige Schaltungen, in denen Leistungen kombiniert werden, mittlerweile der aus der Biologie stammende Begriff *'Hybrid'* verbreitet. Die Wirkungsweise von T_1 wird am deutlichsten, wenn man die abwechselnd in Q_1 und Q_2 pulsierenden Ströme betrachtet. Wenn der Strom I_{C1} durch Q_1 fließt, wird ein Strom $I_{C1}/2$ über

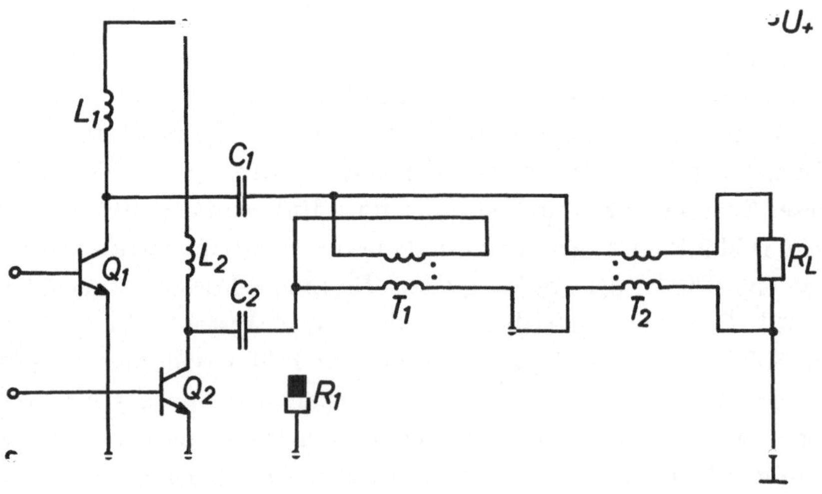

Bild 9.15

den Transformator T_2, der eine Umwandlung von symmetrischem zu unsymmetrischem Signal (bezüglich der Masse) im Verhältnis 1:1 bewirkt, von oben durch den Widerstand R_L fließen. Die andere Hälfte des Stroms I_{C1} liefert der Übertrager T_1, d.h. ein Strom $I_{C1}/2$ fließt in das mit einem Punkt markierte obere Ende von T_1. Dieser Strom muß somit auch aus dem unteren, mit einem Punkt markierten Ende von T_1 fließen, der damit das untere Ende von R_L versorgt, wobei der Strom in Q_2 während dieser halben Periode gleich Null ist. Der ganze Strom I_{C1} fließt durch R_1, und wir müssen $R_1 = R_L/4$ erfüllen, damit Q_1 den richtigen Lastwiderstand erhält.

In der anderen Periodenhälfte, in der Q_2 leitet und Q_1 sperrt, kann die Argumentation einfach umgedreht werden, die Richtung des Stroms durch R_1 ist dabei dieselbe. Über dem Widerstand R_1 kann keine Gleichspannung liegen, so daß durch ihn tatsächlich die Summe der Wechselanteile von I_{C1} und I_{C2} fließt. Damit verschwindet die Grundwelle und nur der Strom der wesentlichen zweiten harmonischen Oberwelle fließt in R_1. Selbst unter reinen Klasse B-Bedingungen beträgt die in R_1 umgesetzte Verlustleistung weniger als ein Achtel der Ausgangsleistung in R_L. Da ein Verstärker der Klasse B mit einem Wirkungsgrad nahe 75 Prozent arbeiten kann, kann auch unter Breitband-Verhalten mit der Schaltung von Bild 9.15 ein Wirkungsgrad über 50 Prozent erreicht werden. Einige in der Praxis verwendete Schaltungsentwürfe von Breitband-Leistungsverstärkern, die von dieser Technik Gebrauch machen, wurden von Oxner [23] und von Krauss u.a. [24] beschrieben.

9.12 Der Kettenverstärker

Dieses Kapitel schließt mit einer Schaltungsgrundstruktur, die wiederholt in der Literatur auftauchte und vor mehr als fünfzig Jahren zuerst von Percival [25] beschrieben wurde : dem Kettenverstärker. Die Schaltung ist in Bild 9.16 skizziert und besteht aus zwei Übertragungsketten. Die untere Kette nimmt das Eingangssignal auf und die Leistung wird nach einer Verstärkung von dieser Eingangskette zur Ausgangskette im oberen Teil des Bildes von einer Anzahl von Verstärkern mit Q_1 und Q_2, Q_3 und Q_4, Q_5 und Q_6, Q_7 und Q_8 und schließlich Q_9 und Q_{10} übertragen. Für unser Beispiel haben wir eine Verstärkerschaltung ausgesucht, die in Kapitel 2 erstmals betrachtet wurde : Bild 2.3. Jede verstärkende Schaltung mit vernachlässigbarer Rückkopplung vom Ausgang zum Eingang wäre hierzu allerdings gleichermaßen geeignet.

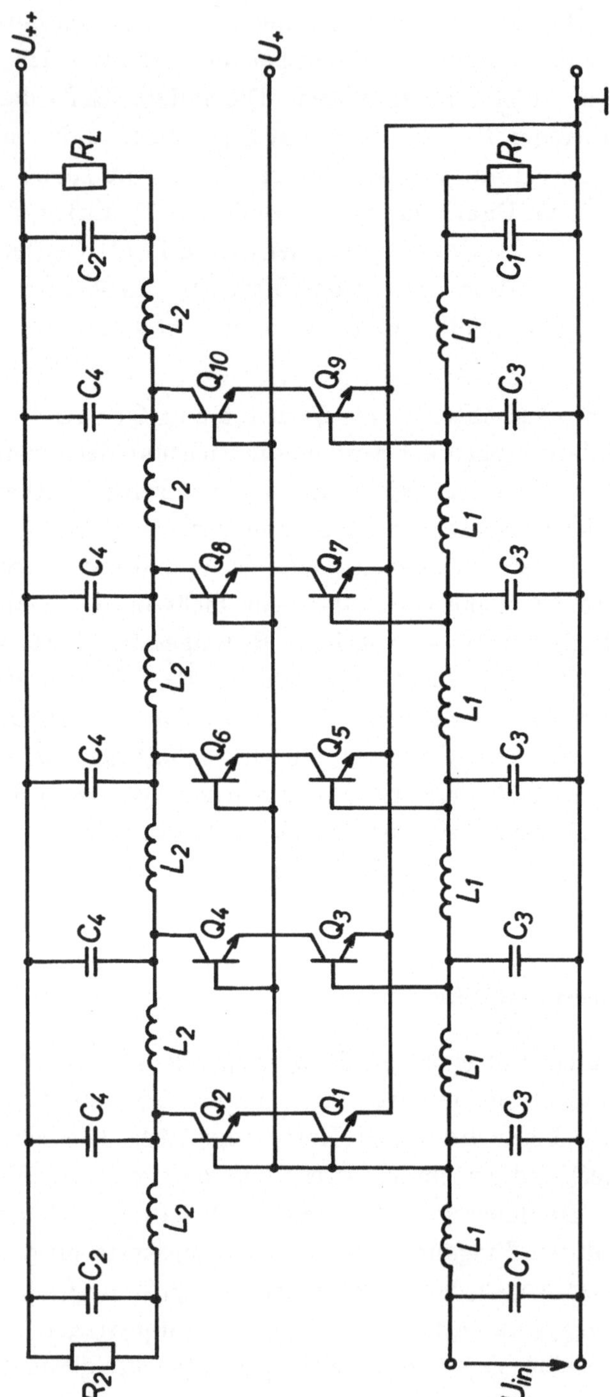

Bild 9.16

Beide Übertragungsketten weisen eine gleiche Phasengeschwindigkeit auf. Wenn die Eingangskapazitäten von Q_1, Q_3, Q_5, Q_7 und Q_9 vernachlässigt werden könnten, wäre $C_1 = C_3/2$. Allerdings ist eine der wesentlichen Eigenschaften des Kettenverstärkers, daß die Eingangskapazitäten jeder Stufe Teil der 'konzentrierten' Kapazität in der unteren Kette sind, so daß jede Kapazität C_3 um einen Betrag C_{in} reduziert wird. In gleicher Weise liegt die Ausgangskapazität einer jeden Stufe parallel zu jeder Kapazität C_4. Der Widerstand R_1 schließt die Eingangskette ab, die das Eingangssignal von einer Quelle erhält, deren Impedanz R_1 entsprechen muß. Die Ausgangskette ist an beiden Enden abgeschlossen, mit R_2 an der linken und der Ausgangslast R_L an der rechten Seite. Bild 9.16 wurde weitgehend vereinfacht, indem die für die Arbeitspunkteinstellungen der Transistoren notwendigen Schaltungsteile weggelassen wurden.

Der wesentliche Vorteil bei der Verwendung der Kettenverstärkertechnik ist das Umgehen der allen bisher betrachteten Verstärkerschaltungen eigenen Verstärkungs-Bandbreite-Begrenzungen. Aus diesem Grund gehört der Kettenverstärker in dieses Kapitel über Leistungsverstärker, denn er ist mit Leistungstransistoren aufgebaut, bei denen diese Beschränkungen noch von Bedeutung sein können. Früher wurden Kettenverstärker für Kleinsignalanwendungen verwendet, bei denen eine große Bandbreite gefordert war.

Wodurch ist nun das Verstärkungs-Bandbreite-Produkt eines einfachen Verstärkers begrenzt? Ein Hinweis kann gefunden werden, wenn das einfachste Modell eines verstärkenden Bauelements betrachtet wird, das aus einer Eingangskapazität C_{in} und einer gesteuerten Stromquelle $g_m u_{in}$ parallel zu einer Kapazität C_{out} besteht. Wird ein solches verstärkendes Bauelement in Reihe mit einem Lastwiderstand R_L geschaltet und als Treiber eines zweiten identischen Elements benutzt, erhalten wir bei kleinen Frequenzen eine Verstärkung von $G_0 = g_m R_L$. Diese Verstärkung fällt um 3 dB ab, wenn die Eingangsfrequenz

$$f_0 = \frac{1}{2\pi(C_{in} + C_{out})R_L} \qquad (9.17)$$

erreicht. Damit ergibt sich das Verstärkungs-Bandbreite-Produkt zu

$$G_0 f_0 = \frac{g_m}{2\pi(C_{in} + C_{out})} \quad , \qquad (9.18)$$

das offensichtlich nur von dem verwendeten Bauelement abhängt, nicht aber von der Schaltungsgrundstruktur.

Mit einem Kettenverstärker wie in Bild 9.16 wird nun versucht, ein Verstärkungs-Bandbreite-Produkt weit oberhalb des durch Gleichung (9.18) gegebenen Wertes zu erreichen, indem die Eingangsleistung, wenn sie die Eingangskette entlangläuft, von Transistor zu Transistor wandert, bevor sie schließlich im Abschlußwiderstand R_1 umgesetzt wird. Die Tatsache, daß diese abschließende Umsetzung der Eingangsleistung in einem Widerstand in allen Breitbandverstärkern stattfinden muß, wurde recht ausführlich in Abschnitt 5.6 besprochen.

Dieser grundlegende Aspekt des Kettenverstärkerprinzips für den Entwurf von Breitband-Leistungsverstärkern wurde von Sosin [26] in einer wichtigen Arbeit besprochen. Sosin behandelt den besonderen Fall, bei dem die charakteristische Impedanz der Ausgangskette immer kleiner wird, je weiter man sich dem den Ausgang abschließenden Element nähert. Auf diese Weise kann der Wirkungsgrad eines Verstärkers erheblich verbessert werden. Die in Bild 9.16 gezeigte Schaltungsgrundstruktur wäre trotzdem nur ein Verstärker der Klasse A mit einem sehr schlechten Wirkungsgrad. Gegentakt-Kettenverstärker sind eine einfache Weiterentwicklung desselben Prinzips. Diese Schaltungsgrundstruktur ist besonders für die Verwendung von MOS-Leistungstransistoren geeignet [27].

Bemerkungen

1 Ein guter Überblick über Schaltnetzteile wurde von R.S.Olla in *'Electronics'*, **46**, Nr. 17, S. 91-95, 16.August 1973 gegeben. Der Artikel erschien zu der Zeit, als geschaltete Netzteile langsam populär wurden und berücksichtigt die historische Entwicklung.

2 Ein hervorragendes Buch über Schaltnetzteile ist *'Design of Solid State Power Supplies'* von E.R.Hnatek, Van Nostrand Reinhold Co., New York, 2.Ausgabe, 1981.

3 S.Čuk *IEEE Trans. Magnetics*, **MAG-19**, S. 57-75 und S. 75-83, 1983.

4 S.Čuk und R.D.Middlebrook, *IEEE Trans. Ind. Electr.*, **IE-30**, S. 10-19 und 19-29,1983. Der erste der beiden Texte enthält die Beschreibung eines 40 Watt-NF-Verstärkers, der mit der switched-mode-Technik arbeitet.

5 Um zu verstehen, warum das so ist, betrachten wir den Fall, daß D_1 leitet und Q_1 sperrt. Wenn $C_1 = C_2 = C$ ist, erscheint C_2 als $C/2$ über der Primärwicklung von T_1 und während über C_1 1/3 von $2U_+$ abfällt, wird die Spannung an der Primärwicklung entsprechend 2/3 von $2U_+$ betragen. Auf der Sekundärseite ist die Spannung auf 1/3 U_+ heruntertransformiert.

6 Dies ist natürlich nur eine Lösung für den speziellen Fall eines Übertragerverhältnisses von 2:1. Eine vollständige Lösung zur Herleitung dieser wichtigen Beziehungen findet sich in *'Switched Mode Power Conversion'*, herausgegeben von R.D.Middlebrook und S.Čuk, TESLAco, Pasadena, 1983.

7 D.V.Otto und P.Glucina, *Electr. Letters*, **22**, 20-21, 1986.

8 E.S.Oxner, *'Power FETs and Their Applications'*, Prentice-Hall Inc., Englewood Cliffs, 1982.

9 J.L.Lindsay-Hood, *'Wireless World'*, **88**, Nr. 1558, 63-66 und Nr.1559, 28-32, 1982.

10 Das *'MOSPOWER DATABOOK'* vom Jan.1985, Siliconix Inc., Santa Clara, ist eine gute Quelle für Informationen über einen weiten Bereich von MOS-Leistungstransistoren. Die in Bild 9.8 gezeigten Kurven entsprechen in etwa denen des VNO300M oder VPO300M.

11 Die Schaltungsgrundstruktur von Bild 9.9 wird in der Ausgangsstufe eines von E.Borbely in *'Wireless World'* veröffentlichten Schaltungsentwurfs verwendet, **89**, Nr. 1566, 69-75, März 1983.

12 Es handelt sich um den RCA CA3130, RCA Datenblatt Nr.817.

13 In unserer Versuchsschaltung ist R_L an die Transistoren angepaßt. In einer tatsächlichen Anwendung werden jedoch die Transistoren der Last und der maximalen, an R_L abzugebenden Leistung angepaßt.

14 Die Methode, den Ruhestrom unter Verwendung von zwei Operationsverstärkern anstelle eines einfachen 'long tailed pairs' einzustellen, wurde für eine bipolare Ausgangsstufe der Klasse AB von T.H.O'Dell in *'Electronic Engineering'*, **57**, Nr. 706, S. 39, Okt.1985 beschrieben.

15 Auf Seite 472 von *'Solid State Radio Engineering'* von H.L.Krauss, C.W.Bostian und F.H.Raab, John Wiley, New York, 1980, findet sich eine Tabelle, in der alle in diesem Bereich angesprochenen Klassifikationen erklärt werden.

16 W.J.Baker, *'A History of the Marconi Company'*, Methuen, 1970, 378-379 und 392-393.

17 Anstelle zweier komplementärer Transistoren, wie in Bild 9.10, sollten in einem Hochfrequenzverstärker der Klasse D besser zwei identische Bauelemente verwendet werden, da der Transformator, der das Eingangssignal einkoppelt, dies nahelegt. Ein weiterführender Schritt wäre dann, vier als Brücke geschaltete Transistoren zur Spannungsschaltung zu verwenden. Ein interessanter Überblick dieser Entwicklungen wurde von H.Ikeda, in *IEEE Trans. on Broadcasting*, **BC-26**, Nr. 4, 99-112, 1980, veröffentlicht. Ikeda sagte richtig voraus, daß MOSFET-Leistungstransistoren Rundfunksender mit bis zu 50 kW Ausgangsleistung ermöglichen würden.

18 D.C.Prince und F.B.Vodges, *Proc. IRE*, **12**, 623-650, 1924.

19 V.J.Tyler, *'Marconi Review'*, **21**, Nr. 130, 96-109, 1958.

20 N.O.Sokal und A.D.Sokal, *IEEE J.Sol.State.Circ.*, **SC-10**, 168-176, 1975.

21 B.Meier, *'RF Design'*, Nov.-Dez.1984, 21-24.

22 Zum Beispiel J.Ling *'Electronic Components and Applications'*, **3**, Nr. 4, 210-233, 1981. Dieser Artikel beschreibt einen 400 W Breitband-Verstärker der Klasse AB (1,6 MHz bis 30 MHz), bei dem die bipolaren Ausgangstransistoren und ihre Biasschaltungen alle auf demselben *heat sink* aufgebracht sind. Alle Einzelheiten der Herstellung, sowie exzellente Photos der Hardware sind Bestandteil des Textes.

23 Siehe Bemerkung 8, Bild 10-10.

24 Siehe Bemerkung 15, Bild 12-15c.

25 W.S.Percival, Britisch Patent Nr. 460562, 24.Juli 1935.

26 B.M.Sosin, *Proc. IEE*, **110**, 1374-1384, 1963.

27 Siehe Bemerkung 8, Bild 10-6.

A Verschiedene Typen von klassischen Netzteilen werden beschrieben bei U.Tietze u. Ch.Schenk, *'Halbleiter-Schaltungstechnik'*, 9.Aufl., Springer-Verlag, 1989, Abschnitt 18.3.

B Zu den Grundlagen der Regelungstechnik siehe z.B. Tietze/Schenk (Bemerkung A), Abschnitt 27.

C Siehe z.B. Tietze/Schenk (Bemerkung A), Abschnitt 18.5, und J.Wüstehube (Hrsg.), *'Schaltnetzteile'*, Expert Verlag und VDE-Verlag, 1982.

D Insbesondere besitzen solche Schaltnetzteile eine Regelung mit Pulsbreitenmodulation (siehe z.B. J.Wüstehube (siehe Bemerkung C), Abschnitt 5).

E Siehe z.B. Tietze/Schenk (Bemerkung A), Abschnitt 17.2.2.

F Siehe z.B. Tietze/Schenk (Bemerkung A), Abschnitt 17.2.2. und 17.4., und H.J.Oberg, *'Berechnung nichtlinerarer Schaltungen'*, B.G.Teubner, 1973, Abschnitt 3.3.

G Siehe z.B. Tietze/Schenk (Bemerkung A), Abschnitt 17.4.

H Siehe z.B. Tietze/Schenk (Bemerkung A), Abschnitt 17.2.3.

I Siehe z.B. H.J.Oberg (Bemerkung F).

10 Theorie und Praxis

10.1 Einleitung

Im Anschluß an das einleitende Kapitel dieses Buches, in dem die Frage aufgeworfen wurde, was es ganz allgemein mit 'Entwurf' oder 'Design' auf sich hat, beschäftigten wir uns in acht Kapitel mit speziellen Bereichen des Entwurfs elektronischer Schaltungen, wobei die Ausführungen den Charakter eines Studienlabors haben sollten.

Die acht Kapitel behandelten nur einen Bruchteil des gesamten Problembereiches. Weitere acht Kapitel über PLL-Schaltungen (*phase locked loops*), SC-Schaltungen (*switched capacitor*), Mischer und Demodulatoren, Speicherschaltungen, Signalgeneratoren, rauscharme Verstärker, Digital-Analog-Interfaces und Gleichspannungsverstärker hätten weitere neue Schaltungsgrundstrukturen und -prinzipien in die Diskussion gebracht, der gesamte Bereich wäre jedoch immer noch lange nicht abgedeckt.

Es ist nun an der Zeit, sich zurückzubesinnen, was getan worden ist, und zu prüfen, ob brauchbare Ergebnisse erzielt wurden. Im Verlauf des gesamten Buches konzentrierten wir uns auf die Suche nach Schaltungsgrundstrukturen. Wie in Kapitel 1 vorausgeschickt, wurden Schaltungsgrundstrukturen als erster wesentlicher Schritt im Entwurfsprozeß betrachtet, da sie erste vorläufige Skizzen darstellen, wie eine Beschaltung erfolgen könnte, um eine bestimmte Aufgabe zu lösen. Bedeutet das nun, daß die *praktische Seite* des Entwurfs elektronischer Schaltungen auf Kosten der *Theorie* bevorzugt behandelt wurde? Was bedeuten diese beiden, sehr häufig verwendeten Begriffe eigentlich genau?

10.2 Theorie

Wenn wir auf den letzten untersuchten Schaltkreis in Bild 9.16 zurückblicken, scheint es außer Zweifel, daß die Leute, die diese Schaltungsgrundstruktur einführten, beträchtliche theoretische Kenntnisse dessen haben mußten, was heute allgemein mit *Theorie der Leitungen* bezeichnet wird. Dies ist ein klassischer Zweig der theoretischen Elektrotechnik, der jedoch in der Lehre nicht sehr hoch gewichtet ist [A]. Wenn heute jemand den

Kettenverstärker wiedererfinden würde, wäre es sehr wahrscheinlich, daß diese Person sich besonders für die *klassische* Theorie der Leitungen interessiert.

Warum liegt bei Schaltung 9.16 die Vermutung nahe, daß dieser theoretische Hintergrund wesentlich ist? Wenn wir die Schaltung betrachten und uns erinnern, daß die herausragende Eigenschaft eine sehr große Bandbreite war, stellen wir fest, daß die Ausbreitungsverzögerung von u_{in} in Richtung auf R_L für alle möglichen Verstärkungspfade identisch ist. Wenn wir das Signal von u_{in} über Q_1 und Q_2, oder Q_3 und Q_4 usw. nach R_L verfolgen, ist die Ausbreitungsverzögerung immer gleich, da die untere und die obere Übertragungskette dieselbe Phasengeschwindigkeit aufweisen. Diese Eigenschaft ist eine notwendige Bedingung für Breitband-Kettensysteme. Ein derart weitreichendes Wissen hat jedoch nichts mehr mit Intuition zu tun. Betrachten wir zum Vergleich das zu erwartende Verhalten, wenn der Ausgang des Kettenverstärkers von Bild 9.16 nicht an R_L, sondern an R_2 abgenommen würde : Die Ausbreitungsverzögerung wäre bei jedem einzelnen Kaskodenverstärker völlig unterschiedlich.

Eine andere Eigenschaft, die jedem Ingenieur sofort ins Auge fällt, der mit Leitungsmodellen aus *konzentrierten* Bauelementen vertraut ist, ist, daß es bei hohen Frequenzen eine Eckfrequenz geben muß, die durch das Produkt $L_1 C_1$, daß natürlich mit $L_2 C_2$ identisch ist, bestimmt wird. Leitungen, die bevorzugt TEM-Wellen (**T**ransversal **E**lektro-**M**agnetisch) führen, wie zum Beispiel Mikrostreifenleiter oder Koaxialkabel [B], weisen in erster Näherung keine Eckfrequenz auf, bis die Wellenlänge in den Bereich der kleinsten Strukturgröße, wie beispielsweise den Durchmesser, gelangt. Der wesentliche Punkt der ursprünglichen Schaltungsidee auf der Grundlage eines Leitungsmodells aus konzentrierten Bauelementen war allerdings, daß die Kapazitäten in Bild 9.16 teilweise durch die Ein- und Ausgangskapazitäten der verstärkenden Bauelemente realisiert werden konnten.

Für alle in den vorhergehenden Kapiteln behandelten Schaltungen kann in ähnlicher Weise argumentiert werden : Es ist immer ein nicht unbeträchtlicher theoretischer Hintergrund notwendig, um eine Schaltungsidee entstehen zu lassen. Der Leistungsverstärker von Bild 9.12, wie auch alle in Kapitel 3 behandelten Schaltungen beispielsweise, bauen in breitem Maße auf der Theorie rückgekoppelter Verstärker auf. Die Schaltungen in Kapitel 8 setzten die Theorie der Halbleiterbauelemente voraus, ebenso die Schaltungen der Kapitel 4, 5 und 6. In den Kapiteln 2 und 7 wurde die klassische RCL-Schaltungsanalyse verwendet.

Bücher über elektronische Schaltungen handeln meist viel mehr von dem theoretischen Hintergrund, als davon, was man als praktische Schaltungen bezeichnen könnte. Genau diese Theorie ist es auch, die dann die Grundlage für Prüfungen und Examen bildet. Die Frage nach dem Maß, in wie weit diese Theorie bewußt oder sogar verstanden sein muß, bevor neue Schaltungsideen entstehen können, kann hier nicht beantwortet werden. Dies ist offensichtlich ein Forschungsgebiet, das sich zwar nur außerordentlich schwer fassen läßt, aber von großem Interesse ist.

10.3 Wissenschaft und Technologie

Die Wechselwirkungen zwischen Theorie und Praxis, die im letzten Abschnitt kurz angesprochen wurden, führen uns zu einer anderen Beziehung, die oft verwirrend ist : Der Wechselwirkung zwischen Wissenschaft und Technologie. Zu Beginn ist jedoch die Frage zu klären, was diese Begriffe eigentlich genau bedeuten.

Wissenschaft ist eine menschliche Tätigkeit, deren Ziel es ist, die Natur zu verstehen, beispielsweise herauszufinden, warum einige Metalle, wie Aluminium oder Chrom, die Eigenschaft haben, daß ihre Oxide einen sehr widerstandsfähigen Schutzmantel bilden, während andere Metalle, wie beispielsweise Eisen, dies nicht tun.

Technologie hingegen beschäftigt sich mit der menschlichen Tätigkeit des Herstellens [1]. Silizium beispielsweise zeigt ebenfalls die für Aluminium und Chrom beschriebene Eigenschaft, daß das Oxid sehr stark mit dem Metall verbunden ist. Es ist nicht unbedingt notwendig, zu verstehen, warum Silizium diese Eigenschaft aufweist, um es als Grundlage für mit photolithographischen Prozessen hergestellte integrierte Schaltungen zu verwenden. Das Oxid von Germanium hat diese spezielle Eigenschaft nicht, daher wird Germanium für integrierte Schaltungen nicht verwendet.

Jemand, der für einen Halbleiterhersteller arbeitet und versucht, ein tieferes Verständnis für die Vorgänge zwischen Silizium und seinem Oxid zu entwickeln, verhält sich wie ein Wissenschaftler. Befaßt sich dieselbe Person jedoch damit, bessere Methoden zu finden, die Oxidschicht zu durchätzen, wird sie zum Technologen.

Das führt uns zurück zu Kapitel 1 und dazu, daß die in Abschnitt 1.3 gemachte Bemerkung, Technologie sei eine Art angewandter Wissenschaft, nicht korrekt ist. Es gibt eine Anzahl von Fakten, die in Verbindung mit der Unterscheidung zwischen Wissenschaft und Technologie in Betracht gezogen werden sollten. Diese Fakten wurden sehr deutlich von Price [2] dargelegt, der eine detaillierte Studie anfertigte, wie sich Menschen verhalten, die entweder mit Wissenschaft oder mit Technologie beschäftigt sind [C]. Das am einfachsten zu beobachtende Verhalten, das als Maß dienen kann, ist die Art und Weise, in der Veröffentlichungen gemacht werden.

Price fand heraus, daß Wissenschaftler ihre Publikationen sehr ernst nehmen und sich besonders für ihre Anzahl interessieren. Der Inhalt dieser Publikationen ist meist bereits auf anderen Wegen, wie Briefwechseln, Meetings oder Diskussionen verbreitet worden. Im Gegensatz dazu veröffentlichen nur sehr wenige Technologen überhaupt etwas. Sie hingegen nehmen ihre Patente sehr ernst. Sie interessieren sich auch sehr für die Anzahl ihrer Patente, aber sie sind sicherlich nicht daran interessiert, daß diese von jederman gelesen werden. Price faßt dies zusammen, indem er schreibt : 'Um es überspitzt zu sagen, *der Wissenschaftler will schreiben, aber nicht lesen, der Technologe will lesen, aber nicht schreiben*' [D]. Price betont allerdings, daß es auch Menschen gibt, die ständig zwischen den beiden Lagern wechseln.

Warum gibt es diese Unterschiede im Benehmen von Wissenschaftlern und Technologen? Die Erklärung muß sein, daß die Wissenschaftler eine Veröffentlichung als Ergebnis ihrer Arbeit betrachten und ihr somit einigen Wert zumessen. Die Technologen hingegen sehen ihre Produkte und Prozesse, d.h. die konkrete Hardware, als Beleg dafür, welchem Lager sie sich zugehörig fühlen. Ein Technologe kann durchaus wissenschaftliche Schriften über Aspekte des Herstellungsprozesses verfassen, um so einen Status in der Mitte zwischen Wissenschaftlern und Technologen zu erreichen. Einem Fachmann elektronischer Schaltungen würde hier sofort eine ganze Reihe von Namen in den Sinn kommen.

Daß Technologen sehr viel lesen, erstaunt nicht. Sie suchen nach Ideen, wie eine bestimmte Aufgabe durchzuführen ist. Sie lesen wissenschaftliche Arbeiten, die allerdings meist von der eben beschriebenen Art sind : Von Technologen geschrieben und von einem technischen Problem inspiriert. Sie lesen die seltenen technischen Publikationen ihrer Technologenkollegen, worum aber drehen sich diese Veröffentlichungen genau? Dies soll Gegenstand des nächsten Abschnittes sein, zuvor gibt es jedoch noch einen letzten Aspekt der Beziehung zwischen Wissenschaft und Technologie, der Erwähnung finden sollte.

Ein sehr wichtiger Beitrag der Technologie für die Wissenschaft ist die Instrumentation. Price drückt dies folgendermaßen aus : 'Hier haben wir eine Technologie, die entscheidenden Einfluß auf die Fortschritte der Wissenschaft hat, und die vielleicht ein Bereich sehr starker Wechselwirkung und von wesentlich größerer Bedeutung, als die schwache und seltene 'Anwendung' von Wissenschaft, ist'. Für einen Elektronikspezialisten ist dies eine sehr interessante Behauptung. Technologen versuchten Computer zu bauen, lange bevor die Wissenschaft sie für unverzichtbar hielt. Hochgeschwindigkeitselektronik, die für Kernphysiker unabdingbar war, war ein Hauptarbeitsgebiet von Fernseh-Entwicklungsabteilungen in den 30er Jahren. Die ehrfurchtseinflössenden Radioteleskope unserer Tage mit ihrer gigantischen Größe, ihren rauscharmen elektronischen Schaltkreisen und ihren ausgeklügelten Regelungssystemen erschienen auf der Bildfläche mit wenigen Hinweisen auf die gewaltigen wissenschaftlichen Entdeckungen, die sich mit ihnen machen ließen. Price bemerkt abschließend : 'Wenn es beispielsweise die sozialen Bedürfnisse sind, die eine neue Technologie hervorbringen, und diese Technologie dann im Gegenzug neues wissenschaftliches Verständnis schafft, dann haben wir eine Grundlage, die dem naiven Verständnis, wie man es in vielen politischen Diskussionen antrifft, entgegensteht.'

10.4 Technik

Kehren wir nun zu der noch unbeantworteten Frage zurück und finden heraus, was Technologen veröffentlichen, wenn sie sich nicht wie Wissenschaftler verhalten, aber wissenschaftliche Arbeiten veröffentlichen. Die Lösung ist, diesem veröffentlichten Material den Namen 'Technik' zu geben. Mit Technik meinen wir, *wie* etwas produziert wird, wobei diese Art technischer Information auf einer ganzen Anzahl verschiedener Ebenen erfolgen kann [E]. Im allgemeinen werden keine sehr detaillierten Arbeiten, d.h. Publikationen, in denen jede Einzelheit beschrieben wird, wie ein Produkt hergestellt wird und welche Einstellungen für den Prozeß vorgenommen wurden, veröffentlicht. In seltenen Fällen geschieht dies nach längerer Zeit, wenn die Einzelheiten nur noch von historischem Interesse sind. Diese höchste Ebene der Technik soll hier 'Praxis' genannt werden und kurz Gegenstand des letzten Abschnittes dieses Kapitels sein.

Auf der untersten Ebene der Technik finden wir Bücher wie das vorliegende und praktisch alle aufgeführten Literaturverweise. Dies sind die Skizzen und Vorlagen, die genügend Details liefern, um ein Werkstück herzustellen, das dem vom ursprünglichen Autor beschriebenen ähnlich ist.

Auf der nächsten Ebene veröffentlichter Technik finden wir die seltenen Publikationen, die den Entwurf und die Konstruktion detailliert beschreiben. In den vorhergehenden Kapiteln haben wir einige Beispiele kennengelernt. Das von Sandbank herausgegebene Buch (Kapitel 5, Bemerkung 1) ist ein Beispiel dafür. In Bemerkung 4 von Kapitel 6 ist eine bemerkenswerte Reihe von IBM-Arbeiten aufgeführt, die sich sowohl mit Herstellungstechniken, als auch mit Schaltungsdetails befassen, allerdings erschienen auch diese Texte erst viele Jahre, nachdem die Fertigung angelaufen war. Es hätte einer großen Anzahl von Mannjahren bedurft, einen derartigen Fertigungsapparat nachzuempfinden. Die Arbeit von Baxandall (Kapitel 7, Bemerkung 13) ist ein gutes Beispiel für detaillierte Beschreibungen. Seine Ausführungen bildeten die Basis des zweiten Versuchsschaltkreises von Kapitel 7. Abschließend soll noch der Text von Ling (Kapitel 9, Bemerkung 22) Erwähnung finden, der ein herausragendes Beispiel für eine detaillierte Veröffentlichung elektronischer Technik ist.

10.5 Praxis

Die im vorhergehenden Abschnitt diskutierten detaillierten technischen Publikationen sind nicht nur selten, sondern haben noch eine weitere spezielle Eigenschaft. Entweder sind die Texte mit Details gespickt, wie die oben erwähnten IBM-Arbeiten, da ein ungewöhnlich weites Feld von Entwurfs- und Herstellungstechniken abgedeckt wurde, oder die Details sind tatsächlich vollständig, weil es sich nur um einen kleinen Schaltkreis handelt, der so konstruiert ist, daß der Autor allein, oder eine kleine Gruppe, die gesamte Arbeit erledigen konnten. Die Versuchsschaltungen in diesem Buch sind von letzterer Art.

Wenn wir nun auf das schauen, was hier als Praxis bezeichnet werden soll, stellen wir fest, daß immer noch ein beträchtlicher Teil von Information fehlt. Eine Schaltung, die nach genau demselben Schaltbild, mit demselben Layout und derselben Herstellungstechnik wie im Text angegeben, gefertigt wurde, wird immer noch ein gewisses Eigenleben aufweisen : Eine zweite Schaltung, in exakt derselben Weise aufgebaut, wird sich nicht völlig identisch verhalten. Die Gründe hierfür sind wohlbekannt und einsichtig. Das Verhalten kann mit einiger Genauigkeit vorausgesagt werden, vorausgesetzt, es existiert ein genaues Simulationsmodell. Pederson's Überblick über Schaltungssimulation [3] ist ein wertvoller Führer durch die Literatur zu diesem Thema, aber Details waren im Rahmen dieses Buches nicht von vorrangiger Bedeutung [F]. Um ein Verständnis elektronischer Schaltungen zu erreichen, stehen Schaltungsgrundstrukturen an erster Stelle, gefolgt vom Übertragungsverhalten als Maß dessen, was erreicht wurde.

Elektronische Schaltungen werden in letzter Instanz zum Aufbau von Systemen verwendet, und auf dieser Systemebene können schon leichte Abweichungen des Schaltungsverhaltens von den ursprünglichen Vorgaben ernste Probleme nach sich ziehen. Die Berechnung von Systemen, in denen viele verschiedene oder gleichartige Schaltungen kombiniert sind, kann diese Schwierigkeiten aufdecken, so daß eventuell eine radikale Umgestaltung der Schaltungsgrundstruktur notwendig ist, die nicht in Betracht gezogen wurde, als der Designer auf der einfachen Schaltungsebene tätig war [4]. Diese spezielle Situation verdeutlicht den wirklichen Unterschied zwischen Technik und Praxis. Schaltungsentwurf bedarf eines ständigen Kreislaufs von Nachdenken und Handeln, von der Technik zur Praxis, von der Praxis zur Theorie und von der Theorie wieder zur Technik [G]. Wird dies in der richtigen Weise vollzogen, kommt der Prozeß nicht an seinen Ursprung zurück, sondern führt zu einer besseren Lösung.

Bemerkungen

1 In der gegenwärtigen Gesellschaft wird Technologie nicht nur im Zusammenhang mit Herstellung und Prozessen, sondern auch zusammen mit Dienstleistungen und Verwaltung betrachtet. Dieser Punkt wurde eingehend von Jacques Ellul in seinen Büchern *'The Technological Society'*, Jonathan Cape, 1965, und *'The Technological System'*, Continuum Publ.Corp., New York, 1980, sowie von Simon Nora und Alain Minc in *'The Computerisation of Society'*, MIT Press, Cambridge, Mass., 1980, diskutiert.
2 Die Zitate stammen von D.J.Price, *'Tech. Cult.'*, **6**, 562, 1965 und **15**, 47-48, 1974.
3 D.O.Pederson, *IEEE Trans. Circ. Syst.*, **CAS-31**, 103-111, 1984.
4 Ein hervorragender historischer Überblick *'Design automation in IBM'* wurde in *IBM J. Res. Dev.*, **25**, 631-646, 1981, veröffentlicht. Es werden einige Beispiele gegeben, wie mit den Problemen großer Rechensysteme umgegangen werden kann. Für eine Übersicht über die laufenden Arbeiten wird die gesamte Nr. 5 von Teil 28 des angesprochenen Journals empfohlen.
A Dies kann jedoch an verschiedenen Technischen Universitäten sehr unterschiedlich sein. An der TU Braunschweig ist dieser Bereich beispielsweise personengebunden relativ stark vertreten.
B Eine einführende Betrachtung dieser Thematik findet man z.B. bei H.-G.Unger, *'Elektromagnetische Wellen auf Leitungen'*, Dr.Alfred Hüthig Verlag, 1980.
C Es gibt jedoch wesentliche Unterschiede zwischen Ingenieur- und Naturwissenschaftlern, aber auch enge Verwandschaft. Einzelheiten hierzu findet man bei F.Rapp, *'Analytische Technikphilosophie'*, Verlag Karl Alber 1978, insbesondere Abschnitt IV.7.
D Der Originaltext lautet : 'To put it in a nutshell, albeit in exaggerated form, *the scientist wants to write but not to read, the technologist wants to read but not to write'*.
E Das ist ein sehr verkürzter Technikbegriff. Eine umfassende Diskussion auf der Grundlage der Technikgeschichte und Technikphilosophie findet man bei F.Rapp (siehe Bemerkung C), Abschnitt II.

F Einen Überblick über die wichtigsten Methoden der Schaltungssimulation findet man bei L.O.Chua und P.M.Lin, *'Computer-Aided Analysis of Electronic Circuits*, Prentice-Hall, 1975.

G Allerdings sollte man den Wert theoretischen Wissens beim ingenieurmäßigen Entwurf und der Realisierung von elektrischen Apparaten auch nicht überschätzen (siehe z.B. W.Neff, *'Zum 'Wesen' der Ingenieurarbeit'*, (Ingenieure), Bund-Verlag, 1982, Abschnitt 2.1.).

Anhang

In diesem Anhang finden sich Einzelheiten, die für den Aufbau der dreizehn Versuchsschaltungen, die im Rahmen dieses Buches vorgeschlagen wurden, notwendig oder hilfreich sind. Darüber hinaus werden einige Vorschläge für interessante Messungen gemacht.

Falls eine Einführung in die Technik des Schaltungsaufbau selbst benötigt wird, sollte sich der Leser mit Kapitel 12 von *The Art of Electronics* von P.Horowitz und W.Hill, Cambridge University Press, 1980, befassen. Es wird eine sehr gute, mit Photographien unterstützte Auswahl gebräuchlicher Methoden und Verfahren gegeben.

Bild 1.2   Es handelt sich um eine sehr interessante Versuchsschaltung, insbesondere, wenn man im Besitz eines sehr breitbandig, d.h. bis zu 250 MHz, verwendbaren Oszilloskops ist. Die Schaltung läßt drastische Unterschiede im Verhalten mit einfachen Allzwecktransistoren gegenüber speziellen Hochfrequenzbauteilen erkennen. Der Schaltungsaufbau sollte so kompakt wie möglich gehalten werden, weiterhin ist es notwendig, die Schaltung mit Hilfe zweier Kondensatoren, die in Bild 1.2 nicht gezeigt sind, von der Spannungsversorgung, d.h. von U_+ und U_- zu entkoppeln. Die Kondensatoren sollten etwa 0,33 μF betragen und, wie angesprochen, auf der Platine so nahe wie möglich an der übrigen Schaltung angebracht sein. Versuchen Sie es mit Kapazitäten verschiedener Werte und verschiedener Bauart und lassen Sie die Entkopplung einmal ganz weg.

Verwenden Sie Versorgungsspannungen von $\pm$ 15 V. Haben sie eine ungeerdete Quelle mit Mittelanzapfung zur Verfügung, ist es günstig, U_+ als Bezugspotential zu wählen und $R_4 = 50\ \Omega$ einzustellen, so daß ein koaxiales 50Ω-Kabel zum Anschluß an das Oszilloskop verwendet werden kann. Haben sie keine derartige Quelle zur Verfügung, sollten Sie einen Tastkopf mit hoher Impedanz verwenden.

Eine andere Bauteilgrößenwahl, die eine Schwingungsfrequenz von einigen MHz bewirkt, ist $R_1 = R_3 = 220\ \Omega$, $R_2 = 1,2$ kΩ und $C_1 = 2200$ pF. Vergleichen Sie die Wellenformen bei Verwendung zweier relativ schneller Transistoren (z.B. 2N2369A) mit denen bei Verwendung von langsameren

Transistoren mit größeren Strömen (2N2222A). Stellen Sie sicher, daß die Transistoren nicht in die Sättigung kommen.

Bild 2.4 Die Bauteildimensionierung für diese Schaltung ist im Text angegeben. Für den Transistor kann jedes geschützte Bauelement mit Dual-Gate verwendet werden, beispielsweise der 3N211 oder BFR84. Die beiden Spulen sollten achsenparallel zur Platine und etwa 40 mm voneinander entfernt montiert werden, so daß die Transistoren noch dazwischen Platz finden. Legen sie den oberen Punkt jeder Spule so, daß er für hohe Frequenzen geerdet ist.

Die Schaltung wird solange nicht gut funktionieren, bis eine dünne Metallabschirmung (geerdet) zwischen den Spulen angebracht ist, am besten direkt über den Transistoren. Machen Sie den Schirm etwa 60 mm breit und 40 mm hoch und messen Sie jeweils mit und ohne Schirm.

Bild 2.10 In dieser Schaltung sind beide Spulen L_1 und L_2 einlagig, mit 40 Windungen aus Draht von 150 μm Durchmesser auf eine 6 mm Spulenform von 6 mm Länge gewickelt. Die Spulenformen haben wiederum einen justierbaren Kern und sollten, wie im Anhang für Bild 2.4 beschrieben, durch einen Schirm voneinander getrennt werden. Damit erzielt man eine Arbeitsfrequenz der Schaltung bei etwa 10 MHz. Die anderen Bauteilgrößen sind $C_1 = 33$ pF, $C_2 = 25$ pF. die Kondensatoren C_3 und C_4 sind einfache Entkopplungskapazitäten von 0,01 μF oder größer. Experimentieren Sie wie bei Schaltung 2.4 mit und ohne Abschirmung, und erhöhen Sie versuchsweise die Rückkopplungskapazität, indem sie kurze Drahtstücke an die Eingangs- und Ausgangspunkte des Transistors auf die Unterseite der Platine löten.

Bild 3.2 Wählen Sie $R_1 = 120$ kΩ, $R_2 = 12$ kΩ, $R_3 = 3,3$ kΩ, $R_4 = 1,2$ kΩ, $R_5 = 3,3$ kΩ und $R_6 = 1,8$ kΩ. Verwenden Sie $\pm$ 15 V-Versorgungsspannungen und entkoppeln Sie diese auf eine Masseschiene, die sich einmal quer über die Platine erstrecken sollte.

R_3 hat nur eine Schutzfunktion, so daß wir den Widerstand für hohe Frequenzen kurzschließen können. Dies geschieht, indem wir eine Kapazität von 0,33 pF parallel zu R_3 legen. Um die Schaltung zu einem stabilen rückgekoppelten Verstärker mit einer Verstärkung von 100 und einem empfindlichen Verhalten zu machen, muß eine Kapazität von 470 pF über den Kollektorübergang von Q_4 gelegt werden. Mit diesem Wert muß etwas experimentiert werden, um das bestmögliche Frequenzverhalten zu erzielen.

Rückkoppeln Sie den Verstärker wie in Bild 3.3(a) gezeigt und wählen Sie $R_1 = 1$ kΩ und $R_2 = 100$ kΩ. Verbinden Sie den Eingang mit einer Puls- oder Signalquelle und untersuchen Sie die Bandbreite und die Impulsantwort der Schaltung für kleine und große Signalpegel.

Erden Sie U_{in} (siehe Bild 3.3(a)) und messen Sie U_{out}. Leiten Sie aus dem Ergebnis den Eingangsbiasstrom ab. Sehen Sie in einem beliebigen Operationsverstärker-Datenbuch nach, was mit *'Eingangsoffsetstrom'* und *'Eingangsoffsetspannung'* genau gemeint ist, und arbeiten Sie eine Vorgehensweise aus, diese zu messen.

Die Schaltung sollte eine relativ kleine Bandbreite von etwas über 500 kHz aufweisen, wenn sie als Rückkopplungsverstärker mit einer Verstärkung von 100 (40 dB) beschaltet ist.

Bild 4.11   Verwenden Sie Widerstände mit 1% Toleranz und wählen Sie $R_1 = 100$ kΩ, $R_2 = 500$ kΩ, $R_3 = 10$ Ω, $R_4 = 30$ kΩ, $R_5 = 10$ kΩ, $R_6 = 30$ kΩ, $R_7 = 6$ kΩ und $R_8 = 5$ MΩ. Die Kapazität C_8 wurde eingefügt, um das Rauschen für die in Kapitel 4 beschriebene Untersuchung von I_{in} gegenüber U_{in} zu reduzieren. C_8 muß allerdings so klein sein, daß bei der Meßfrequenz keine Phasenverschiebungen entstehen.

Für A_1 ist ein OP-05, für A_2 ein OP-07 eine gute Wahl. Bei beiden sollten die Anschlüsse für positive und negative Versorgungsspannung zur Masse hin entkoppelt sein. Geeignet sind hierfür etwa 0,33 μF. Dies sollte ebenfalls mit dem Sockel für den zu messenden Operationsverstärker geschehen.

Um den Effekt von Streukapazitäten über dem zu messenden Operationsverstärker zu minimieren, sollte die Verbindung zwischen dem negativen Eingang des Meßobjekts und dem negativen Eingang von A_2 mit einem etwa 20 mm langen Stück Mini-Koaxialkabel ausgeführt werden. Die Platine sollte so angelegt werden, daß so viel geerdetes Leitermaterial wie möglich um den negativen Anschluß des zu messenden Operationsverstärkers herum liegt. Eine weitere Verbesserung für zu messende Operationsverstärker mit acht Anschlußpins ist die Verwendung der mittleren acht Pins eines 16-Pin-Sockels. Ist der Sockel in seine Position gelötet, macht man einen Sägeschnitt längs des Sockels und führt in den Schnitt etwas Kupferfolie ein, die mit den vier unbenutzten Pins auf jeder Seite geerdet wird. Die Folie funktioniert somit als Schirm für den zu messenden Operationsverstärker.

Die Schaltung von Bild 4.11 wird in einem ungeschirmten Labor nicht sonderlich gut funktionieren, bis man die Schaltung in eine Metallbox einschließt. Hierfür sollte eine einfach aufzuklappende Abdeckung verwendet werden, da ständig Veränderungen an der Schaltung durchgeführt werden müssen.

Bild 5.8   Diese Schaltung arbeitet mit sehr kleinen Signalpegeln und muß daher in eine kleine Metallschachtel eingesetzt werden. Die Photodiode sollte sich auf einem isolierenden Untergrund außerhalb der Schachtel befinden. Eine feste optische Kopplung mit der LED muß gewährleistet sein, um Probleme mit der Umgebungsbeleuchtung zu vermeiden.

Gute Widerstandswerte sind $R_1 = 150$ kΩ, $R_2 = 120$ kΩ, $R_3 = 1{,}8$ kΩ, $R_4 = 22$ kΩ, $R_6 = 82$ kΩ, $R_7 = 15$ kΩ, $R_8 = 120$ Ω, $R_9 = 12$ kΩ, $R_{10} = 120$ Ω und $R_{11} = 1{,}2$ kΩ. Um die Gleichspannung am Ausgang auf Null abzugleichen, wenn kein Licht einfällt, ist R_5 am besten geeignet. Eine gute Wahl für R_5 ist ein 270 kΩ-Widerstand in Reihe mit einem 20 kΩ-Trimmpotentiometer, der sich am besten auf der Seite zu U_+ hin befindet, so daß er an einer beliebigen Stelle auf der Platine befestigt werden kann, an der er durch ein Loch in der Abschirmbox mit einem Schraubenzieher justiert werden kann.

C_2, C_3 und C_4 können alle etwa 0,33 μF betragen. Die Versorgungsanschlüsse des 3100 sollten so nahe wie möglich am Bauteil zur Masse hin entkoppelt sein. Das negative Ende von R_{11} sollte zur Masse am Ausgangssockel hin entkoppelt werden.

Bild 6.21   Die Schaltung wurde so gezeichnet, daß ein Layout naheliegt, das für jede Stufe des Rings eine praktisch gleiche Lastkapazität gewährleistet. Unglücklicherweise wird dieser Zustand durch die hochohmigen Tastköpfe, die zum Anschluß eines Oszilloskops verwendet werden müssen, verdorben. Allerdings läßt sich so wenigstens der Effekt des Tastkopfes untersuchen, indem die Veränderung der Wellenform beobachtet wird, wenn man einen zweiten Tastkopf anbringt.

Alle Widerstände in der Schaltung sind identisch und haben am besten einen Wert von 150 kΩ, so daß die Schaltungsgeschwindigkeit für einen großen Bereich des Injektionsstroms beobachtet werden kann. U_+ kann im Bereich von einigen Volt bis zu einigen hundert Volt verändert werden, ohne daß die üblichen 250 mW-Widerstände gefährdet werden.

Wenn normale Allzweckbauteile, wie beispielsweise 2N2222A für die Transistoren mit geraden Nummern und 2N2905A für die ungeraden verwendet werden, sind besonders die an den verschiedenen Stufen für die ansteigende Flanke beobachteten Wellenformen sehr interessant. Die npn-Transistoren sind so weit in der Sättigung, daß der Kollektorübergang während des Anschaltens der vorhergehenden Stufe noch in Vorwärtsrichtung vorgespannt bleibt. Das bedeutet, daß die Kollektorspannung mehr als 200 mV negativ wird, bevor die positive Flanke beginnt. Werden schnellschaltende Transistoren, wie z.B. 2N2369 und 2N3640, verwendet, ist dieser Effekt nicht zu beobachten und die Spannungen haben eine recht gute Rechteckform. Ein anderer interessanter Gedanke ist die Verwendung von 5 Schottky-Dioden, die in der in Bild 6.10(a) gezeigten Weise über die Transistoren Q_2, Q_4, Q_6, Q_8 und Q_{10} geschaltet werden. Hierdurch kann auch bei Verwendung von Allzwecktransistoren eine gute Rechteckwelle erzielt werden, allerdings ist die Amplitude dann nur noch halb so groß.

Bild 7.10   Wenn billige Operationsverstärker mit hohen Eingangsruheströmen für diese Schaltung verwendet werden, müssen die Widerstände klein gehalten werden. Sogar dann läßt sich durch Verwendung großer Kapazitäten eine niederfrequente Schwingung erreichen. Um eine Arbeitsfrequenz von 1 Hz zu erzielen, sollten Sie zwei parallele Kondensatoren von 1 μF für C_1 und zwei einfache Kapazitäten von 1 μF für C_2 und C_3 verwenden. Es muß sich um Kunststofffilmkondensatoren handeln, die entweder eine sehr geringe Toleranz haben oder durch Messung ausgesucht wurden. R_1 und R_2 sollten 120 kΩ betragen, R_3 und R_4 jeweils 100 kΩ. Verwenden Sie Zenerdioden mit einer Durchbruchspannung von 3 Volt und wählen Sie R_5 zu 10 kΩ oder kleiner.

Da der Oszillator bei einer extrem kleinen Frequenz schwingt, läßt sich die Frequenz recht genau mit klassischen Verfahren bestimmen und mit der Theorie vergleichen. Es ist sehr interessant, das Anschwingen der Schaltung zu beobachten. Dazu kann die Integratorkapazität kurzgeschlossen werden. Wird der Kurzschluß aufgehoben, bauen sich die Schwingungen von dem Punkt an auf, an dem alle Kondensatoren entladen sind. Wenn die Zeitkonstante für die Schwingungsanfachung ermittelt werden kann, sollte dies mit der Theorie für einen Oszillator dritten Grades verglichen werden.

Bild 7.12 Die Schaltung arbeitet sehr gut bei Verwendung zweier Transistoren BF 199, einer Versorgungsspannung von $U_+ = 10$ V und einem 5 MHz-Quarz, wenn $R_1 = 470\ \Omega$, $R_2 = 2{,}2$ kΩ, $R_3 = 680\ \Omega$, $R_5 = 330\ \Omega$, $R_7 = 680\ \Omega$, $R_8 = 39\ \Omega$ und alle Kapazitäten $0{,}1\ \mu$F betragen. Die Schottky-Sperrdioden sollten auf eine kleine Durchlaßspannung und gutes Hochfrequenzverhalten hin ausgesucht werden. Auch Germaniumdioden können verwendet werden.

Die Wahl von R_4 und R_6 bestimmt die Spannung über dem Quarz. Die interessanten Eigenschaften des Oszillators lassen sich am besten am Übergang zwischen R_6 und R_7 bei Verwendung eines Tastkopfes mit hoher Impedanz und einem Breitbandoszilloskop beobachten. Es sollte ein FET-Tastkopf verwendet werden, da das Signal sehr klein ist. Beginnen Sie die Versuche mit $R_6 = 39\ \Omega$ und $R_4 = 0$. Die Form der Spannung am Übergang zwischen R_6 und R_7 kann unter diesen Bedingungen sehr rechteckig aussehen und den Schluß nahelegen, daß R_6 reduziert werden kann. Eine Verminderung von R_6 bedeutet aber, daß die effektive Güte Q des Quarzes erhöht wird. Es ist daher angebracht, statt dessen R_4 zu erhöhen. Vermindern Sie R_6, bis der Oszillator gerade noch schwingt. Kurz bevor dieser Punkt erreicht ist, sollte eine recht gute Sinuswelle mit etwa 50 mV Spitzenwert zu beobachten sein.

Denken Sie daran, daß die einzigen Punkte in der Schaltung, an denen ein Signal abgegriffen werden kann, der Emitter von Q_2, der Ausgang und der Punkt zwischen R_6 und R_7 sind. Allerdings kann auch die Basis von Q_1 als virtuelle Masse fungieren. Untersuchen Sie die Effekte kleiner Veränderungen von U_+. Die Schaltung sollte so kompakt wie möglich ausgelegt werden. Die Streukapazitäten über dem Quarz und an den Kollektoren von Q_1 und Q_2 sollten so gering wie möglich gehalten werden.

Bild 8.6 und 8.7 Die drei Teile des in Bild 8.7 gezeigten Systems, d.h. die zwei Teile von Bild 8.6 und die 3 Operationsverstärker A_1, A_2 und A_3 werden am besten auf drei verschiedenen Platinen aufgebaut, die dann auf einem Gesamtschaltbrett mit Eckverbindern aufgebracht werden.

Die Schaltung von Bild 8.6 sollte mit $R_1 = 10\,\text{k}\Omega$, $R_2 = 270\,\text{k}\Omega$ und $R_3 = 27$ $\text{k}\Omega$ realsiert werden. R_4 beträgt etwa $10\,\text{k}\Omega$, so daß die Ausgangsspannung an Pin 12 nicht durch Pin 3 klein gehalten wird, über den Wert dieser Maßnahme läßt sich allerdings debattieren. R_5 beträgt etwa $10\,\text{k}\Omega$ und $R_6 = R_5/2$. Einige Justierungsarbeit ist noch zu leisten, damit sich für einen Eingang von Null auch ein Ausgang von Null ergibt. Dies läßt sich leicht mit zwei Trimmpotentiometern arrangieren, die mit $\pm\,2\,\text{V}$ belegt werden und deren Abgriffe über einen $1\,\text{M}\Omega$-Widerstand auf die Pins 16 und 10 im Fall der oberen Schaltung 8.6 in Bild 8.7 und auf 16 und 9 im anderen Fall gelegt werden. Verwenden Sie eine Versorgung von $\pm\,15\,\text{V}$ und entkoppeln sie die Versorgungsanschlüsse aller aktiven Elemente.

Für die drei Operationsverstärker in Bild 8.7 sind die Bauteile OP-05 und OP-07 gut geeignet, jeder andere Verstärker mit geringem Eingangsruhestrom und kleinem Offset ist ebenfalls zu verwenden. Nehmen Sie $C_7 = 0{,}01\ \mu\text{F}$, $R_7 = 25\,\text{k}\Omega$, $R_8 = 100\,\text{k}\Omega$ und $R_9 = 25\,\text{k}\Omega$. Es wird notwendig sein, das System etwas zu dämpfen. $4{,}7\,\text{M}\Omega$ parallel zur Kapazität C_7 von A_2 sind eine gute Wahl im Zusammenhang mit den anderen gegebenen Größen, allerdings ist die Dämpfung einer der interessantesten Parameter dieser Schaltung und sollte daher in weiten Bereichen variiert werden.

Beginnen Sie die Versuche mit diesem System mit einer niederfrequenten Sinuswelle von etwa 100 mV am Eingang gemäß Bild 8.7 und beobachten Sie die Veränderungen am Ausgang, wenn die Frequenz von einigen zehn Hertz auf einige kHz hochgefahren wird. Wie Bild 8.2 erkennen läßt, ist die rückstellende Kraft des dynamischen Systems für eine Auslenkung von Null ebenfalls Null, so daß man sagen könnte, daß auch die Resonanzfrequenz Null ist. Wächst die Amplitude der Bewegung an, steigt auch die Resonanzfrequenz. Das bedeutet, daß anstelle der symmetrischen Resonanzkurve eines linearen Systems sich in diesem Fall eine Resonanzkurve ergibt, die in Richtung hoher Frequenzen überkippt. Eine Schwingung mit großer Amplitude wird sich nur aufbauen, wenn wir die Frequenz des Eingangssignals erhöhen. Bei einer 'kritischen Sprungfrequenz' fällt die Amplitude dann zusammen und eine vollständig andere Amplituden-Frequenz-Charakteristik ist zu beobachten, wenn die Eingangsfrequenz nun wieder reduziert wird. Eine zweite 'Sprungfrequenz' ist zu beobachten, wenn die Kurve wieder zurückkippt Die Arbeit mit diesem System ist in Hinsicht auf nichtlineare Dynamik äußerst lehrreich. Auch eine Rechnersimulation der Schaltung im selben Frequenz- und Amplitudenbereich liefert sehr interessante Erkenntnisse.

Überprüfen Sie die Amplituden des Signals an den Ausgängen von A_2 und A_3 während der Versuche, um sicherzustellen, daß der dynamische Bereich des Systems nicht überschritten wird.

Beobachten Sie u und du/dt auf einem X-Y-Oszilloskop, wobei sie den Ausgang von A_1 als X und den Ausgang von A_2 als Y annehmen. Die Beobachtungen bei Variation von Eingangsfrequenz und Amplitude sind sehr ungewöhnlich und stellen die beste Möglichkeit dar, die subharmonischen Resonanzen zu beobachten, die bei hohen Ansteuerungspegeln für dieses System charakteristisch sind.

Bild 9.2 T_1 sollte eine Sekundärwicklung mit 24 Volt effektiv sein und die Primärwicklung wird am besten von der Wechselstromquelle über einen Variac versorgt. Das erlaubt uns, den Effekt großer Wechselspannungsschwankungen auf den Stabilisator zu beobachten. Eine gute Wahl für Q_1 wäre ein BC441 oder ein 2N5320 in Zusammenarbeit mit einem normalen Allzweckoperationsverstärker vom Typ 741 für A_1. Geeignete Komponentenwerte sind $R_1 = 22\ \Omega$, $R_2 = 4,7$ kΩ, $R_3 = R_5 = 330\ \Omega$, $R_4 = 1,2$ kΩ und $C_1 = 47\ \mu$F, wenn eine 12 V-Referenz, beispielsweise ein 1N5242, für D_1 verwendet wird.

Beobachten Sie, wie der Stabilisator im Betrieb ohne Last die Kontrolle übernimmt, wenn die Wechselspannungsversorgung langsam von Null auf den Maximalwert hochgefahren wird. Dazu sollten beim Oszilloskop zunächst vielleicht 5V DC/div.,und dann, wenn die Stabilisatorschleife zu arbeiten beginnt, 5mV AC/div. eingestellt werden. Das Rauschen und die Welligkeit auf dem Ausgangssignal sollten im Vergleich zu der mehrere Volt betragenden Spannung über der Kapazität C_1 nur in der Größenordnung von einigen mV liegen. Fügen Sie einen kleinen Keramik-Entkopplungskondensator, z.B. 0,33 μF, 50 V, direkt über A_1 von Pin 7 nach Pin 4 hinzu und beobachten Sie die Auswirkungen auf das Ausgangssignal.

Belasten Sie nun den Regler mit bis zu 150 mA, wobei er eventuell außer Kontrolle gerät, da die Welligkeit an C_1 so groß wird, daß die Spannung an Pin 7 sehr nahe an die Spannung von Pin 6 herankommt. Versuchen Sie den wahren Spannungsabfall des Ausgangssignals zu ermitteln, wenn der Laststrom erhöht wird. Diese Aufgabe ist nicht einfach, obwohl sich die Leitungswiderstände sehr leicht messen lassen!

Versuchen Sie zum Schluß, die Sprungantwort der Schaltung zu ermitteln. Schließen Sie hierzu eine Reihenschaltung eines Widerstandes von 150 Ω und eines Schalttransistors, den Sie mit einem Pulsgenerator ansteuern, an den Ausgang an. Beobachten Sie U_{out}, wenn der Transistor an- und wenn er abschaltet. Das Verhalten ist nicht in beiden Fällen identisch. Warum nicht? Fügen Sie nun einen großen Elektrolytkondensator, z.B. 22 μF,50 V, über dem Ausgang an. Beobachten Sie das völlig veränderte Einschwingverhalten. Ein derartiger Kondensator findet sich im allgemeinen über dem Ausgang von geregelten Netzteilen der klassischen Bauweise, dies ist allerdings keine gute Lösung, wenn man die Schaltung unter den in Verbindung mit Schaltung 9.3 angesprochenen Aspekten betrachtet.

Bild 9.6   Verwenden Sie eine +15 V-Spannungsquelle für U_+ und arbeiten sie mit sehr kleinen Strömen, damit ein normaler Allzwecktransistor wie der 2N2369A und eine gewöhnliche Diode 1N914 für Q_1 und D_1 verwendet werden können. Die beiden Induktivitäten können sehr einfach gehalten werden, da nur einige mH erforderlich sind, wenn das treibende Rechtecksignal bei etwa 50 kHz liegt. Machen Sie $C_1 = C_2 = 1$ μF und verwenden Sie Plastikfilmkapazitäten, um eine möglichst kleine Induktivität und einen geringen Reihenwiderstand zu erhalten. Nehmen Sie für R_L einen Widerstand von etwa 100 Ω. Realisieren Sie T_1 mit einer dreiteiligen Wicklung über mehrere Ferritkerne, beispielsweise je 20 Windungen über einen *stack* von fünf T38-R10-Spulenkernen von Siemens. Die Primärwicklung wird dann realisiert, indem zwei der Wicklungen mit je 20 Windungen in Reihe gelegt werden. Die Sekundärwicklung besteht aus der dritten 20er-Wicklung. Die Induktivitäten L_1 und L_2 müssen jeweils mindestens 10 mH betragen. Sie werden am besten auf genutete Kerne von 25 mm Durchmesser und 25 mm Länge mit 10 Nuten von jeweils 2 mm Breite und 3 mm Tiefe gewickelt. In jede dieser Nuten kann man 80 Windungen Kupferlackdraht von 150 μm Durchmesser wickeln, so daß die gesamte Induktivität in 10 Abschnitten konzentriert ist. Eine Kopplung nahe 0,5 läßt sich erreichen, wenn zwei dieser Spulen mit den Enden aneinander plaziert werden. Werden Ferritstäbe, wie sie für Antennen von AM-Radioempfängern benutzt werden, durch die beiden Spulenkerne geschoben, lassen sich auch problemlos Kopplungen von $k > 0,5$ realisieren.

Bild 9.12   Die Versuchsschaltung ist stabil, wenn $R_L = 50\ \Omega$ oder weniger beträgt. Es ist sinnvoll, die Experimente mit einer Last von $R_L = 50\ \Omega$ zu beginnen, da die Verlustleistung dadurch klein gehalten wird. Verwenden Sie eine normale $\pm$ 15 V-Spannungsversorgung. Für die Ausgangstransistoren werden folgende Bauteile empfohlen : VPO300M für Q_5 und VNO300M für Q_6. Beide befinden sich in einer TO-237-Packung mit einer kleinen Anzapfung für eine Kühlvorrichtung. Dies ist leicht zu realisieren, indem die Anzapfung mit zwei Unterlegscheiben an eine Schraube mit Mutter von 5 mm oder mehr geschraubt wird. Verwenden Sie jeweils 2N2222A für Q_1 und Q_2, 2N2907A für Q_3 und Q_4 und einen CA3140 Für A_1.

Eine komplette Liste geeigneter Komponentenwerte wäre : $R_1 = 100\ \Omega$, $R_2 = 10\ \mathrm{k}\Omega$, $R_3 = 20\ \mathrm{k}\Omega$, Trimmer mit 10 Umdrehungen, $R_4 = R_5 = R_{14} = R_{15} = 100\ \Omega$, $R_6 = R_{10} = 1\ \mathrm{k}\Omega$, $R_7 = R_{11} = 680\ \Omega$ (Der n-Kanal-Transistor Q_6 braucht, wie in Bild 9.8 gezeigt, nicht nur eine kleinere Spannung U_{GS}, sondern auch eine kleinere Schleifenverstärkung von Q_3 und Q_4, da der Wert für g_m größer als der von Q_5 ist), $R_8 = R_9 = 2{,}2\ \mathrm{k}\Omega$, $R_{12} = R_{13} = 150\ \mathrm{k}\Omega$, $R_{16} = R_{17} = 1\ \mathrm{k}\Omega$ und $R_{18} = R_{19} = 4{,}7\ \Omega$. Große Elektrolytkondensatoren zur Entkopplung sollten von den Sources von Q_5 und Q_6 zum Masseende von R_L gelegt werden. Zu diesen Elektrolytkondensatoren sollten noch kleine keramische Kondensatoren von etwa 0,33 μF, 50 V, parallelgeschlossen und zwei weitere Kondensatoren dieser Größe bei A_1 zwischen Pin 7 und Masse und Pin 4 und Masse verwendet werden. Eine Massseschiene sollte sich an geeigneter Stelle über die gesamte Platine ziehen.

Überprüfen Sie bei einer Ausgangsspannung von einigen Volt (Spitzenwert) über R_L, ob der Verstärker eine Gesamtverstärkung von 100 hat, und ob diese Verstärkung bis zu einigen hundert kHz hin konstant bleibt. Messen Sie das Ausgangsrauschen ohne Eingangssignal. Es sollte keine Anzeichen von Hochfrequenzschwingungen geben. Überprüfen Sie den Ruhestrom ohne Eingangssignal, indem Sie den Gleichspannungsabfall über R_{18} und R_{19} messen. Zuvor muß natürlich der Ausgang mittels R_3 auf Null abgeglichen werden.

Ermitteln Sie nun den maximalen Ausgangspegel, indem Sie den Verstärker aussteuern, bis die Ausgangssinuswelle durch Begrenzung verzerrt wird. Der Wert sollte etwa 2 V von der Versorgungsspannung entfernt liegen. Machen Sie die Messung zunächst bei 1 kHz und wiederholen Sie sie bei hohen Frequenzen.

Lassen Sie den Verstärker einige Minuten bei 8 V Spitzenwert am Ausgang laufen. Der Verstärker sollte damit knapp unterhalb der maximalen Verlustleistung arbeiten. Messen Sie dann zur Überprüfung der thermischen Stabilität der Schaltung die Gleichspannungen an den Widerständen R_{18}, R_{19} und R_L ohne Eingangssignal.

Autorenverzeichnis

Stichwortverzeichnis

U. Tietze, C. Schenk

Halbleiter-Schaltungstechnik

9., neu bearb. u. erw. Aufl. 1989. XIII, 1021 S. 1166 Abb.
Geb. DM 128,– ISBN 3-540-19475-4

Inhaltsübersicht: Grundlagen: Erklärung der verwendeten Größen. Passive *RC*- und *LRC*-Netzwerke. Dioden. Bipolartransistoren. Feldeffekttransistoren. Optoelektronische Bauelemente. Operationsverstärker. Kippschaltungen. Logische Grundschaltungen. Schaltwerke (Sequentielle Logik). Halbleiterspeicher. – Anwendungen: Lineare und nichtlineare Analogrechenschaltungen. Gesteuerte Quellen und Impedanzkonverter. Aktive Filter + SC-Filter. Signalgeneratoren. Breitbandverstärker. Leistungsverstärker. Stromversorgung. Digitale Rechenschaltungen. Mikrocomputer-Grundlagen. Modularer Aufbau von Mikrocomputern. Analogschalter und Abtast-Halte-Glieder. DA- und AD-Umsetzer. Digitale Filter. Meßschaltungen. Sensorik. Elektronische Regler. – Anhang. – Literatur. – Sachverzeichnis.

Aus den Besprechungen: „Seit seiner ersten Auflage im Jahr 1969 hat sich dieses Werk zweier junger Autoren zu einem Klassiker der Elektronik entwickelt. Die Konzeption ist klar und konsequent. Dies ist ein Buch, das dem Lernenden sichere und tragfähige Theorie vermittelt und trotzdem dem Praktiker zugänglich bleibt. Es ist ein Lehrbuch und Nachschlagewerk zugleich. In ihm wird der ganze Bereich der Schaltungstechnik ausgebreitet, von einfachen Gleichrichterschaltungen über Verstärkerschaltungen, aktive und passive Filter und Netzgeräte, bis hin zu Oszillatoren, Digitalschaltungen, Zerhacker und Modulatoren". *Elektrische Energie-Technik*

Springer-Verlag Berlin
Heidelberg New York London
Paris Tokyo Hong Kong

Springer